商务谈判

主　编　陈鸿雁

副主编　亓梦佳

参　编　段　玉　　杨爱歌　　陈佳琰
　　　　廖　桂　　吴亚芬　　张清霞
　　　　余惠兰

北京理工大学出版社
BEIJING INSTITUTE OF TECHNOLOGY PRESS

内 容 简 介

商务谈判既是一门科学，也是一门艺术。本教材着重突出系统性、灵活性、实用性的特点，并注重从案例分析中提炼观点，把深奥的谈判理论融入实战案例中，让读者身临其境，在很短的时间内掌握商务谈判的策略与技巧，从而进行富有成效的谈判。

本教材共分9章，涵盖了商务谈判概述、商务谈判的准备阶段、商务谈判流程、商务谈判礼仪、商务谈判策略、商务谈判技巧、商务谈判心理、国际商务谈判、商务谈判僵局的处理与风险规避等内容。

本教材可作为本科院校经济学类、管理学类各专业的专业基础课程教材，也可作为相关领域管理人员的参考用书或培训教材。

图书在版编目（CIP）数据

商务谈判 / 陈鸿雁主编. --北京：北京理工大学出版社，2025.1.
ISBN 978-7-5763-4706-7

Ⅰ. F715.4

中国国家版本馆 CIP 数据核字第 2025WZ3667 号

责任编辑： 陈莉华   **文案编辑：** 李海燕
责任校对： 刘亚男   **责任印制：** 李志强

出版发行 / 北京理工大学出版社有限责任公司
社 址 / 北京市丰台区四合庄路 6 号
邮 编 / 100070
电 话 / （010）68914026（教材售后服务热线）
         （010）63726648（课件资源服务热线）
网 址 / http://www.bitpress.com.cn

版 印 次 / 2025 年 1 月第 1 版第 1 次印刷
印   刷 / 北京广达印刷有限公司
开   本 / 787 mm×1092 mm   1/16
印   张 / 14.25
字   数 / 331 千字
定   价 / 85.00 元

商务谈判是指不同的经济实体为了各自的经济利益和满足对方的需要，通过沟通、协商、妥协、合作等各种方式，把可能的商机确定下来的活动过程。商务谈判既是一门科学，也是一门艺术。全面掌握商务谈判基本理论知识，深刻领会谈判规则和技巧，并加以灵活运用，才能在竞争激烈的商战中潇洒自如、稳操胜券。

党的二十大报告指出，要推进高水平对外开放，稳步扩大规则、规制、管理、标准等制度型开放，加快建设贸易强国，推动共建"一带一路"高质量发展，维护多元稳定的国际经济格局和经贸关系。这就需要培养更多的商务谈判人才。

本教材着重突出商务谈判理论知识的系统性和应用的灵活性、实用性等特点，力图通过大量的实战案例开阔学生视野，通过教师的带动，让学生融入案例角色之中，以提高学生的商务谈判能力，学会从案例分析中提炼观点，在很短的时间内掌握商务谈判的策略与技巧，从而进行富有成效的谈判。

本教材在编写时虽然力图完善，但限于编写人员的理论水平和教学经验，疏漏有一些疏漏和不当之处，敬请广大读者批评指正。

编　者
2024 年 4 月

目 录

第1章　商务谈判概述

🎯 学习目标

> **知识目标：**
> 通过本章的教学，使学生了解商务谈判的含义、特点；了解商务谈判的基本属性；掌握商务谈判的概念和特点；理解商务谈判的作用；掌握商务谈判的构成要素；了解商务谈判的类型和内容。
>
> **能力目标：**
> 通过本章的技能训练使学生能够准确把握商务谈判的内容和程序，掌握商务谈判的基本原则和评价商务谈判成败的主要标准，以提高自身商务谈判的能力。
>
> **素养目标：**
> 坚持知识传授与价值引领相结合，践行社会主义核心价值观。培养学生优良的道德品质、坚强的意志品格，勇于探索、敢于创新的思想意识和良好的团队合作精神。

📦 导入案例

　　欧洲 A 公司的代理 B 工程公司与中国 C 公司谈判出口工程设备的交易。中方根据其报价建议对方考虑中国市场的竞争性和该公司第一次进入市场的特殊性，认真制定价格。该代理人解释一番后仍不降价，并说其委托人的价格是如何合理。中方对其条件又进行了分析，代理人又解释，一上午下来，毫无结果。中方认为代理人过于傲慢固执，代理人认为中方毫无购买诚意且没有理解力，双方相互埋怨之后，谈判不欢而散。

　　问题：

　　1. 欧洲代理人进行的是哪类谈判？

　　2. 构成谈判的因素有哪些？

　　3. 谈判有否可能不散？若可能不散欧洲代理人应如何谈判？

1.1　谈判的含义

1.1.1　谈判的概念

纵观各家之说，其形式虽各有特点，其内容却大致趋同，即所有关于谈判的概念都具有以下四个要素。

1. 人物组织是谈判的载体

谈判是由人来进行的，而且是由两方或两方以上的人或组织进行的，任何人或组织都不会、也不能同自己进行谈判。只要有谈判，就要有谈判对象，或者说有谈判需要。

2. 矛盾分歧是谈判的前提

谈判之所以发生，是因为各方之间存在矛盾分歧，如果他们在立场、观点和利益上完全一致，谈判便成为无源之水、无本之木。

3. 平等磋商是谈判的桥梁

谈判是相互沟通、反复磋商的过程。这要求谈判各方平等友好、以诚相待，共同构筑合作的桥梁，否则愿望就会落空。

4. 达成一致是谈判的目的

既然矛盾和分歧是谈判的前提，那么，矛盾的化解和分歧的消除就自然成为谈判的目的。通过谈判，各方都从中获得自身利益需要上的满足，都是成功者，这便是谈判的最佳结局。

以上四个谈判要素互为一体，不可或缺。我们将其有机地组合在一起，便得出了谈判的基本概念——谈判是两方或两方以上的人或组织为了消除分歧、达成一致而进行磋商协议的社交活动。

1.1.2　谈判的特点

在汉语中，谈判既是一个合成名词，也是一个合成动词，由"谈"和"判"组成。"谈"意味着通过语言的交流和各种技巧及策略的实施，以期达成利益分配上的共识。"判"则意味着对"谈"所引出结果的判定，并对谈判的结果进行各种量化的约定，包括责任、权力和利益等。从谈判的一般规律可以看出，谈判具有以下几大特点。

1. 互动性——"施""受"二者兼而有之

互动性是因为谈判是在双方或多方间进行，通过语言的交流和利益的互换得以完成。单方面的施予或单方面的承受都不能称之为谈判。换言之，根据不同情况单方面的施予可冠之以赠送、授予和援助等名目；而单方面的承受则可冠之以笑纳、接受和受援等名目。

2. 双重性——"冲突""合作"相依并存

双重性是因为"冲突"和"合作"本是一对"双胞胎"，同时孕育在谈判的母体里。而谈判中，如果双方没有利益上的冲突，就不存在双方的所谓合作，谈判就不成立；如果没有双方的合作，双方利益上的冲突也不会有正面的结果，谈判同样不能成立。正是因为"冲突"和"合作"普遍存在于人际间各种交往活动中，谈判才应运而生。

3. 不等性——双方获利终有所别

不等性是因为谈判双方或多方的各种背景不同，即谈判的资本不同，因此在利益分配上，也不可能做到真正意义上的"二一添作五"。谈判可以是互惠的，但不可能是绝对平等的。

4. 公平性——周瑜黄盖愿打愿挨

公平性是因为谈判的结果均为双方或多方自愿接受。在谈判桌前，参加谈判的任何一方都有对谈判结果的否决权。无论谈判的结果在客观上多么不平等，你一旦认可、表示同意，即说明你情愿接受它，公理判定这样的谈判是公平的。这在某种意义上似乎同周瑜和黄盖之间发生的那段故事同出一辙。

1.1.3　谈判的原则

谈判的原则是谈判人员在任何谈判中，都必须恪守的法则或标准，这是谈判的根本，是对谈判经验高度概括的总结。背离谈判原则的谈判，不是真正意义上的谈判，也不会谈判成功。谈判是人类社会普遍存在的一种人际交往活动，谈判的原则也理应由全人类共同遵守。任何以这样或那样的理由，单方面为谋取个人利益而违反谈判的原则，都是广泛大众所鄙夷的。

1. 平等的原则——互为友好

谋求共同利益和契合利益，是谈判的根本目的，而对于这一目的的实现，谈判双方或多方的平等是基本条件。离开平等的关系，不可能产生共同的利益，更不可能产生契合的利益。

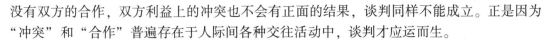

平等原则案例

美国曾计划从墨西哥进口天然气。由于地缘上的关系和其他方面的原因，美国是墨西哥天然气唯一的潜在买主。据此，美国认为墨西哥会任他摆布，故在谈判中摆出高人一等的架式，无视谈判的平等性原则，单方面制定了自认为最为合理的价格。墨西哥认为这是明目张胆地践踏自己的国格，给予了果断的回绝，明确表示宁可把天然气白白烧掉，也不卖给傲慢无理的美国人。结果，美国丧失了近在嘴边的一块肥肉。显而易见，如果美国能够平等相待墨西哥，则其获取天然气所带来的利益是顺理成章、轻而易举的。

资料来源：［美］罗杰·道森. 优势谈判［M］. 北京：北京联合出版有限公司，2022.

2. 协商的原则——互惠互利

在谈判中有意见上的分歧，甚至发生争议，这都是自然的和不可避免的。重要的是谈判双方或多方应本着互惠的精神，协商解决分歧和争议。坚持协商的原则，并非意味着一团和气，混淆相互对立的利益关系，也不排除在谈判中使用各种谈判的策略和技巧。关键是谈判的双方或多方在相互立场和观点的不同中，找到相同或相似之处，努力向一致靠拢，共享达成一致所带来的利益。对于暂时不能解决的利益问题，允许搁置一旁，不必急于求成，勉强成交。俗话说："追着赶着不是买卖"，因为这样做，往往事与愿违，让对方占尽便宜。

3. 守法原则——互相制约

现代社会，谈判者以健全的法律、法规来约束对方的行为。国际间的大型谈判和国内民间的普通谈判，无一不体现出这一现代社会的特点。在经济谈判领域，遵循守法的原则，是保证谈判成果顺利实现的坚固盾牌，是谈判协议执行过程中互相制约的标准，是防止协议外非法因素侵害的有力武器。

1.2　商务谈判的概念与特点

1.2.1　商务谈判的概念

商务是指商业上的事务。"商务"一词有狭义和广义之分。狭义的商务应理解为商业活动，即商品的买卖交易行为；广义的商务泛指各种交换活动，包括在市场主体之间发生的一切有形货物和无形劳务的交换活动，以及商务合作活动。按照国际惯例，商务包括四大部分：直接媒介商品的交易活动，如从事批发零售的"买卖商"；为"买卖商"直接服务的商业活动，如运输、仓储、加工整理等"辅助商"；间接为商业活动服务的"第三商"，如金融、保险、信托、租赁等；具有劳务性质的"第四商"，如酒店、餐饮、影剧院以及商品信息、咨询、广告等。

谈判有政治谈判、经济谈判、军事谈判、文化谈判、科技谈判、体育谈判、民事谈判等类别。商务谈判属于经济谈判，是指买卖双方为实现某种商品的交易而就交易条件进行磋商的活动——"讨价还价"。谈判双方这种在利益上既相互依存，又相互对立的关系，反映了商务谈判的实质。商务谈判实际上是谈判双方相互调整利益，减少分歧，并最终确立共同利益的行为过程。

商务谈判（Business Negotiation）的概念是指在经济领域中，具有法人资格的双方或具有利益相关的当事人，为了协调改善彼此的经济关系，满足贸易的需求，围绕涉及双方利益的标的物的交易条件，彼此交流磋商达到交易目的的行为过程。

1.2.2　商务谈判的作用

1. 有利于促进商品经济的发展

谈判并不是今天才出现的，但是，只有在商品经济发展到一定阶段时，谈判才会在社会生活中发挥巨大的作用。这是由于商品经济崇尚等价交换，排斥一切特权干预，只有通过买卖双方的平等协商谈判，才能在互利的基础上达到双赢的目的，进一步促进商品经济发展。可以说，商品经济的发展，使谈判扮演了社会经济生活中的重要角色；而谈判手段广泛而有效的使用，又极大地促进了商品经济的发展。

商品经济存在的基础是社会分工，生产资料及产品属于不同的所有者，由此决定了人们之间的交往关系必须是有偿的、等价的，谈判便成为实现人们这种联系的重要形式。实践证明，商品经济越发达，谈判的应用越广泛，谈判的形式就越多样化、复杂化。同时，谈判广泛应用于社会生产、生活的各个领域，又进一步促进了社会的繁荣、经济的发展。

可以说，谈判更好地实现了人们在平等互利基础上的联系，改善了相互的关系，提高了交易的成功率。今天，谈判已经成为商品经济社会中不可缺少的组成部分，成为各种组织和公众解决彼此间矛盾、争议和调整人际关系的重要手段。不论人们是否承认、有没有意识到，人们都曾在现实生活中扮演过并将继续扮演着"谈判者"的角色，正如谈判专家所说，世界就是一张巨大的"谈判桌"。

2. 有利于加强企业间的经济联系

商务谈判大多是在企业与企业之间、企业与其他部门之间进行的。企业要与其他部门或单位进行协作，才能完成生产经营活动。事实上，经济越发展，分工越细，专业化程度越高，企业之间的联系与合作越紧密，越是需要各种有效的沟通手段。同时，企业具有独立的法人资格，企业之间的交往与联系也必须在自愿互利的基础上，实行等价交换、公平交易。因此，谈判理所当然地成为企业之间经济关系的桥梁和纽带。

3. 有利于促进我国经济贸易的发展

发展对外贸易，参与国际竞争，开拓国际市场，必须精于外贸谈判，了解并掌握国际商贸活动的规律和准则，了解各国的民俗、法律、习惯做法和谈判者的谈判风格，熟练掌握商务谈判的规律和技巧，并加以灵活运用。只有这样，才能有效地运用谈判手段，在国际商贸活动中运筹帷幄，掌握主动，赢得胜利。

1.2.3　商务谈判的构成要素

商务谈判的构成要素包括商务谈判的主体、商务谈判的客体和商务谈判的目标。

1. 商务谈判的主体

商务谈判主体即当事人，是商务谈判活动的主要因素，又可划分为关系主体和行为主体，二者既有联系又有区别。关系主体是在商务谈判中有权参加谈判并承担谈判后果的自然人、社会组织及其他能够在谈判或履约中享有权利、承担义务的各种实体，行为主体是实际参加谈判的人。

2. 商务谈判的客体

谈判的客体是指谈判的议题和各种物质要素结合而成的内容，有资金方面的、技术合作方面的、商品方面的等。谈判活动的内容是由谈判客体决定的。要想取得符合目的的谈判结果，就必须事先深入研究谈判的议题，明确我方和对方的利益，还要明确利益的反面，即我方最担心、最害怕的是什么。除此之外，还必须掌握大量与谈判议题有关的信息。

3. 商务谈判的目标

商务谈判是一种目标很明确的行为。概括地说，商务谈判的直接目标就是最终达成协议。谈判双方各自的具体目标往往是不同的，甚至是对立的，但它们都统一于商务谈判的直接目标，只有商务谈判的直接目标实现了，最终达成了协议，谈判双方的具体目标才能实现。没有目标的谈判，只能说双方有所接触，或是无目的的闲谈，而不是真正的谈判。没有目标的商务谈判就像没有目的地的航行，是无法完成的。商务谈判的目标与商务谈判相伴而生，它是谈判活动的有机组成部分，是商务谈判的基本要素之一。

1.2.4　商务谈判的特点

商务谈判作为谈判的一种特定形式，既有谈判的共性，又有自身的特征。

1. 目的经济性

商务谈判以追求和实现交易目标的经济利益为目的，这是与其他谈判不同的。当事人对谈判计划的编制和在谈判过程中对策略的调整，都是以追求既定的经济利益为出发点和归宿。离开了经济利益，商务谈判也就丧失了继续的可能和意义。在实际的商务活动中，商品的买卖、劳务的进出、技术的转让，甚至是投资、兼并等类型的谈判，无一不是如此。因此，恰当地把握商务谈判的利益界限，是谈判成功的保证。

2. 价值转换性

商务谈判源于商品交换。商品交换的实质是价值和使用价值的转换。任何商品都具有价值和使用价值。马克思主义政治经济学原理表明，价值的货币表现就是价格，商品的生产者通过让渡商品的使用价值而获得价值，商品的消费者通过支付一定数量的货币（即按双方认可的价格）获得该商品的使用价值。这种双方之间让渡与获得的行为的实现，就必须通过商务谈判。而谈判的核心就是价值的货币表现——价格。对于生产者而言，自然是价格越高越有利；对于消费者而言，自然是价格越低越满足。一旦一个适中的价格双方都认可了，买卖双方的交易也就达成了。随着商品由卖方以协商谈判的价格转让给买方，商品价值交换也就实现了。从这个意义上说，商务谈判的过程也就是价值转换的过程。

3. 商务谈判主体的多层次性

商务活动与人类的经济生活息息相关。小到个人、企业或其他组织，大到国家甚至国际组织，都可以成为商务谈判的主体。各主体之间还可以相互交叉直接进行商务谈判，如个人与组织之间、组织与国家之间、国家与国际组织之间等，这使商务谈判的主体明显地呈现多层次性的特点。

4. 商务谈判的对象具有可选择性

商务谈判归根结底是对买卖双方关系的有效处理。商品买卖的基本法则是自由贸易。在市场上，就卖者而言，其商品可以卖给任何一个人或组织。就买者而言，其可以货比三家，随意选购（垄断的市场除外）。这种现象就决定了双方在谈判中拥有选择余地。

1.3　商务谈判的原则与分类

1.3.1　商务谈判的原则

在商务谈判中，谈判双方毕竟不是敌对的关系，但是也并不是不存在利益的冲突和矛盾。在没有任何技巧与原则的谈判中，谈判者往往会陷入难以自拔的境地，要么谈判陷入僵局，要么在达成协议后谈判双方的目标都没有完全实现，或者谈判一方有失掉了一场对局的感觉。

1. 自愿原则

这里的自愿原则是指谈判双方不是屈服于某种外来的压力或受他人的胁迫，而纯粹是出于自身利益的追求和互利互惠的意愿参加谈判，寻求共识，谋求合作的。只有自愿，谈判双方才有可能按各自的意愿就谈判中的权利义务作出决定；只有自愿，谈判双方才会有诚意互补互助、互谅互让，也才能最终促成谈判的成功。在谈判过程中，强迫性的行为是不可取的，它只会破坏自愿原则，促使被压迫的一方提前退出谈判，导致谈判的破裂。

2. 平等原则

平等是商务谈判得以顺利进行和取得成功的重要前提。在国际经济往来中，企业间的洽谈协商活动不仅反映了企业与企业的关系，还体现了国家与国家的关系，相互间要求在尊重各自权利和国格的基础上，平等地进行贸易与经济合作事务。在商务谈判中，平等原则包括以下几方面的内容：①谈判各方地位平等；②谈判各方的权利与义务平等；③谈判各方签约与践约平等。

3. 互利原则

在商务谈判中，平等是互利的前提，互利是平等的目的。平等与互利是平等互利原则密切联系、有机统一的两个方面。打仗、赛球、下棋，结局通常是一方胜一方负，商务谈判则不能以胜负输赢而告终，而是要兼顾各方的利益。为此，应做到以下几点：（1）投其所需；（2）求同存异；（3）妥协让步。

4. 求同存异原则

求同存异原则就是谈判各方寻求共同的利益，可以保留各自的不同观点，谁也不强迫谁改变。

5. 立场服从利益原则

商务谈判桌上要得到的是利益而不是立场，立场必须服从利益，该让步妥协时要抓住时机表现出姿态，当然也不能忘记合作互惠的大前提、大原则。

6. 合作原则

双方正是因为需要合作才可能走到谈判桌前，切不可把谈判对手看成敌手，把谈判看成一场纯粹的竞技或战斗，非要论输赢。否则即使你成了谈判桌上的赢家，对方作为输家在合同履行过程中也会寻找各种理由和机会，拖延合同的履行，以挽回自己的损失，其结果等于两败俱伤。

坚持合作的原则，首先，要着眼于谈判是为了满足双方的利益；其次，是要坚持以诚相待、信誉为本，努力取得对方的信任，这是谈判成功的基础；再次，要相互理解，求同存异，彼此适当让步，在维护各自根本利益的前提下，要适度牺牲局部利益。

7. 灵活性原则

谈判中要采取灵活机动的战略战术，使用切实可行的谈判技巧。如果没有实现整体目标的灵活性，谈判成功的可能性将变得很小，自己的目标也就无从实现。

8. 礼貌原则

英国学者杰弗里·利奇（Geoffrey Leech）提出了言语交际的礼貌原则，根据 Leech 的礼貌原则中的选择程度等级（The Optional Scale），如果话语内容使听话人得益，说话人的话说得越直率，强求听话人接受的愿望就越明显，话语就越能显出热情内容；如果话语内容要使说话者得益，则说话人的话就要说得间接一些，要给听话人留有较大的自由选择余地，从而表现出话语的礼貌得体。

1.3.2 商务谈判成败的评价标准

1. 谈判目标

谈判目标的实现是衡量商务谈判成功的首要标准，根据谈判各方的具体情况，应重点考虑如何使既定目标得以实现。

2. 谈判效率

谈判的方式必须有效率。谈判的方式之所以应有助于提高谈判效率，是因为谈判达成协议的效率也应该是双方都追求的双赢内容之一。效率高的谈判使各方都有更多的精力拓展商务机会。而立场争辩式谈判往往局限了各方更多的选择方案，目前理论上和实际工作中对效率的认识都归结为商务谈判的投入产出比。

3. 人际关系

谈判应该可以改进或至少不会伤害谈判各方的关系。谈判的结果是要取得利益，然而，利益的取得不能以破坏或伤害谈判各方的关系为代价。评价一场谈判的成功与否不仅要看谈判各方的市场份额的划分、出价高低、资本及风险的分摊、利润的分配等经济指标，还要看谈判后各方的关系是否"友好"。经营环境的改善、互惠合作关系的维护和发展程度也是衡量谈判成功与否的重要标准。

1.3.3 商务谈判的分类

1. 国内商务谈判与国际商务谈判

（1）国内商务谈判。

国内商务谈判是指国内各种经济组织及个人之间所进行的商务谈判，包括国内的商品购销谈判、商品运输谈判、仓储保管谈判、联营谈判、经营承包谈判、借款谈判和财产保险谈判等。国内商务谈判的各方都处于相同的文化背景之中，这就避免了由于文化背景的差异可能对谈判所产生的影响。由于各方语言相同，观念一致，所以谈判的主要问题在于怎样调整各方的不同利益，寻找更多的共同点。这就需要商务谈判人员充分利用商务谈判的策略和技巧，发挥谈判人员的能力和作用。

（2）国际商务谈判。

国际商务谈判是指不同国家间政府及各种经济组织之间所进行的商务谈判。国际商务谈判包括国际产品贸易谈判、易货贸易谈判、补偿贸易谈判、各种加工和装配贸易谈判、现汇贸易谈判、技术贸易谈判、合资经营贸易谈判、租赁业务贸易谈判和劳务贸易谈判等。无论是从谈判技术还是从谈判内容看，国际商务谈判远比国内商务谈判复杂得多。这是由于谈判各方来自不同的国家，其语言、信仰、生活习惯、价值观念、行为规范、道德标准乃至谈判的心理都有着极大的差别，而这些因素都会对国际商务谈判有很大的影响。

2. 商品贸易谈判与非商品贸易谈判

根据商务谈判的内容不同，可以把商务谈判分为商品贸易谈判与非商品贸易谈判。

（1）商品贸易谈判。

商品贸易谈判是指商品买卖双方就商品的买卖条件所进行的谈判。它包括农副产品的购销谈判和工矿产品的购销谈判。

农副产品的购销谈判是指以农副产品为谈判客体，明确当事人权利和义务的协商活动。农副产品的范围很广，瓜果、蔬菜、粮食、棉花、油料、家禽、水产等都属于它的范围。这些产品不仅是人们生活的必需品，而且是生产不可缺少的原料，所以这方面的谈判非常广泛。

工矿产品购销谈判是联系产、供、销各个环节，沟通全国各个部门，活跃经济的最基本活动。

（2）非商品贸易谈判。

非商品贸易谈判是指除商品贸易谈判之外的其他商品谈判，包括工程项目谈判、技术贸易谈判、资金谈判等。

工程项目谈判是指工程的使用单位与工程的承建单位之间的商务谈判。

技术贸易谈判是指进行技术有偿转让的谈判。技术贸易谈判一般分为两个部分：技术谈判和商务谈判。

资金谈判是指资金供需双方就资金借贷或投资内容所进行的谈判。资金谈判的主要内容有货币、利率、贷款、保证条件、还款、宽限期、违约责任等。

3. 小型、中型与大型谈判

（1）中、小型谈判。

中、小型谈判包括业务很小的一对一的谈判，即谈判双方都是一个人。这样的谈判一般有两种情况：一是谈判的业务内容比较单一，一个人就可以胜任；二是适应于私人企业，这种企业的老板可以及时拍板。在大型谈判中，也可以穿插双方的首席代表进行一对一的谈判，磋商某些敏感问题或关键问题，但是这应当是特殊问题的特殊举措。中、小型谈判中更多的、更常见的是小组谈判，通常以 3 人为宜，也可以为 5 人。

（2）大型谈判。

大型谈判一般指涉及重大项目的谈判，谈判人员一般不少于 7 人，重大谈判还要组织人数很多的谈判团，还可能组织顾问团或咨询团。谈判人员要经过精心挑选，要有相关专业的专家参加，要进行充分的事前准备。谈判的计划要周详，程序要严密。一般要经过若干个谈判阶段，持续的时间长，还可能多次变换谈判地点，甚至要进行相关的人事调整，但一般不轻易换帅。

4. 主场谈判、客场谈判和主客场轮流谈判

根据谈判地点，商务谈判可以分为主场谈判、客场谈判和主客场轮流谈判。

（1）主场谈判。

主场谈判又称主座谈判，是指在自己的所在地进行的谈判，如自己所在的国家、城市、办公地等。其优势是环境熟悉，随时可以增减谈判力量，有主人翁感，一般居于主动地位，而且可以降低谈判的成本。

（2）客场谈判。

客场谈判又称客座谈判，是在谈判对手所在地进行的一种谈判。客场谈判对客方来说需要克服不少困难。到客场谈判时必须注意以下几点：① 要入境随俗，入国问忌；② 要审时度势、争取主动；③ 如果是在国外举行的国际商务谈判，要配备好的翻译、代理人，不能随便接受对方推荐的人员，以防泄露机密。

（3）主客场轮流谈判。

这是一种在商务交易中谈判地点互易的谈判。谈判可能开始在卖方所在地，谈判在买方所在地，结束在卖方所在地也可能在买方所在地。主客场轮流谈判的出现，说明交易是不寻常的，它可能是大宗商品的买卖，也可能是成套项目的买卖，这种复杂的谈判持续时间比较长，应注意以下两个方面的问题：① 确定阶段利益目标，争取不同阶段最佳谈判效益；② 坚持主谈人的连贯性，换座不换帅。

5. 公开谈判、半公开谈判和秘密谈判

根据谈判内容的透明度，商务谈判可以分为公开谈判、半公开谈判和秘密谈判。

（1）公开谈判是指有关谈判的全部内容和一切安排都不对外保密的谈判。在现代社会中，由于市场竞争的加剧，商业机会越来越少，所以，人们一般都不愿意过度地暴露己方的商业秘密，公开谈判也很少被采用。不过，在有些情况下，又必须采取公开谈判的方式。公开谈判可以吸引多个谈判对手并使他们之间展开竞争，从而在交易中获取最佳收益。

（2）半公开谈判是指有关谈判内容以及谈判安排在某一特定时间，部分地对外披露的谈判。在半公开谈判的条件下，谈判当事人一般根据自己的需要来选择对外公布的谈判信息及公布这些信息的时间。在有些情况下，部分地对外公布谈判信息有助于提高企业的形象。

（3）秘密谈判是指谈判各方对谈判的内容以及有关谈判的一切安排均不对外披露的谈判。对谈判信息的保护好，可以减少企业商业机会的流失概率。不过，秘密谈判有时会影响公平竞争的原则，会受到法律的约束和限制。

1.4　商务谈判的内容、基本程序及评价标准

1.4.1　商务谈判的内容

1. 商务谈判的准备性谈判

商务谈判的准备性谈判是指关于合同内容以外事项的谈判，这是谈判的一个重要组成部分，为谈判直接创造条件，影响着合同本身的谈判效果，因此要加以重视。它主要包括以下几个部分。

（1）谈判时间的谈判。

这是关于谈判举行时间的谈判。谈判时间不同，对双方的影响不同。谈判时间可能是一方决定的，也可能是双方协商的。因此，谈判者要尽量争取于己方有利的时间。

（2）谈判地点的谈判。

这是关于谈判举行地点的谈判。一般来说，主场谈判比客场谈判对己方更为有利。谈判地点设在哪一方，往往由谈判实力强的一方决定，但也可以通过谈判策略争取。

（3）谈判议程的谈判。

这是关于谈判的议题安排的谈判。谈判议程对谈判结果的影响是显而易见的。谈判议程是谈判策略的重要组成部分，往往由双方协商确定。

2. 商务谈判的主要内容

商务谈判的内容是以商品为中心的，主要包括商品品质、商品数量、商品包装、商品价格、商品运输、商品检验、保险、货款结算方式，以及索赔、仲裁和不可抗力等。

（1）商品品质。

商品品质是指商品的内在质量和外观形态。它往往是交易双方最关心的问题，也是谈判的主要问题。商品品质取决于商品本身的自然属性，其内在质量具体表现在商品的化学成分、生物学特征及其物理机械性能等方面，其外在形态具体表现为商品的造型、结构、色泽、味觉等技术指标或特征，这些指标特征有多种多样的表示方法，常用的有以下几种：样品表示法、规格表示法、等级表示法、标准表示法、牌名或商标表示法。

（2）商品数量。

商品交易的数量是商务谈判的主要内容。成交数量的多少，不仅关系到卖方的销售计划和买方的采购计划能否完成，而且关系到商品的价格。同一货币支付后所购买的商品数量越多，说明商品越便宜，因此，商品交易的数量直接影响交易双方的经济利益。

确定买卖商品的数量，首先要根据商品的性质，明确所采用的计量单位。商品的计量单位中，表示重量的有吨、长吨（英吨）、短吨（美吨）、千克、磅等；表示个数单位的有件、双、打、套、包等；表示体积的单位有立方米、立方英尺等；表示容积的单位有公升等。在国际贸易中，由于各国所采用的度量衡制度各不相同，因而要掌握各种度量衡制度之间的换算关系，在谈判中明确规定使用何种度量衡制度，以免造成误会和争议。

（3）商品包装。

在商品交易中，除了散装货、裸装货外，绝大多数商品都需要包装。包装具有宣传商品、保护商品、便于储运、方便消费的作用。随着改革开放的深入，市场竞争日趋激烈，各厂商为了提高自己的竞争力，扩大销路，已改变了过去的"一等产品，三级包装"的包装理念。市场上商品包装装潢不仅变化快，而且设计的档次越来越高，由此看来，包装也是商品交易的重要内容，作为谈判者，为了使谈判双方满意，必须精通包装材料、包装形式、装潢设计、运输标志等内容。

（4）商品价格。

商品价格是商务谈判中最重要的内容，它的高低直接影响贸易双方的经济利益。商品价格是否合理是决定商务谈判成败的重要条件。商品价格是根据不同的定价依据、定价目标、定价方法和定价策略来制定的，商品价格一般受商品成本、商品质量、成交数量、供求关系、竞争条件、运输方式和价格政策等多种因素的影响。谈判中只有深入了解市场情况，掌握实情，切实注意上述因素的变动情况，才能取得谈判的成功。

（5）商品运输。

在商品交易中，卖方向买方收取货款是以交付货物为条件的，所以商品运输依然是商务谈判的重要内容，主要包括运输方式、运输费用、装运时间地点和交货时间地点。

（6）商品检验。

商品检验是对商品的品种、质量、数量、包装等项目按照合同规定的标准进行检查或鉴定。通过检验，由有关检验部门出具证明，作为买卖双方交接货物、支付货款和处理索赔的依据。商品检验主要包括商品检验权、检验机构、检验内容、检验证书、检验时间、检验地点、检验方法和检验标准。

（7）保险。

保险是以投保人交纳的保险费集中组成保险基金，用来补偿因意外事故或自然灾害所造成的经济损失，或对个人因死亡伤残给予物质保障的一种方法。这里所指的保险主要指货物保险。货物保险的主要内容有贸易双方的保险责任，具体明确办理保险手续和支付保险费用的承担者。

（8）货款结算方式。

在商品贸易中，货款的结算是一个十分重要的问题，直接关系到贸易双方的利益，影响双方的生存和发展。在国际贸易谈判中必须注意货款结算的方式、期限、地点等。

国内贸易货款结算方式主要是现金结算和转账结算。转账结算是通过银行在双方的账户上划拨的非现金结算。非现金结算的付款有两种方式：一种是先货后款，包括异地托收承付、异地委托收款、同城收款等；另一种是先款后货，包括汇款、限额结算、信用证、支票结算等。根据国家规定，各单位之间的商品交易，除按照现金管理办法的外，都必须通过银行办理转账结算。这种规定的目的是为了节约现金使用，有利于货币流通，加强经济核算，加速商品流通和加快资金周转。

（9）索赔和仲裁。

在商品交易中，买卖双方常常会因彼此的权利和义务引起争议，并导致索赔、仲裁等情况的发生。为了使争议得到顺利的处理，买卖双方在洽谈交易时，对由争议导致的索赔和解决争议的仲裁方式，应该事先进行充分的协商，并在合同中作出明确的规定。此外，对于不可抗力及其对合同的影响结果等也要作出规定。

索赔是指一方认为对方未能全部或部分履行合同规定的责任时，向对方提出索取赔偿的要求。引起索赔的原因除了买卖一方违约外，还有由于合同条款规定不明确，一方对合同某些条款的理解与另一方的理解不一致而认为对方违约。一般来说，买卖双方在洽谈索赔问题时应洽谈索赔的依据、索赔期限、索赔金额的确定等内容。索赔依据是指提出索赔必须具备的证据和出示证据的检测机构。索赔方所提供的违约事实必须与品质、检验等条款相吻合，且出证机关要符合合同的规定，否则，对方有理由拒赔。索赔期限是指索赔一方提出索赔的有效期限。索赔期限的长短，应该根据交易商品的特点来合理商定。索赔金额包括违约金和赔偿金。违约金是只要确认是违约，违约方就有义务向对方支付，违约金带有惩罚的性质。赔偿金则带有补偿性，当违约金不足弥补违约给对方造成的损失时，应该用赔偿金补足。

仲裁是指双方当事人将其争议提交给第三人进行裁决，并接受裁决结果，解决纠纷的一种方式。仲裁是以当事人的合意为前提的，即当事人双方一致同意将其争议提交给第三方来进行裁决。这种合意从时间上来看有两种，一种是在争议发生之前达成一致，一种是在争议产生之后达成一致。当事人在订约之初，为防止以后发生纠纷，提前约定如果将来发生争议，将提交给某位第三人进行裁决。也可能最初友好合作的双方并没有想到将来的某一天关系会恶化，或者虽然在合作之初预料到之后可能发生纠纷，但并没有进一步考虑解决问题的方式。因此直到争议真的发生了，才考虑应该如何解决。此时双方如果达成一致，同意进行仲裁，即可据此进行；如果双方达不成一致，如一方不同意，就不能进行仲裁。

知识链接

技术贸易谈判

技术贸易谈判一般分为两个部分，即技术谈判和商务谈判。技术谈判是供受双方就有关技术和设备的名称、型号、规格、技术性能、质量保证、培训、试生产验收问题进行商谈，受方通过谈判可以进一步了解对方的情况，摸清技术和设备是否符合本单位的实际要求，最后确定引进与否；商务谈判是供受双方就价格、支付方式、税收、仲裁、索赔等条款进行商谈，通过商谈确定合理的价格、有效的途径与方法，以及如何将技术设备顺利地从供方转移到受方。

劳务合作谈判

劳务合作谈判是指劳务合作双方就劳务提供的形式、内容、时间、劳务价格、计算方法、劳务费的支付方式，以及有关合作双方的权利、责任、义务等问题所进行的谈判。

由于劳务本身不是具体的商品，而是一种通过人的特殊劳动，将某种生产资料改变其性质或形状，满足需求方一定需求的劳动过程，因此，劳务合作谈判与一般货物买卖谈判是有明显不同的。

劳务合作谈判的基本内容是围绕着某一具体劳动力供给方所能提供的劳动者的情况和需求方所能提供给劳动者的有关生产环境条件和报酬、保障等实质性的条款。其基本内容包括劳动力供求的层次、数量、素质、职业、工种、技术水平、劳动地点（国别、地区、场所）、时间、劳动条件、劳动保护、劳动工资、劳动保险和福利。

1.4.2 商务谈判的基本程序

一个完整的商务谈判过程一般包含以下六个环节，即准备、询盘（询价）、发盘（报价）、还盘（还价）、接受和签约，这个过程是一个广义的商务谈判程序，依照一定的顺序完成每一环节的活动，如图1-1所示。

图1-1 商务谈判的基本程序

尽管商务谈判过程中有其一般规律性的程序，但是由于谈判内容的简单或复杂，时间的宽松或紧迫，口头谈判或是函电及书面式的磋商等不同，甚至国际间法律规定的差异，都可能会使谈判过程逾越个别的环节，只要是客观情况的需要，不影响谈判的顺利进行，其并不违背商务谈判程序上的客观规律性。

从另一个角度讲，这样做还可以提高谈判的效率，加速交易的达成，这都说明商务谈判过程是灵活的，绝不是千篇一律、一成不变的。谈判的整个过程都处于变化之中，交易双方应根据各种情况的变化不断更改完善自己提出的交易条件。

1. 准备

谈判的准备工作主要需要做好以下几方面。

（1）选择合适的谈判人员，知人善任。

（2）收集与谈判相关的信息，例如谈判对手的资信情况、谈判人员的组成情况、谈判标的的市场行情等。

（3）掌握与谈判相关的国内国际法律法规、政策及国际经济组织的一般规定和惯例，保证合同的有效性和合法性。

（4）确定谈判目标、谈判计划、谈判策略，对谈判的具体过程进行可行性设计。

2. 询盘

询盘是指交易的一方欲购买或出售商品时，向另一方发出探询该项买卖及有关交易条件的一种表示，通常多由买方发出。买方询盘后，没有必须购买的义务，只是表示了交易的愿望。因此，卖方也没有必须回答的责任，不过在交易习惯上，卖方一般要尽量回答，或向买方正式发盘。

询盘也可以由卖方发出。询盘往往不限于一个对象，可以同时向几个对象发出，等几个对象回答发盘后进行比较，选择最优条件者作为进一步的谈判对象。

3. 发盘

发盘是指买卖双方的一方（发盘人）向对方（收盘人）提出各项主要交易条件，并愿意按这些条件与对方达成交易、订立合同的一种肯定的表示。发盘人可以是买方，也可以是卖方。由于大多数商品处于买方市场的情况，所以往往由卖方发盘。根据实践经验和国际贸易的习惯，把发盘分为实盘和虚盘两种。

实盘是指对发盘人有约束力的发盘，在有效期内发盘人不得随意撤消或修改实盘的内容；虚盘是发盘人有保留地愿意按照一定条件达成交易的表示，是对发盘人没有约束力的发盘。

4. 还盘

还盘是指受盘人收到发盘后，对发盘表示接受但对其内容不同意或不完全同意，而向发盘人提出的修改或新的限制条件，又称"反要约"。

在谈判交易中，还盘是对原发盘的拒绝，形成一项新的发盘，原发盘即行失效；还盘既可以是有约束力的实盘，又可以是无约束力的虚盘。

5. 接受

接受在法律上叫承诺，它是指受盘人在发盘（实盘）有效期内无条件同意发盘的全部内容，愿意订立合同的一种表示。

6. 签约

签约就是签定合同，是交易双方的当事人愿意按照谈判最后确定的条件达成某项交易的协议。其中不仅规定了交易的标的，同时根据双方谈判的结果，规定对方认可的权利和义务，对双方产生约束力，任何一方不能单方面修改合同内容或不履行自己的义务，否则将承担违反合同的法律责任。

1.4.3　商务谈判的评价标准

在商务谈判中，谈判成功是每个谈判者的心愿和追求目的，但其对成功谈判的标准的认识却不一定正确。商务谈判的结果无外乎三种：双赢、有胜有负、谈判不欢而散，最后一种结果自然称不上是成功的谈判。那么，对于谈判者来讲，哪种谈判结果才能称为成功的谈判呢？有谈判专家指出，一场成功的谈判应该有如下三个评判标准。

1. 目标实现标准

所谓目标实现标准，即谈判的最终结果有没有达到预期目标，或是在多大程度上达到了预期目标，这是人们评价一场商务谈判是否成功的首要标准。现实生活中，人们通常是以行为有没有达到预期的目标来看待行为的有效性的。

所谓谈判目标是指谈判要达到的具体目标，它指明了谈判的方向、要达到的目的和企业对本次谈判的期望水平。商务谈判的目标主要是以满意的条件达成一笔交易，确定正确的谈判目标是保证谈判成功的基础。谈判目标是一种在主观分析基础上的预期与决策，是谈判者所要争取和追求的根本因素。

谈判目标按层次可分为以下三种。

（1）最优期望目标。

这是谈判结果的理想状态，最优期望目标的特征为：是对谈判者最有利的理想目标；是单方面可望而不可及的；是谈判进程开始的话题；会带来有利的谈判结果。

（2）可接受目标。

这是可交易目标，是经过综合权衡、满足谈判方部分需求的目标，对谈判双方都有较强的驱动力。在谈判实战中，经过努力可以实现。但要注意的是不要过早暴露，否则可能会被对方否定。

可接受目标的特征有：是谈判人员根据各种主客观因素，经过科学论证、预测和核算之后所确定的谈判目标；是己方可努力争取或作出让步的范围；该目标实现意味着谈判成功。

（3）最低限度目标。

这是通常所说的底线，它是谈判方的最低要求，也是必须要达到的目标。如果达不到，一般会放弃谈判。最低限度目标是谈判方的机密，通常需要严格防护。

最低限度目标的特征有：是谈判者必须达到的目标；是谈判的底线；受最高期望目标的保护。

谈判目标的确定是一个非常关键的工作，应遵循如下原则。

首先，不能盲目乐观地将全部精力放在争取最优期望目标上，而很少考虑谈判过程中会出现的种种困难，造成束手无策的被动局面。谈判目标要有弹性，明确上、中、下限目标，要根据谈判实际情况随机应变、调整目标。

其次，所谓最优期望目标不仅有一个，可能同时有几个，在这种情况下就要将各个目标进行排队，抓住最重要的目标努力实现，而其他次要目标可让步，降低要求。

最后，己方最低限度目标要严格保密，除参加谈判的己方人员之外，绝对不可透露给谈判对手，这是商业机密。如果一旦疏忽大意透露出己方最低限度目标，就会使对方主动出击，使己方陷于被动。

2. 成本优化标准

商务谈判作为一种商业行为，必将涉及投入和产出的比例问题，谈判方期望的是最小成本和最大收益。谈判的成本大致可分为以下三种。

一是为达成协议所作出的让步，也就是预期谈判收益与实际谈判收益的差距，这是谈判的基本成本。

二是为完成谈判所耗费的各种资源，如谈判方投入的人力、财力、物力和时间资源等，这是谈判的直接成本。

三是因参加该项谈判而占用了资源，失去了其他获利机会，损失了有望获得的其他价值，即谈判的机会成本。

在上述三种成本中，由于人们常常特别注重谈判桌上的得失，所以往往较多地注重第一种成本，而忽视第二种成本，对第三种成本则考虑得更少，这是需要予以注意的。在一场旷日持久的谈判过程中，谈判方投入了大量的人力、财力、物力，最终圆满地实现了目标，在庆祝谈判胜利的时候，有必要从经济视角重新审视谈判的结果，关注谈判的诸多成本，才会在谈判中表现出更大的主动性和能动性。

3. 人际关系标准

谈判是人际间的一种交流活动，所以，对于商务谈判而言，谈判的结果不只是体现在最终成交的价格高低、利润分配的多少，以及风险与收益的关系上，它还应体现在人际关系上，即还要看谈判是促进了双方的友好合作关系，还是削弱了双方的友好关系。一个谈判者应该具有战略眼光，不计较也不过分看重某一场谈判得失或成本高低，而是着眼于长远、着眼于未来。虽然在某一次的谈判中少得了一些，但如果保持良好的合作关系，长期的收益将足以补偿目前的损失。因此在谈判中除了争取实现自己的既定目标，降低谈判成本之外，还应重视建立和维护双方的友好合作关系，"买卖不成仁义在"应该是商场上一条普遍适用的基本原则。正如中国香港富商李嘉诚所言，赚了钱的买卖不一定是成功的买卖，只有双方都满意的买卖才是好买卖。

实践训练

在实践中，人们常听到："与某某人谈判很愉快""与某某人谈判令人赏心悦目"。相反，"与某某人谈判让人心闷气憋""与某某人谈判令人讨厌"等议论在实践中还可见到。有的条件看起来很难实现，但也奇怪，经过有的人一谈，就能谈成功。怎么有的人一谈就成功了呢？分组讨论，分析其原理。

巩固练习

一、单选题

1. 商务谈判的核心内容是（　　　）。

A. 策略　　　　　　B. 质量　　　　　　C. 合法　　　　　　D. 价格

2. 以下不是商务谈判特征的是（　　　）。

A. 惯例性　　　　　B. 约束性　　　　　C. 经济利益性　　　D. 自然性

3. 以下不属于商务谈判的要素的是（　　　　）。

A. 议题　　　　　　B. 当事人　　　　　　C. 价格　　　　　　D. 标的

二、简答题

1. 什么是谈判？其特点是什么？

2. 商务谈判的含义及特点是什么？

3. 商务谈判的主要类型有哪些？

4. 商务谈判的基本原则有哪些？如何应用？

学以致用

有个妻子要过生日了，她希望丈夫不要再送花、香水、巧克力或只是请吃顿饭，她希望得到一颗钻戒。"今年我过生日，你送我一颗钻戒好不好？"她对丈夫说。"什么？"丈夫有些疑惑。"我不要那些花啊、香水啊、巧克力的。没意思嘛，一下子就用完了、吃完了，不如钻戒，可以做个纪念。"妻子说。"钻戒什么时候都可以买。送你花、请你吃饭，多有情调！"丈夫回答。"可是我要钻戒，人家都有钻戒，就我没有。"妻子有些委屈道。结果，两个人因为生日礼物，居然吵起来了，吵得甚至要离婚。但大吵完，两个人都糊涂了，彼此问："我们是为什么吵架啊？""我忘了！"妻子说。"我也忘了。"丈夫搔搔头，笑了起来："啊！对了！是因为你想要一颗钻戒。"

同样的事发生在另外一个家庭，这家的妻子也想要颗钻戒当生日礼物。妻子说："亲爱的，今年不要送我生日礼物了，好不好？""为什么？我当然要送。"丈夫诧异地问。"明年也不要送了。"妻子又说。丈夫眼睛睁得更大了。"把钱存起来，存多一点，存到后年。我希望你给我买一颗小钻戒……"妻子不好意思地小声说。"噢！"丈夫说。结果，生日那天，她还是得到了礼物——一颗大钻戒。

问题：

你认为这两位妻子在谈判中的表现如何？

拓展阅读

商务谈判的妙处

商务谈判能帮助企业增加利润。对于一个企业来说，增加利润一般有三种方法：增加营业额、降低成本和谈判。

增加营业额是最直接的方法，但也最难。因为在市场竞争日趋激烈的今天，争夺市场份额本身就是一件很难的事情。而且增加营业额往往也会增加费用，比如员工工资、广告费、业务员提成等。所以可能企业的营业额增加很多，但扣除费用以后发现，利润却没怎么增加。

一般来说，企业降低成本的空间是有限的，降到一定程度就没法再降了。而且降低成本还有可能降低产品的品质，反而损害了公司的长远利益。

通过谈判，尽量以低价买进，高价卖出，一买一卖之间，利润就出来了。它是增加利润最有效也是最快的方法，因为通过谈判争取到的每一分钱都是净利润。比如企业的某个产品通常售价是一万元，如果业务员谈判水平提高了，售价提高到一万一千元，则提高的一千元完全是净利润。同样，企业在采购时所节省的每一分钱也都是净利润。

资料来源：经典商务谈判案例分析，2023 年 7 月 3 日，https://www.haoword.com/syfanwen/qitafanwen/1579140.htm

第2章 商务谈判的准备阶段

知识目标：

通过本章教学，使学生了解商务谈判目标的确定过程；掌握商务谈判资料的收集方法；了解谈判班子的规模、谈判人员应该具备的素质、谈判人员的配备、谈判人员的分工及谈判人员的配合等内容；掌握谈判计划的制订；理解模拟谈判的内容。

能力目标：

通过本章的技能训练，使学生能够迅速进入角色，并完成模拟谈判的相关内容。

素养目标：

坚持知识传授与价值引领相结合，培养学生正确的理想信念、价值取向、政治信仰以及社会责任感，引导学生爱祖国、爱人民，弘扬中华优秀礼仪文化，坚定文化自信。

◈ 导入案例

一位名律师曾代表一家公司参加了一次商务谈判，对方公司由其总经理任主谈。在谈判前，律师从自己的信息库里找到了一些关于对方公司总经理的材料，其中有这样一则：总经理有个毛病，每天一到下午四五点，就会心烦意乱，坐立不安，被戏称为"黄昏症"。这则笑话使律师顿生感悟，他利用总经理的"黄昏症"，制定了谈判策略，把每天需要谈判的关键内容拖到下午四五点进行。此举果然取得了谈判的成功。

问题： 此案例对你有什么启示？

一次商务谈判取得成功的原因，固然与具有高素质、丰富实践经验的谈判人员的高水平临场作战和谈判过程中各种策略技巧的完美组合运用有关，但同样离不开充分完善的商务谈判的前期准备工作。

2.1   商务谈判目标的确定

没有一个明确的谈判目标，谈判很难能够取得成功。商务谈判所要达到的谈判目标即是谈判双方就本次谈判所涉及的谈判内容，在各种交易条件或协议条款上要达到的有关标准。在谈判目标的制定上要注意以下三点。

第一，合理性。所谓合理性就是指谈判目标的制定要依据收集的各种信息，结合谈判双方的实际情况，合理地、客观地确定目标，切不能脱离实际，主观臆测。

第二，层次性。层次性是指谈判目标有基本目标与期望目标、短期目标与长期目标之分。基本目标是我们必须要达到的、不能妥协的目标，在某种意义上可以理解为"底线"。而期望目标则是我们要尽力去追求的、理想的目标。比如，我方作为采购方所能接受的卖方给出的最高价即是我方的基本目标，而我方希望卖方所能提供的最低价则是我们要尽力争取的期望目标。至于短期目标与长期目标，则主要从时间上来区分。

第三，具体性。这主要是指谈判目标的制定不能太笼统，流于空泛，要争取达到详细清楚的标准，能量化的量化。这样可以使我方谈判人员心中更有数，更能把握好谈判的"度"，从而增大谈判成功的可能性。

2.1.1   谈判目标的层次

1. 最高目标

最高目标也叫最优期望目标，是对谈判者最有利的目标，实现这个目标，可以最大化满足己方的利益，当然也是对方所能忍受的最高程度。它在满足某方实际需求利益之外，还有一个"额外的增加值"。最优期望目标是一个点，超过这个点，则往往会有谈判破裂的危险。在实践中，最优期望目标一般是可想不可及的理想目标，往往难以实现。因为商务谈判是谈判各方进行利益分割的过程，没有哪一方心甘情愿地把利益全部让给他人。同样，任何一个谈判者也不可能指望在每次谈判中都大获全胜。尽管如此，确立最优期望目标还是很有必要的，一则，可以激励谈判人员尽最大努力争取尽可能多的利益，清楚谈判结果与最终目标存在的差距；二则，在谈判开始时，以最优期望目标作为报价起点，有利于在讨价还价中处于主动地位。

2. 实际需求目标

实际需求目标是谈判各方根据主客观因素，综合考虑各方面情况，经过科学论证、预测和核算后，纳入谈判计划的谈判目标。这是谈判者调动各方面的积极性，使用各种谈判手段努力要达到的目标。这个层次的目标具有如下特点。

① 它是秘而不宣的内部机密，一般只在进入谈判过程中的某个微妙阶段才提出。

② 它是谈判者坚守的防线。如果达不到这一目标，谈判可能会陷入僵局或暂停，以便谈判者的单位或小组内部讨论对策。

③ 这一目标一般由谈判对手挑明，而己方则见好就收或顺梯下楼。

④ 该目标关系着谈判一方的主要或全部经济利益。

3. 可接受目标

可接受目标是指在谈判中可争取或作出让步的范围，是谈判人员根据各种主要客观因素，通过考察种种情况，经过科学论证、预测和核算之后所确定的谈判目标。可接受目标是介于最优期望目标和最低目标之间的目标。

实际上业务谈判中，往往谈判双方的最后成交值是某一方的可接受目标。可接受目标能够满足谈判一方的某部门需求，实现部门利益目的。可接受目标往往是谈判者秘而不宣的内部机密，一般只在谈判过程的某个微妙阶段挑明，因而是谈判者死守的最后防线，如果达不到可接受的目标，谈判就可能陷入僵局或暂时休会，重新酝酿对策。

可接受目标的实现，往往意味着谈判的胜利。在谈判桌上，为了达到各自的可接受目标，谈判双方会施展各种技巧，运用各种策略。

4. 最低目标

最低目标是商务谈判必须实现的目标，是让步后必须保证实现的最基本目标。最低目标是一个点，是谈判的界点，如果不能实现，宁愿谈判破裂。因此，最低目标是一个限度目标，是谈判者必须坚守的最后一道防线，当然也是谈判者最不愿接受的目标。最低目标与最高目标有着内在的必然联系。在商务谈判中，开始报价很高，提出最高目标，但这是一种策略，其目的是为了保护最低目标、可接受目标和实际需求目标，这样做的实际效果往往能超出谈判者最低需求目标或至少可以保住这一目标，然后通过讨价还价，最终达成一个超过最低目标的目标。如果没有最低目标，一味追求最高目标，往往会带来僵化的谈判策略，不利于谈判的推进。

2.1.2　谈判目标的保密

谈判目标的实现依赖于各方谈判实力的强弱和谈判策略的有效性，谈判实力在短期内难以改变，而谈判策略的有效性取决于对对方信息掌握的完备程度，特别是对对方谈判目标的掌握程度。因此，谈判目标的保密显得格外重要。如果在谈判前或谈判中由于谈判人员的言行不当而向对方泄露了谈判目标，就会对己方谈判造成不利的影响。

主谈人应严格要求其谈判团队成员严守秘密，需要透露的重要信息只能由主谈人传递给对方。当涉及人员太多、主谈人无法监督其成员是否能贯彻保密制度时，保密工作就更为重要了，利益攸关的关键信息只能由几个关键人物掌握。

做好谈判目标的保密工作，可以从以下三个方面入手。

一是尽量缩小谈判目标知晓范围。知晓的人越多，有意或无意泄密的可能性就越大，谈判目标就越容易被对方获悉。

二是提高谈判人员的保密意识，减少其无意识泄密的可能性。

三是有关目标的文件资料要收藏好，废弃无用的文件资料尽可能销毁，不要让其成为泄密的根源。

2.2　商务谈判资料的收集

从交易的角度来讲，每次商务谈判的最终目的是就某项交易达成双方一致的协议。在开展每项具体交易之前，企业必须先寻找意向中的交易对象（此时还不能称为谈判对象）。比如，为了采购原材料需要寻找原材料供应商，为了销售产品需要寻找销售商等。有时交易对象可能只有一个，也就是说其在同行业中处于绝对垄断的地位。比如，某项专利技术的拥有者，此时对企业来说别无选择，交易对象就是未来的谈判对象。有时交易对象可能有多个，此时要确定未来的谈判对象就必须经过比较、筛选，而后才能"择优录取"。在对交易对象的考察过程中，不论其数目多少，都不可避免地涉及信息的收集、整理工作。信息的收集、整理工作的主要目的，简单说，一是确定谈判对象，二是重点收集与谈判对象有关的信息。而信息收集、整理工作在整个商务谈判前期准备工作中的地位也正如商务谈判前期准备工作在整个商务谈判过程中的地位一样，都具有重要的基础性作用。

2.2.1　收集内容

与商务活动有关的资料是影响商务活动效果的直接因素，是制定谈判策略的依据，甚至构成谈判议题。与商务活动有关的资料主要包括市场信息、技术信息、金融信息、政策法规信息等。

1. 市场信息

市场信息是反映市场经济活动特征及其发展变化的各种消息、资料、数据、情报的统称。

（1）市场细分信息。

市场细分信息主要是指市场的分布情况、地理位置、运输条件、政治经济条件、市场潜力和容量、某一市场与其他市场的经济联系等信息。掌握市场细分信息，有助于谈判目标的确立。

（2）市场需求信息。

市场需求信息主要包括消费者的数量及构成、消费者家庭收入及购买力、潜在需求量及其消费趋势、消费者对产品的态度、本企业产品的市场覆盖率以及市场竞争形势等信息。

📝 谈判资料收集案例

1959年9月26日，中国在黑龙江松嫩平原打出第一口油井，取名大庆油田。然而，由于当时国际环境复杂多变，中国并没有向外界公布大庆油田的地理位置和产量。20世纪70年代，日本商家深知中国开发石油需要大量石油设备，极想与中国达成有关石油设备的贸易协议，但苦于信息不足，日本商家就广泛收集中国的报纸杂志来分析中国的石油生产状况。他们从刊登在《人民画报》封面上的"大庆创业者王铁人"的照片分析，依据王铁人身穿的大棉袄和漫天大雪的背景，判断大庆油田在中国东北地区；又从《王进喜进了马家窑》的报道中推断出大庆油田所在的大体位置；又从《创业》电影分析出大庆油田附近有铁路且道路泥泞；又根据《人民日报》刊登的一副钻井机的照片推算出油井直径的大小，再根据中国政府工作报告计算出油田的大致产量；又将王进喜的照片放大至与本人 1∶1 的比例判断其身高，然后对照片中王进喜身后的井架进行分析，推断出井架的高度、井架间的密度，据此进一步推测中国对石油设备的需求。日本人把这些收集到的资料信息进行综合整理分析之后，勾勒出中国石油开采的发展势头，对设备、技术的必然需求，并着手进行各种必要的设计和生产准备工作。后来在中日石油设备交易谈判中，只有日本的设备符合大庆油田质量、日产量等要求，日方因此获得较大主动权，获得了丰厚的利润。

资料来源：郭秀君，商务谈判［M］. 北京：北京大学出版社，2011.

（3）产品销售信息。

产品销售信息主要包括市场销售量、产品销售价格、产品的发展趋势及市场周期、拥有该产品的家庭比率、消费者对该类产品的需求状况、购买该产品的频率等信息。通过对产品销售方面的调查，可以使谈判者大体掌握市场容量、销售量，有助于其确定未来的谈判对象及产品的销售或购买数量、价格等。

（4）市场竞争信息。

市场竞争信息主要包括竞争对手的数量；竞争对手的经济实力；竞争对手的营销实力；竞争对手的产品数量、种类、质量、价格及其知名度、信誉度；消费者偏爱的品牌与价格水平；竞争产品的性能与设计；各主要竞争对手所能提供的售后服务方式等。通过对市场竞争情况的调查，使谈判者能够掌握同类产品竞争者情况，寻找他们的弱点，这有利于在谈判中争取主动。

（5）分销渠道信息。

分销渠道信息主要包括主要对手采用何种经销路线；各类型的经销商情况如何；各主要批发商与零售商的数量；各种促销、售后服务和仓储功能，哪些由制造商承担，哪些由批发商和零售商承担等。

2. 技术信息

在技术方面，主要收集的有该产品生命周期的竞争能力以及该产品与其他产品相比在性能、质地、标准、规格等方面的优缺点等方面的资料；同类产品在专利转让或应用方面的资料；该产品生产单位的工人素质、技术力量及其设备状态方面的资料；该产品的配套设备和零部件的生产与供给状况及售后服务方面的资料；该产品开发前景和开发费用方面的资料；该产品的品质或性能鉴定的重要数据或指标及其各种鉴定方法的资料；导致该产品发生技术问题的各种潜在因素的资料。

3. 金融信息

国际商务谈判主要收集的金融信息有政府政策、银行利率、支付方式的规定及其费用、各种主要货币的汇率及其浮动现状和发展趋势、进出口银行的运营情况、进出口地主要银行对开证、议付、承兑赎单或托收等方面的规定、进出口地外汇管制措施等方面的资料。

4. 政策法规信息

如果是国内商务谈判，要按照国家法律法规和政策办事。商务谈判人员不但要掌握有关现行税制，还要熟知经济法规，以便在进行各项经济交往时做到有法可依。如果是国际商务谈判，除了要了解本国和对方所在的国家或地区的法律法规外，还要了解相关国际条约、国际惯例。

2.2.2 谈判对手有关的资料收集

1. 分析谈判对手的需要及个性

谈判最终目的是满足双方的需要，而需要又与对手的个性紧密相连，因此，准确掌握谈判对手的实际需要及个性成为谈判对手资料的重要内容。

（1）谈判主体的需要和谈判者个人的需要。

谈判主体的需要指的是谈判人员所依托机构的实际需要。对谈判主体需要的分析，主要是分析谈判对手企业情况，如对方企业产品的生产、销售、财务、营销等情况。

谈判者个人的需要，指的是在商务谈判过程中，谈判者个人的需要。谈判者个人的需要灵活性较大，甚至有时候表现得可有可无，但它是谈判顺利进行的关键。对谈判者个人的需要的分析，主要从谈判人员的一些基本情况入手，如对方的性格、年龄、兴趣爱好、文化背景等。

（2）谈判对手的个性。

一般情况而言，谈判主体在谈判目标的制定上，都会赋予谈判人员一定的灵活性。利用谈判者个性特点，有效影响对方谈判人员，使其降低原来的目标，就显得非常重要。了解谈判者个性特点，可以从其基本情况入手，包括其年龄、家庭情况、个人简历、知识层次、收入水平、业余爱好和兴趣等。通过对这些基本情况的分析，可以大体上考察谈判人员的个性特点，然后制定相应的对策。

2. 分析谈判对手的资信状况

对谈判对手资信情况的审查是谈判前准备工作的重要环节，是决定谈判的前提条件。所谓资信审查就是指对谈判对手的资信状况进行审核，确认其资信是否符合我方要求。对谈判对手资信情况的审查包括两个方面的内容，一是谈判对手的合法资格；二是客商的资本、信用和履约能力。对谈判对手资产状况分析，主要是审查分析对方的财产规模和财务状况，识别其资产的真实性和资产的属性。

3. 分析谈判对手的时限

谈判时限是指谈判者完成特定的谈判任务所拥有的时间。谈判时限与谈判任务量、谈判策略、谈判结果有重要关系。对谈判者而言，时间越短，用于完成谈判任务的选择机会就越少；时间越长，则选择机会就越多。了解对方谈判时限，就可以了解对方在谈判中采取何种态度、何种策略，己方就可以制定相应的策略。在大多数谈判中，绝大部分的进展和让步都会到接近最后期限的时候发生。因为只有到接近期限的时候，才有足够的压力逼迫谈判者让步。

4. 分析谈判对手的权限

谈判权限，是指谈判主体和谈判代表在谈判中拥有决策权的大小。谈判权限分为谈判主体的谈判权限和谈判代表的谈判权限。分析谈判对手的权限，最主要是看其是否具有谈判主体的资格。谈判主体的资格是指能够进行谈判、享有谈判的权利和履行谈判义务的能力。如果谈判对手具有谈判主体的资格，其就可以承担谈判的后果，有完成谈判的能力；

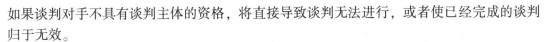

如果谈判对手不具有谈判主体的资格，将直接导致谈判无法进行，或者使已经完成的谈判归于无效。

谈判的目的是为了解决一系列问题，达成一系列交易。因此，商务谈判遵循的一个重要原则是不与没有谈判决策权的人进行谈判。从法律角度而言，公司或企业中不是任何人都可以代表该公司或企业对外进行谈判和签约，只有董事长和总经理才行。这就要求在谈判前要严格审查，了解对方的组织结构，弄清对方决策权限的分配状况和权利范围，看谈判者或签约代表是否有足够的权限。

2.2.3　与谈判环境有关的资料收集

1. 政治状况

一个国家与谈判有关的政治状况主要有以下几个。

（1）谈判国家的政治背景。

政治背景指对方国家对该谈判项目是否具有政治目的。如果有，程度如何，哪些领导人对此项目感兴趣，他们的权力如何。

（2）谈判国家的经济体制。

谈判国实行的是计划经济体制还是市场经济体制？经济体制不同，企业的决策机制不同。

实行计划经济体制的国家，企业间的交易要看是否列入国家计划，有计划指标的项目才能进行谈判。

实行市场经济体制的国家，企业就有较大的自主权，企业可以自主决定交易项目。

（3）国家对企业的管制程度。

国家对企业的管制是如何具体操作的，是中央集权还是地方分治，谈判会涉及哪些权力机构等。这主要涉及企业自主权的问题。

国家对企业的管理程度较高，政府部门就会干预谈判内容及进程，谈判的一些关键问题要由政府部门决定，谈判的成效就取决于政府部门。

政府对企业的管理程度较低，企业就有较大的自主权，谈判的成效就取决于企业。

（4）政府政局的稳定性程度。

谈判国政局的稳定程度对谈判有着重大影响，政局不稳定可能使已达成的协议变成废纸，合同不能履行，造成重大损失。

政府政局的稳定性调查包括：谈判项目上马期间政局是否变动；总统大选是否与所谈项目有关；谈判国与邻国的关系如何，是否处于紧张的敌对状态；有无战争爆发的可能性等。

2. 宗教信仰

宗教信仰包括该国占主导地位的宗教信仰是什么，该宗教信仰是否对下列事务，如政治、法律制度、国别政策、社会交往与个人行为、不同国籍、信仰、党派人员出入境、节假日与工作时间等产生重大影响。

3. 法律制度

法律制度包括该国的法律制度是什么，是根据哪个法律体系制定的，是否限定合同必须受购货人本国的法律约束，在现实生活中法律的执行程度如何，法院受理案件的时间长短如何，执行法院判决的措施是什么，当地是否有脱离于谈判对手的可靠的律师等。

谈判环境资料收集案例

不了解国外法律法规的代价

一家法国电子产品公司在美国芝加哥以收购的方式投资建立了一个公司，生产军用电子产品设备。直到收购结束后该公司才知道美国有一个法令叫《购买美国货法》，该法令规定美国政府只能购买本国公司生产的军事零件，禁止美国政府购买外国公司生产的军事设备，而该公司计划生产的主要是整套军事设备，并且美国政府是主要的买家。这个法令意味着该公司生产的产品将无人问津，因此该公司不得不从美国撤出并为此遭受了巨大的损失。

中国某工程承包公司在加蓬承包了一项工程任务。当工程的主体建筑完工之后，中方由于不再需要大量的劳动力，便将从当地雇用的大批临时工解雇，谁知此举导致了被解雇工人持续40天的大罢工。中方不得不同当地工人进行了艰苦的谈判，被解雇的工人代表提出让中方按照当地的法律赔偿被解雇工人一大笔损失费，此时中方人员才意识到他们对加蓬的法律太无知了。根据加蓬的劳动法，一个临时工如果持续工作一周以上而未被解雇则自动转成长期工，作为一个长期工，他有权获得足够维持生活的工资，此外，还有交通费和失业补贴等费用。一个非熟练工人如果连续工作一个月以上则自动转成熟练工人，如果连续工作3个月以上则提升为技术工人。工人的工资也应随着他们的提升而提高。而我国公司的管理人员按照国内形成的对临时工、长期工、非熟练工、熟练工以及技工的理解来处理在加蓬遇到的情况，结果招来了如此大的麻烦。谈判结果是可想而知的，公司不得不向被解雇的工人支付了一大笔失业补贴，总数相当于已向工人支付的工资数额，而且这笔费用由于属于意外支出，并未包括在工程的预算中，全部损失都得由公司自行支付。

资料来源：白远. 国际商务谈判——理论案例分析与实践［M］. 北京：中国人民大学出版社，2002.

4. 商业习惯

商务习惯包括该国的商业通常是如何经营的，是主要由各公司负责人经营，还是公司各级人员均可参与经营；是否任何协议必须见诸文字；合同具有何等重要的意义；在业务活动中是否有贿赂现象；一个项目是否可以同时与几家谈判；可以保证交易成功的关键因素是什么；业务谈判的常用语种是什么；合同文件是否可用两种语言来表示，它们能否有同等的法律效力。

5. 社会习俗

社会习俗包括是否合乎社会规范和标准的衣着、称呼；是不是只能在工作时间谈业务；社交场合中是否应该携带妻子，娱乐活动是否在饭店、俱乐部举行；送礼的方式是什么，礼品的内容有什么习俗；人们如何看待荣誉、名声等问题；当地民众是否可公开谈论敏感话题；妇女是否参与经营业务，若参与是否与男子具有同等的权利。

2.3　谈判班子的构建

2.3.1　谈判班子的规模

组建谈判班子首先碰到的就是规模问题，即谈判班子的规模多大才是最为合适的。根据谈判的规模，谈判可分为一对一的个体谈判和多人参加的集体谈判。

个体谈判即参加谈判的双方各派出一名谈判人员完成谈判的过程。美国人常常采取此种方式进行谈判，他们喜欢单独或在谈判桌上只有极少数人的情况下进行谈判，并被风趣地称为"孤独的守林人"。个体谈判的好处在于：在授权范围内，谈判者可以随时根据谈判桌上的风云变幻，不失时机地进行决策以抓住转瞬即逝的机遇，而不必像集体谈判那样，对某一问题的处理要首先在内部取得一致意见，然后再决策，这常常延误战机，也不必担心对方向己方谈判成员中较弱的一人发动攻势以求个别突破，或利用计谋在己方谈判人员之间制造意见分歧，从中渔利，一个人参加谈判独担责任，无所依赖和推诿，全力以赴，因此会产生较高的谈判效率。

谈判班子由一个人组成，也有其缺点，它只适用于谈判内容比较简单的情况。在现代社会里，谈判往往是比较复杂的，涉及面很广。从涉及的知识领域来讲，包括商业、贸易、金融、运输、保险、海关、法律等多领域的知识，谈判中所要收集运用的资料也是非常之多，这些绝非个人的精力、知识、能力所能胜任的，何况还有"智者千虑，必有一失"之说。

由多个人组成的谈判班子，可以满足谈判多学科、多专业的知识需要，谈判人员可以在知识结构上互补，发挥综合的整体优势。同时，谈判人员分工合作、集思广益、群策群力，形成集体的进取与抵抗的力量，常言说得好："三个臭皮匠，顶过一个诸葛亮""一个人是一条虫，齐心协力一条龙"。因此，成功的谈判有赖于谈判人员集体智慧的发挥。

谈判班子人数的多少没有统一的标准，根据谈判的具体内容、性质以及谈判人员的知识、经验、能力不同，谈判班子的规模也不同。实践表明，直接上谈判桌的人不宜过多。如果谈判涉及的内容较广泛、较复杂，需要由各方面的专家参加，则可以把谈判人员分为两部分，一部分主要从事背景材料的准备工作，人数可适当多一些；另一部分直接上谈判桌，这部分人数与对方相当为宜。在谈判中应注意避免对方出场人数很少，而我方出场人数很多的情况。

国内外谈判专家普遍认为，一个谈判班子的理想规模以 4 人为宜。原因归结为：此规模谈判班子的工作效率高；具有最佳的管理幅度；满足谈判所需的知识范围；便于谈判班子成员的调换。

2.3.2　谈判人员应该具备的素质

人是谈判的行为主体，谈判人员的素质是筹备和策划谈判谋略的决定性因素，它直接影响整个谈判过程的发展，影响谈判的成功与失败，最终影响谈判双方的利益分割。可以说，谈判人员的素质是谈判成败的关键。

1. 基本素质

谈判人员的基本素质泛指谈判者个人综合素质，它由谈判者的政治素质、业务素质、心理素质、文化素质、身体素质等构成，它是谈判者所具有的内在特质。

（1）政治素质。

这是谈判人员必须具备的首要条件，也是谈判成功的必要条件。首先，作为谈判人员必须遵纪守法，廉洁奉公，忠于国家、组织和职守。习近平总书记在党的二十大报告中指出：理想信念是"主心骨"，纪律规矩是"顶梁柱"，没有了这两样，必然背离党的宗旨，做人做事就会走偏走邪，思想就会百病丛生，人生就会迷失方向。谈判人员需要有坚定的理想信念，恪守纪律规矩，做到对党忠诚，站稳立场。其次，作为谈判人员需要具有强烈的事业心、进取心和责任感。在商务谈判中，有些谈判人员不能抵御谈判对手变化多端的攻击，为了个人私欲损公肥私，通过向对手透露情报资料，甚至与外商合伙谋划，使己方丧失有利的谈判地位，使国家、企业蒙受巨大的经济损失。最后，谈判人员必须思想过硬，在谈判中不应过多考虑个人的荣誉得失，应以国家、企业的利益为重，始终把握"失去集团利益就是失职，赢得集团利益就是尽职、就是成功"的原则，发扬献身精神，有一种超越私利之上的使命感，使外在的压力变成内在的动力。

（2）业务素质。

业务素质包括基础知识、专业知识、语言表达、判断分析、谈判策略运用等能力。

谈判人员应该具备较高的学历和广泛的阅历，有较强的求知欲和获取新知识的能力；谈判人员应具备相关的专业知识，熟悉本专业领域的科学、技术及经营管理的知识，能够完成专业性较强的谈判任务；谈判者应能够熟练运用口头、书面、动作等语言和非语言表达方式，准确地向对手表明自己的意图，达到说服对方的目的；谈判者应善于观察对手，及时捕捉对方信息，发掘价值，冷静预见谈判前景，并适时调整己方的谈判策略，促使谈判成功。

谈判人员素质案例

1986年，中国第一汽车制造厂（以下简称一汽）总裁耿昭杰带领一汽的考察团到美国底特律克莱斯勒公司考察发动机技术。经过谈判，一汽引进了克莱斯勒公司轻轿结合的发动机，也准备引进克莱斯勒公司的车身。然而，后来当总经济师、谈判能手吕福源带领代表团重返底特律时，克莱斯勒公司的态度却转变了，给出的条件非常苛刻，要价非常高昂，用吕福源的话来讲，简直是天方夜谭的数字。

谈判陷入僵局，吕福源毅然率团返回。回国后才得知克莱斯勒公司获得了国家批准一汽要上轿车的信息，所以觉得无论怎样苛刻的条件一汽也得就范，离开克莱斯勒公司，一汽就一筹莫展。耿昭杰毅然决定中断与克莱斯勒公司的谈判。这当然带有很大的冒险味道，但是耿昭杰认为，卡脖子的事情绝不能答应。中方的意志是美方没有想到的，美方更没有想到的是下面的事情。

就在这时，德国大众公司董事长哈恩博士到一汽进行礼节性拜访。哈恩博士来到一汽，仿佛发现了新大陆一样惊喜："喔，上帝！中国还有这么大的一个汽车工业基地，为什么没有早发现呢？"他与一汽"一见钟情"，与耿昭杰也谈得十分投机，礼节性的拜访成了合作的前奏曲。

会见时哈恩博士频送"秋波"，耿昭杰并非无动于衷，而是心有顾虑：未来轿车的发动机是克莱斯勒公司的生产线，这已成为定局，娶过来的媳妇退不回去了。如果与德国大众公司合作，只能要它的车身和整装技术，但作为具有世界一流生产技术水平的企业，能接受这个美国"媳妇"并与之结合为一体吗？耿昭杰把这个试探性的气球放了出去，不料哈恩博士非常深情地接住了。他以成功企业家特有的坦诚，当然还有精明允诺，临走时说了这样一段话："我们希望与一汽一起创造一个良好合作的先例。如果厂长先生有诚意，4个星期后请您去朗堡，也是我们大众汽车公司所在地，我们将在那里非常高兴地接待您。"

4个星期过去了，一汽总经济师吕福源身负重任飞往朗堡。到达后发现，大众汽车公司已把克莱斯勒公司的发动机装进了奥迪的车身，这车身是为装配克莱斯勒公司的发动机而特意加长的。大众公司合作的诚意和效率可见一斑！

克莱斯勒公司总裁亚柯卡得到了吕福源飞往朗堡的信息，感到了压力，立刻通知有关方面人士把和好的手又伸过来："如果一汽和我们合作，我们将象征性地只收一美元的技术转让费……"此时，一汽山穷水尽的困境已柳暗花明，变成货比两家的主动位置。经过反复论证和比较，一汽最终选定大众公司为合作伙伴。

1988年10月，亚柯卡飞到北京，在人民大会堂，亚柯卡做了一场题为"世界经济新形势下的企业家精神"的报告，在这个报告里，他有一段话使人惊诧："我们的教训是没有进一步了解世界市场。以前，我们只想到与通用公司、福特公司竞争，没想到和日本人、韩国人竞争，我错了；以前，我认为最优秀的汽车设计总是底特律的，我错了；以前，我认为落后美国几代人的国家是不可能追上来的，我错了；以前，我认为企业家精神只是美国人的精神，我错了。"亚柯卡离开中国前专门提出要去长春看看一汽，看看耿昭杰。

亚柯卡来到了一汽，耿昭杰陪着他参观了一汽。在欢迎也是欢送亚柯卡的宴会上，亚柯卡举杯对耿昭杰说："用我们美国人的话说，你天生是干汽车的家伙。你和我一样，血管里流的不是血，而是汽油。"

经过两年努力，装有克莱斯勒发动机的奥迪轿车上市了，在中国备受青睐。

资料来源：龚荒. 商务谈判与沟通——理论、技巧、案例［M］. 北京：人民邮电出版社，2021.

（3）心理素质。

谈判过程，特别是讨价还价阶段是一个非常考验谈判人员的过程，其中充满了困难和曲折。有时谈判会变成一项马拉松式的较量，这不仅对谈判人员的知识技能、体力等方面是一个考验，而且也要求其有良好的心理素质。

健全的心理素质是谈判者素养的重要内容之一，表现为谈判者应具备坚韧顽强的意志力和良好的心理调适能力。

谈判的艰巨性，不亚于任何其他事业，谈判桌前持久的讨价还价枯燥乏味，令人厌倦。这时，谈判者之间的持久交锋，不仅是一种智力、技能的比试，更是一场意志、耐心和毅力的较量，如果谈判者没有坚韧不拔的意志、忍耐持久的恒心和泰然自若的精神，是难以适应的。有一位很著名的谈判能手曾这样说过："永远不轻易放弃，直到对方至少说了七次'不'。"谈判者只有具备了这样的心理素质，才能应付各种艰巨复杂的谈判。

这种意志力、忍耐力还表现在一个谈判人员无论在谈判的高潮阶段还是低潮阶段，都能心平如镜，特别是当胜利在望或陷入僵局时，更要能够控制自己的情感，喜形于色或愤愤不平不仅有失风度，而且会让对方抓住弱点与疏漏，给对方造成可乘之机。

谈判是斗智比谋的高智能竞技活动，感情用事会影响谈判，控制自己非理性情感的发泄，幽默大度、灵活巧妙地转化消极情绪为积极情绪，能使自己摆脱困境、战胜对方。因此，良好的心理调适能力是谈判人员必不可少的。

（4）文化素质。

文化素质是开展商务谈判的必要前提。一个优秀的谈判人员应具备哲学、数学、经济学、民俗学、管理学、社会学、心理学等各方面的基础知识。商务谈判人员还应具备国际贸易、国际金融、国际市场营销、国际商法这些必备的专业知识。此外，谈判者还需具备谈判技巧和策略，谈判标的物所涉猎的相关专业知识，以及有关国家的商务习俗与风土人情与谈判项目相关的工程技术等方面的知识。

（5）身体素质。

毛泽东曾经讲过：身体是革命的本钱。谈判的复杂性、艰巨性要求谈判者必须有一个良好的身体素质。谈判者只有精力充沛、体魄健康才能适应谈判超负荷的工作需要。

2. 学识结构

谈判是人与人之间利益关系的协调磋商过程。在这个过程中，合理的学识结构是讨价还价、赢得谈判的重要条件。

合理的学识结构指谈判者必须具备丰富的知识，不仅要有广博的知识面，而且要有较深厚的专业知识，两者构成一个"T"字形的知识结构。

技术知识——谈判人员应该掌握与谈判密切相关的专业技术知识，如商品学、工程技术、各类工业材料、计量标准、食品检验等知识。

人文知识——谈判人员应该掌握心理学、社会学、民俗学、语言学、行为学等知识，了解对方的风俗习惯、宗教信仰、商务传统和语言习惯等。

（1）谈判人员的横向知识结构。

一名优秀的谈判人员，必须具备完善的相关学科的基础知识，要把自然科学和社会科学统一起来，普通知识和专业知识统一起来，在具备贸易、金融、营销等一些必备的专业知识的同时，还要对心理学、经济学、管理学、财务学、控制论、系统论等一些学科的知识广泛摄取，为我所用，这是谈判人员综合素质的体现。在现实的经贸往来中，谈判人员的知识技能单一化已成为一个现实的问题，技术人员不懂商务、商务人员不懂技术的现象大量存在，给谈判工作带来了很多困难。因此，谈判人员必须具备多方面的知识，即知识必须有一定的宽度，才能适应复杂的谈判活动的要求。

（2）谈判人员的纵向知识结构。

优秀的谈判人员，除了必须具备广博的知识面，还必须具有较深厚的专业知识，即专业知识要具有足够的深度。专业知识是谈判人员在谈判活动中必须具备的知识，没有系统而精深的专业知识，就无法进行成功的谈判。改革开放以来，在我国的对外经济交往中，出现了许多因缺乏精深而系统的专业知识、因不通专业技术造成的谈判重大失误的事件，也出现了一些因财务会计的预算错误造成的经济损失、因不懂法律造成的外商趁机捣鬼事件，令人痛心。因此，谈判者专业知识的学习和积累是必不可少的。

总之，扩大知识视野，深化专业知识，摄取有助于谈判成功的广博而丰富的知识，才

能在谈判的具体操作中，左右逢源，运用自如，最终取得谈判的成功。

3. 能力素养

谈判者的能力是指谈判人员驾驭商务谈判这个复杂多变的"竞技场"的能力，是谈判者在谈判桌上充分发挥作用所应具备的主观条件。它包括以下内容。

（1）认识能力。

善于思考是一个优秀的谈判人员所应具备的基本素质。谈判的准备阶段和洽谈阶段充满了多种多样、始料未及的问题和假象，谈判者为了达到自己的目的，往往会以各种手段掩饰真实意图，其传达的信息真真假假、虚虚实实，优秀的谈判者能够通过观察、思考、判断、分析和综合的过程，从对方的言语和行动迹象中判断真伪，了解对方的真实意图。

（2）运筹、计划能力。

谈判的进度如何把握，谈判在什么时候、什么情况下可以由准备阶段进入接触阶段、实质阶段，进而到达协议阶段，在谈判的不同阶段将使用怎样的策略等，这些都需要谈判人员发挥其运筹和计划的能力，当然这种运筹和计划离不开对谈判对手背景、需要、可能采取的策略的调查和预测。

（3）语言表达能力。

谈判是人类使用语言工具进行交往的一种活动。一个优秀的谈判者，应像语言大师那样精通语言，通过语言的感染力强化谈判的艺术效果。谈判中的语言包括口头语言和书面语言两类。无论是哪类语言，都要求谈判人员能够准确无误地表达自己的思想和感情，使对手能够正确领悟你的意思，这是最基本的要求。同时，还要突出谈判语言的艺术性。谈判中的语言不仅应当准确、严密，而且应当生动形象、富有感染力。巧妙地用语言表达自己的意图，这本身就是一门艺术。

（4）应变能力。

任何细致的谈判准备都不可能预料到谈判中可能发生的所有情况，千变万化的谈判形势要求谈判人员必须具备沉着、机智、灵活的应变能力，以控制谈判的局势。应变能力主要包括处理意外事故的能力、化解谈判僵局的能力、巧妙袭击的能力等。

（5）创造性思维能力。

随着社会的发展和科学的进步，以综合性、动态性、创造性、信息性为特征的人类现代思维方式已经取代了落后的传统思维方式，创造性思维是以创新为唯一目的并能产生创造的思维活动。谈判者运用创造性思维就能提高分析问题和解决问题的能力，从而提高谈判的效率。

2.3.3　谈判人员的配备

谈判者个体不但要有良好的政治、心理、业务等方面的素质，而且要恰如其分地发挥各自的优势，互相配合，以整体的力量征服谈判对手。谈判人员的配备直接关系着谈判的成功，是谈判谋略中技术性很强的学问。

在一般的商务谈判中，谈判人员所需的知识大体上可以概括为以下几个方面。

第一，有关技术方面的知识。

第二，有关价格、交货、支付条件等商务方面的知识。

第三，有关合同法律方面的知识。

第四，有关语言翻译方面的知识。

根据对谈判人员所需的知识方面的要求，谈判班子应配备相应的人员为：技术精湛的专业人员；业务熟练的经济人员；精通经济法律法规的法律人员；熟悉业务的翻译人员。

从实际出发，谈判班子还应配备一名有身份、有地位的负责人组织协调整个谈判班子的工作，一般由单位副职领导兼任，称首席代表，另外还应配备一名记录人员。

在这个群体内部，每位成员都有自己明确的职责。

1. 首席代表

首席代表是指那些对谈判负领导责任的高层次谈判人员，他们在谈判中主要负责领导谈判组织的工作，这就决定了他们除具备一般谈判人员必要的素养外，还应阅历丰富、目光远大，具有审时度势、随机应变、当机立断的能力，具有善于控制与协调谈判小组成员的能力。因此，无论从什么角度来认识他们，都应该是富有经验的谈判高手。其主要职责是：

（1）监督谈判程序；

（2）掌握谈判进程；

（3）听取专业人员的建议、说明；

（4）协调谈判班子成员的意见；

（5）决定谈判过程中的重要事项；

（6）代表单位签约；

（7）汇报谈判工作。

2. 专业人员

专业人员是谈判组织的主要成员之一。其基本职责是：

（1）阐明己方参加谈判的愿望、条件；

（2）弄清对方的意图、条件；

（3）找出双方的分歧或差距；

（4）同对方进行专业细节方面的磋商；

（5）修改草拟谈判文书的有关条款；

（6）向首席代表提出解决专业问题的建议；

（7）为最后决策提供专业方面的论证。

3. 经济人员

经济人员又称商务人员，是谈判组织中的重要成员。其具体职责是：

（1）掌握该次谈判总体财务情况；

（2）了解谈判对手在项目利益方面的预期的指标；

（3）分析、计算、修改谈判方案所带来的收益变动；

（4）为首席代表提供财务方面的意见、建议；

（5）在正式签约前提供合同或协议的财务分析表。

4. 法律人员

法律人员是一个重要谈判项目的必备成员，如果谈判小组中有一位精通法律的专家，将会非常有利于谈判所涉及的法律问题的顺利解决。其主要职责是：

　　（1）确认对方经济组织的法人地位；

　　（2）监督谈判在法律许可范围内进行；

　　（3）检查法律文件的准确性和完整性。

　　5. 翻译人员

　　翻译人员在谈判中占有特殊的地位，他们常常是谈判双方进行沟通的桥梁。翻译人员的职责在于准确地传递谈判双方的意见、立场和态度。一个出色的翻译人员，不仅能起到语言沟通的作用，而且必须能够洞察对方的心理和发言的实质，既能改变谈判气氛，又能挽救谈判失误，增进谈判双方的了解、合作和友谊。

　　在谈判双方都具有运用对方语言进行交流能力的情况下，是否还需要配备翻译人员呢？在现实谈判中往往是配备的。谈判中使用翻译人员，可利用其翻译复述谈判内容的时间，密切观察对方的反应，迅速捕捉信息，调整战术。

　　6. 记录人员

　　记录人员在谈判中也是必不可少的，一份完整的谈判记录既是一份重要的资料，也是进一步谈判的依据。为了出色地完成谈判的记录工作，要求记录人员要具有熟练的文字记录能力，并具有一定的专业基础知识。其具体职责是准确、完整、及时地记录谈判内容。

2.3.4　谈判人员的分工

　　谈判人员是否具备良好的个人素质是决定谈判是否成功的重要因素，然而单凭个别谈判人员高超的谈判技巧并不能保证谈判获得预期的结果，还需谈判人员的功能互补与合作。就好像一场高水准的交响音乐会，之所以最终赢得观众雷鸣般的掌声，是因为每位演奏家的精湛技艺与和谐配合。

　　如何才能使谈判班子成员分工合理、配合默契呢？具体来讲，就是要确定不同情况下的主谈人与辅谈人的位置与职责以及他们之间的配合关系。

　　所谓主谈人，是指在谈判的某一阶段或针对某一个或某几个方面的议题，由谁为主进行发言，阐述己方的立场和观点，此人即为主谈人。这时其他人处于辅助的位置，称为辅谈人。一般来讲，谈判班子中应有一名技术主谈、一名商务主谈。

　　主谈人作为谈判班子的灵魂，应具有上下沟通的能力，有较强的判断、归纳和决断能力，必须能够把握谈判方向和进程，设计规避风险的方法，领导下属齐心合作，群策群力，突破僵局，达到既定的目标。

　　确定主谈人和辅谈人之间的配合关系是很重要的。主谈人一旦确定，那么，本方的意见、观点都由他来表达，从一个口子对外，避免论调不一。在主谈人发言时，自始至终都应得到己方其他谈判人员的支持。比如，口头上的附和"正确""没错""正是这样"等。有时在姿态上也可以做出赞同的姿势，如眼睛看着己方主谈人不住地点头，辅谈人的这种附和对主谈人的发言是一种有力的支持，会大大加强他说话的力量和可信程度，如己方主谈人在讲话时，其他成员东张西望、心不在焉，或者坐立不安、交头接耳，就会削弱己方主谈人在对方心目中的分量，影响对方的理解。

　　有配合就有分工，合理的分工也是很重要的。

知识链接

　　1. 洽谈技术条款时的分工

　　在洽谈合同技术条款时，专业技术人员处于主谈的地位，相应的经济人员、法律人员则处于辅谈的地位。技术主谈人要对合同技术条款的完整性、准确性负责，在谈判时，对技术主谈人来讲，除了要把主要的注意力和精力放在有关技术方面的问题上外，还必须放眼谈判的全局，从全局的角度来考虑技术问题，要尽可能地为后面商务条款和法律条款的谈判创造条件。对商务人员和法律人员来讲，他们的主要任务是从商务和法律的角度向技术主谈人提供咨询意见，并适时地回答对方提及的商务和法律方面的问题，以支持技术主谈人的意见和观点。

　　2. 洽谈商务条款时的分工

　　很显然，在洽谈合同商务条款时，商务人员、经济人员应处于主谈的地位，而技术人员与法律人员则处于辅谈的地位。

　　合同的商务条款在许多方面是以技术条款为基础的，或者是与之紧密联系的。因此在谈判时，需要技术人员给予密切的配合，从技术角度给予商务人员有力的支持。比如，在设备买卖谈判中，商务人员提出了某个报价，这个报价是否能够站得住脚，首先取决于该设备的技术水平。对卖方来讲，如果卖方的技术人员能以充分的证据证明该设备在技术上是先进的、一流水平的，则即使报价比较高，也是顺理成章、理所应当的。而对买方来讲，如果买方的技术人员能提出该设备与其他厂商的设备相比在技术方面存在的不足，就动摇了卖方报价的基础，而为己方谈判人员的还价提供了依据。

　　3. 洽谈合同法律条款时的分工

　　事实上，合同中的任何一项条款都是具有法律意义的，不过在某些条款上法律的规定性更强一些。在涉及合同中某些专业性的法律条款的谈判时，法律人员以主谈人的身份出现，法律人员对合同条款的合法性和完整性负主要责任。由于合同条款法律意义的普遍性，因而法律人员应参加谈判的全部过程。只有这样，才能对各个问题的发展过程了解得比较清楚，从而为进行法律问题的谈判提供充分的依据。

2.3.5　谈判人员的配合

1. 主谈人与辅谈人的配合

　　在谈判班子中要确定不同情况下的主谈人和辅谈人的位置、责任与配合关系。主谈人的责任是将己方确定的谈判目标和谈判策略在谈判中实现。辅谈人的责任是配合主谈人，起到参谋和支持的作用。主谈人表明自己的意见、观点，辅谈人必须与之一致，必须支持和配合。

知识链接

　　在主谈人发言时，辅谈人自始至终都要从口头语气或身体语言上做出赞同的样子，并随时为主谈人提供有利的说明。当谈判对方设局，使主谈人陷入困境，辅谈人应设法使主谈人摆脱困境，以加强主谈人的谈判实力。当主谈人需要修改已表述的观点而无法开口时，辅谈人可以作为过错的承担者，维护主谈人的声誉。

2. 台上台下人员的配合

在比较重要的谈判中，为了提高谈判效果，可以组织台下配合的班子。台下班子不直接参加谈判，而是为台上人员出谋划策或准备各种必需的资料和证据。台下人员有时是主管领导，可以指导和监督台上人员按既定目标和准则行事，以维护己方利益；有时是具有专业水平的各种参谋。台下人员不宜过多，不能干扰台上人员的工作。台下人员要发挥台下人员应有的作用，协助台上人员实现己方目标。

3. 不同性格成员的配合

在配备不同类型性格的谈判成员时，应充分考虑不同类型性格的人的特点，如，黏液型的人一般做负责人较合适，多血型的人做调和者较合适，胆汁型的人充当"黑脸"较合适，抑郁型的人做记录者较合适。在配备不同类型性格的谈判成员时，还要看对方人员的性格，如，若对方多属胆汁型性格，则我方应适当增加黏液型的人，以达到"以柔克刚"之效；若对方多多血型的人，则我方应增加胆汁型和黏液型的人，做到双管齐下；若对方抑郁型的人占主导，则我方需增加胆汁型和多血型的人，使对方在压力面前自动让步。

2.4　商务谈判计划的制订

谈判计划是指在开始谈判前对谈判目标、议程、地点、策略等预先所做的安排，是在对谈判信息进行全面分析、研究的基础上，根据双方的实力对比为本次谈判制订的总体设想和具体实施步骤，是指导谈判人员的行动纲领。谈判计划要简明扼要、具体、灵活。

2.4.1　谈判议程

1. 谈判议题的确定

谈判议题就是谈判双方提出和讨论的各种问题。

确定谈判议题首先要明确己方要提出哪些问题、要讨论哪些问题。要把所有问题全盘进行比较和分析，确定哪些问题是主要议题，列入重点讨论范围；哪些问题是非重点问题，作为次要讨论问题；哪些问题可以忽略，这些问题是什么关系，在逻辑上有什么联系。其次，还要预测对方可能会提出哪些问题，哪些问题是需要己方必须认真对待、全力以赴去解决的，哪些问题是可以根据情况做出让步的，哪些问题是不予以讨论的。

2. 谈判议题的顺序安排

谈判议题的顺序有先易后难、先难后易和混合型等几种方式，可根据具体情况加以选择。

所谓先易后难，即先讨论容易解决的问题，以创造良好的洽谈气氛，为讨论困难的问题打好基础；所谓先难后易，即先集中精力和时间讨论重要的问题，待其得以解决之后，以主带次，推动其他问题的解决；所谓混合型，即不分主次先后，把所有要解决的问题都提出来进行讨论，待一段时间以后再把所有要讨论的问题归纳起来，先将统一的意见予以明确，再对尚未解决的问题进行讨论，以求取得一致意见。

有经验的谈判者在谈判前便能估计到哪些问题双方不会产生分歧，哪些问题可能会有争议。有争议的问题最好不要放在开头，这样可能会影响谈判进程，也可能会影响双方情绪，也不要放到最后，可能会时间不充分，在谈判结束前可能会给双方都留下不好的印象。有争议的问题最好放在谈成几个问题之后，谈最后一两个问题之前，也就是说放在谈判的中间阶段。谈判结束之前最好谈一两个双方都满意的问题，以便在谈判结束时创造良好的气氛，给双方都留下良好印象。

3. 谈判时间的安排

（1）谈判议程中的时间策略。

合理安排好己方各谈判人员发言的顺序和时间，尤其是当关键人物提出重要问题时，应选择最佳时机，使己方掌握主动权。当然也要给对方谈判人员留出足够的时间以表达意向和提出问题。

对于谈判中双方容易达成一致意见的议题，尽量在较短的时间内达成协议，以避免浪费时间和无谓的争辩。

对于主要议题或争执较大的议题，最好安排在谈判期限的五分之三时提出，这样双方可以充分协商、交换意见，有利于问题的解决。

在时间安排上，要留有机动余地，以防意外情况发生。也可以留出一些时间适当安排文艺活动，以活跃气氛。

（2）确定谈判时间应注意的问题。

①谈判准备程度。如果没有做好充分准备，不宜匆忙开始谈判。

②谈判人员的身体和情绪状况。谈判人员的身体、精神状态对谈判的影响很大，谈判者要注意自己的身体和精神状况，避免在身心处于低潮和身体不适时谈判。例如，有午睡习惯的谈判人员要在午睡以后休息一会儿再进行谈判，不要把谈判安排在午饭后立即进行。

③要避免在用餐时谈判。一般而言，用餐地点多为公共场所，而在公共场所进行谈判是不合适的，再有，吃太多的食物会导致思维迟钝。当然若无法避开在用餐时谈判，则应控制进食量。

④不要把谈判时间安排在节假日或双休日，因为谈判对方在心理上有可能尚未进入工作状态。

⑤市场是瞬息万变的，竞争对手如林，如果所谈项目是季节产品或是时令产品，或者是需要争取谈判主动权的项目，应抓紧时间谈判。

⑥对于多项议题的大型谈判，所需时间相对较长，应对谈判中可能出现的问题做好准备。对于单项议题的小型谈判，如果准备充分，应速战速决，力争在较短时间内达成协议。

2.4.2　谈判地点

1. 谈判地点的重要性

（1）谈判地点影响谈判者的心理。

舒适的布置、优雅的环境、称心如意的服务等都会使谈判者感到愉悦轻松，从而在轻松的心理状态下展开谈判，有利于谈判目标的实现。有时候，通过谈判地点的选择，还能迷惑或误导对方的心理，从而达成对己方有利的谈判结果。

（2）谈判地点决定谈判氛围。

一个令人感到亲切、熟悉甚至流连忘返的谈判地点是调节谈判气氛最好的方式，它会使紧张的谈判氛围变得自然和融洽，会缓和双方紧张、对立的气氛。反之，不合适的谈判地点则会使双方更加紧张和拘谨，使双方高度警惕甚至产生敌视情绪。

（3）谈判地点影响双方利益。

谈判地点通过影响谈判者心理和谈判氛围从而影响双方的利益。如果谈判地点是己方选择，那么就可以选择对己方最有利的地点，充分占有主场优势，一定程度上能影响对方心理，从而获得利益先机。

谈判地点案例

日本充分利用主场谈判的优势

日本的煤炭和铁矿资源短缺，渴望购买煤和铁。澳大利亚盛产煤和铁矿石，并且在国际贸易中不愁找不到买主。按理来说，日本方的谈判者应该到澳大利亚去谈生意，但日本方的谈判者总是想尽办法把澳大利亚方的谈判者请到日本去谈生意。

澳大利亚人一般都比较谨慎，讲究礼仪，不会过分侵犯东道主的权益。澳大利亚人到了日本，日本方面和澳大利亚方面在谈判桌上的地位就发生了显著的变化。澳大利亚人过惯了富裕的舒适生活，他们的谈判代表到了日本之后不几天，就急于想回到故乡，在谈判桌上常常表现出急躁的情绪；而作为东道主的日本谈判代表则不慌不忙地讨价还价，他们掌握了谈判桌上的主动权。结果日本方面仅仅花费了少量款待作为"鱼饵"，就钓到了"大鱼"，取得了大量在谈判桌上难以获得的东西。最后谈判结果可想而知，日本方顺利地达成了对自己十分有利的谈判协定。

资料来源：白远. 国际商务谈判 [M]. 4 版. 北京：中国人民大学出版社，2015.

2. 谈判地点的选择

谈判地点的选择一般有三种情况，一是在己方国家或公司所在地，俗称"主场"；二是在谈判对方所在国家或公司所在地谈判，俗称"客场"；三是在谈判双方之外的国家或公司所在地谈判，俗称"第三地"。不同地点均有其各自优点和缺点，需要谈判者充分利用地点优势，克服地点劣势，促使谈判成功。

3. 谈判现场的布置

谈判环境的布置也很重要。选择谈判环境，一般考虑自己是否有感到有压力，如果有，说明谈判环境是不利的。不利的谈判场合包括：嘈杂的声音，极不舒适的座位，谈判房间的温度过高或过低，不时地有外人搅扰，环境陌生而引起的心力交瘁感，以及没有与同事私下交谈的机会等。这些环境因素可能会影响谈判者的注意力，从而导致谈判的失误。

从礼仪角度讲，为合作或谈判者布置好谈判环境，使之有利于双方谈判的顺利进行，一般来说，应考虑到以下几个因素。

（1）光线。可使用自然光源，也可使用人造光源。使用自然光源即阳光时，应备有窗纱，以防强光刺目；使用人造光源时，要合理配置灯具，使光线尽量柔和一些。

（2）声响。室内应保持宁静，使谈判能顺利进行。房间不应临街，不在施工场地附近，门窗应能隔音，周围没有电话铃声、脚步声等噪音干扰。

（3）温度。室内最好能使用空调机和加湿器，以使空气的温度与湿度保持在适宜的水平上，即温度在 20℃，相对湿度在 40%~60%。一般情况下，至少要保证空气的清新和流通。

（4）色彩。室内的家具、门窗、墙壁的色彩要力求和谐一致，陈设安排应实用美观，留有较大的空间，以便于人的活动。

（5）装饰。用于谈判活动的场所应洁净、典雅、庄重、大方。室内可以放置一些宽大整洁的桌子、简单舒适的座椅（沙发），墙上可挂几幅风格协调的书画，室内也可装饰有适当的工艺品、花卉，但不宜过多过杂，力求简洁实用。

📖 **知识链接**

> 在谈判中要想达到某种效果，座位的安排大有学问。谈判双方应该是面对面坐着，还是采取某种随意的座次安排，都有着不同的意义。
>
> 在商务谈判中，谈判双方的主谈者应该居中坐在平等而相对的座位上，谈判桌应该是长而宽绰、整洁而考究的；其他谈判人员一般分列两侧而坐。这种座位的安排通常显示出正式、礼貌、尊重、平等。
>
> 如果是多方谈判，则各方的主谈者应该围坐于圆桌相应的座位，圆桌通常较大，也可分段而置；翻译人员及其他谈判人员一般围绕各自的主谈者分列两侧而坐，也可坐于主谈者的身后。
>
> 无论是双方谈判还是多方谈判，桌子和椅子的大小都应该与环境和谈判级别相适应：会议厅越大，或谈判级别越高，桌子和椅子通常也应相应较大、较宽绰；反之，就可能会给谈判者心理带来压抑或不适。
>
> 与长方形谈判桌不同，圆形谈判桌通常给人以轻松自在感。所以在一些轻松友好的会见场所，一般采用圆桌。
>
> 不论是方桌还是圆桌，都应该注意座位的朝向。一般认为面对门口的座位最具影响力，西方人往往认为这个座位具有权力感，中国人习惯称此座位为"上座"；而背朝门口的座位最不具影响力，西方人一般认为这个座位具有从属感，中国人习惯称此座位为"下座"。
>
> 如果在谈判中想通过座位的安排暗示权力的高下，较好的办法是在座位上摆名牌，指明某人应当就坐于某处，这样就可对每个人形成某种影响力。按照双方各自团体中地位高低的顺序来排座，也是比较符合社交礼仪规范的。

2.5　模拟谈判

在上述几个方面的工作完成之后，如果有必要还可以进行一次模拟谈判。模拟谈判就相当于一次"军事演习"。通过模拟谈判可以看出，谈判目标的制定是否合理、客观，谈判人员的选择是否合适，谈判班子的组成是否为最佳搭配，谈判地点、谈判时间的选择是否最好，谈判方式的选择是否可行等。在模拟谈判中可以根据收集到的有关对方谈判人员的个人信息，预想一下对方谈判人员大概会采用的谈判策略技巧，以便己方能够制定出更有针对性的策略技巧。通过模拟谈判，还能了解到未来谈判过程中我方谈判人员可能会出现的遗漏或不足，从而大大降低在实际谈判中犯错误的概率，提高谈判成功率。

模拟谈判，就是谈判班子成员一分为二，或在谈判班子之外，再建立一个实力相当的谈判班子，由一方实施己方谈判方案，另一方以对手的立场、观点和谈判作风为依据，进行实战操练。模拟谈判对一些重要的或难度比较大的谈判尤为重要。

2.5.1　谈判方式的选择

商务谈判方式可简单地分为两大类，面对面的会谈以及其他谈判方式。面对面的会谈又可分为正式的场内会谈和非正式的场外会谈，其他谈判方式包括采用信函、电报、电传、电话、互联网等方式的谈判。相比之下，面对面的会谈能较多地增加双方谈判人员的接触机会，增进彼此之间的了解，从而更能洞悉对方谈判人员的谈判能力、谈判风格，给谈判人员充分施展各种策略技巧留下了很大空间。尤其是非正式的场外会谈，可以创造轻松愉快的氛围，缓和谈判的紧张气氛。心理学研究表明，人们在愉快的心境下交谈，容易产生求同和包容心理，对对方观点的接受性增强，排斥力减弱，从而使会谈更富有成效。但是，这种谈判方式对谈判人员的个人素质有较高的要求，同时费用较高。这种方式较适用于大宗贸易和欲与对方建立长期合作关系的谈判活动。

在其他谈判方式中，我们把采用信函、电报、电传进行的谈判称为书面谈判。书面谈判有助于传递详细确切的信息，且无不必要的干扰。采用这种形式，谈判双方可以有充分的时间去考虑谈判条件的合适与否，便以慎重决策，同时费用开支较小。电话谈判也可以用来获取某些信息，提高效率，其费用较少。不管书面谈判还是电话谈判，因为私人接触较少，也不存在视觉交流，缺乏这些视觉感受可能会引起误会，而且谈判人员有时容易对书面谈判中的某些文字内容产生误解，这使这两种形式缺乏一定的灵活性。它们主要用于初次接触、探询信息或谈判双方以前就建立了良好的长期合作关系的谈判活动。

在现代高科技迅速发展的今天，互联网已成为广播、电视、报纸杂志之后的"第四媒体"，网上谈判应该是大有用武之地的，与电话谈判、书面谈判等形式相比，它可以使用多媒体技术、数据通信技术等高科技手段把谈判人员的声音、表情"千里迢迢"送到对方面前。这使它具有了面对面会谈的某些优点。它使谈判人员可以通过对方的声音变化、表情变化及时捕捉信息，更好进行判断。与面对面会谈相比，它又具有方便、可随时进行、成本低廉等优点。可以预测，若干年后，网上谈判可能会取代面对面会谈而成为大型商务谈判的主要谈判方式。

上述各种谈判方式各有利弊，实际中通常是以一种谈判方式为主，几种方式谈判结合起来使用，以求达到相互弥补的目的。

2.5.2　模拟谈判的作用

（1）模拟谈判能够使谈判人员获得一次临场实践，经过操练达到磨合队伍、锻炼和提高己方协同作战能力的目的。

（2）在模拟谈判中，通过相互扮演角色会暴露己方的弱点和一些可能被忽视的问题，以便己方及时找到出现失误的环节和原因，使谈判准备工作更有针对性。

（3）在找到问题的基础上，及时修改和完善方案，使其更具实用性和有效性。

（4）通过模拟谈判，谈判人员在相互扮演中找到自己所充当角色的真实感觉，可以训练和提高谈判人员的应变能力，为临场发挥做好准备。

2.5.3　模拟谈判的任务

（1）检验己方谈判准备工作是否到位，谈判各项安排是否妥当，谈判计划方案是否合理。

（2）寻找己方忽视的环节，发现己方的优势和劣势，从而提出如何发挥和加强优势、弥补或掩盖劣势的策略。

（3）准备各种应对策略。在模拟谈判中，要对各种可能发生的变化进行预测，并在此基础上，制定出谈判班子的最佳组合及其策略等。

2.5.4　模拟谈判的形式

（1）会议式模拟：是把谈判者聚在一起，以会议的形式，充分讨论，自由发表意见，共同想象谈判全过程。

（2）戏剧式模拟：是在谈判前进行实战演习，根据拟定的不同假设，安排各种谈判场景，以丰富每个谈判者的实战经验。

（3）分组辩论式模拟：其中一方实行己方的谈判计划和方案，另一方则以真实对手的立场、观念和谈判策略为依据与之对抗，以此寻找己方的薄弱环节并提出相应对策。

实践训练

1. 假设以任意一家中国五百强企业为谈判对象，请你谈谈如何做好商务谈判资料的收集。

2. 分角色扮演不同职业的谈判人员，组建商务谈判班子。

3. 模拟布置谈判场地。

巩固练习

一、单选题

1. 负责对交易标的物品质谈判的是（　　）。

A. 谈判小组的领导人　　　　　　　B. 技术主谈人

C. 法律人员　　　　　　　　　　　D. 翻译

2. 下面哪一项不是按谈判人员的数量来分类的商务谈判（　　）。

A. "一对一" 谈判　　　　　　　　B. 小组谈判

C. 中型谈判　　　　　　　　　　　D. 网上谈判

3. 谈判人员必须具备的首要条件是（　　）。

A. 遵纪守法，廉洁奉公，忠于国家和组织

B. 平等互惠的观念

C. 团队精神

D. 专业知识扎实

4. 在谈判涉及合同中某些专业性法律条款时，主谈人应该（　　　）。

A. 由懂行的专家或专业人员担任　　　　B. 由商务人员担任

C. 由谈判领导人员担任　　　　　　　　D. 由法律人员担任

二、简答题

1. 谈判准备工作的内容有哪些？

2. 商务谈判班子的构成原则有哪些？

3. 对谈判对手资信情况的审查主要包括哪些内容？

4. 模拟谈判的作用和形式有哪些？

学以致用

福耀集团（全称福耀玻璃工业集团股份有限公司）1987 年在中国福州注册成立，是一家专业生产汽车安全玻璃和工业技术玻璃的中外合资企业，也是名副其实的大型跨国工业集团。2017 年，福耀集团与法国一家公司经过几个月的谈判，终于达成相关的协议。这单生意对福耀集团来说是一项巨大商机，不但可以带来数亿元的收入，还可以有打开欧洲市场的机会。

福耀集团董事长曹德旺为了确保这项合作的成功，亲自带着公司团队赴法国进行商谈。在商谈的过程中，所有的事情都进行得十分顺利。福耀集团的团队准备着签订合同，却突然听到法方一位高管开了一个调侃中国的玩笑。

曹德旺十分困惑，因为他不会法语，只能通过翻译得知实情。听完翻译后，曹德旺的脸色顿时一变，他将手中的合同摔在桌子上，并大声质问道："你们到过中国吗？你们真正了解中国吗？如果我在你们面前侮辱法国人，你们会开心吗？你觉得开这种玩笑很好笑吗？"说完便怒气冲冲地带队离开了。曹德旺的话让在场法方人员感到惊慌失措。法方的高管前来解释原因并致歉，但曹德旺却没有听进去。他表示福耀集团永远不会和不尊重中国的企业合作。

第二天，法方又亲自来到酒店拜访曹德旺，并让调侃中国的高管进行道歉，希望能够挽回这次合作。面对一句简简单单的道歉，曹德旺并没有理会，而是和团队直接回国了。虽然曹德旺后来多次收到法国公司的道歉信，但他同意再次签订合同的原因是法国公司解除了那位高管的职务，承认了他们错误的言论，并且法方的高管在中国亲自签订了这个合约。

曹德旺的秘书在回国时曾问他："你重挫了他们的气焰，不会担心失去这个商机吗？"曹德旺对此回答道："福耀集团是中国的企业，我们不仅代表着公司，也代表着整个中国。我们选择保护中国人的尊严和中国的利益远比这个商机重要得多。"

问题：

分析本案例中第一次谈判失败的原因。

拓展阅读

新中国外交的一大创举：先谈判后建交，打破了国际惯例，周恩来为此作出独特贡献

先谈判后建交是新中国独特的建交模式，是新中国领导人把争取民族独立、平等和尊严与国际法有机结合的一次成功创新，是新中国独立自主外交的一项重要的开创性实践，彻底划清了与旧中国屈辱外交的界限。作为开国总理兼第一任外交部部长，作为新中国外交的创始人和奠基者，周恩来对新中国谈判建交制度的创立、发展与付诸实践作出了巨大贡献。

一、新中国谈判建交制度的创立倡导者

新中国成立后，与世界各国建立外交关系是新中国外交中的题中应有之义。1949年10月1日，毛泽东在天安门城楼上向全世界宣告："本政府为代表中华人民共和国全国人民的唯一合法政府。凡愿遵守平等、互利及互相尊重领土主权等项原则的任何外国政府，本政府均愿与之建立外交关系。"周恩来将此公告正式函告世界各国政府，并表示："中华人民共和国与世界各国建立正常的外交关系是需要的。"事实上，早在新中国成立前夕，周恩来就致力于新中国外交政策的制定。他主持起草了《党的外事工作指示》，确定建国外交方略。1949年9月，在中国人民政治协商会议第一次会议通过的《中国人民政治协商会议共同纲领》中，不但规定了新中国的基本原则，而且还对新中国的外交政策作了最重要的规定。这个纲领是周恩来亲自主持起草的一部具有国家宪法作用的重要文献。在《共同纲领》中，首次以法律的形式规定了新中国外交政策的总目标、总原则和总立场，是新中国对外工作的指南和法律依据。其中关于与外国政府建交问题，《共同纲领》第56条明确规定："凡与国民党反动派断绝关系、并对中华人民共和国采取友好态度的外国政府，中华人民共和国中央人民政府可在平等、互利及互相尊重领土主权的基础上，与之谈判，建立外交关系。"这里规定了新中国同世界各国建立外交关系的条件、原则和方式，以法律形式对谈判建交作出了明确规定。这是根据中国革命胜利后的复杂国际背景和"另起炉灶"的外交方针制定的。

所谓"另起炉灶"，就是不承认国民党政府同各国建立的旧的外交关系，而要在新的基础上同各国另行建立新的外交关系。这是基于对历史教训的思考而确立的。周恩来曾说："历史上，有在革命胜利后把旧的外交关系继承下来的，如辛亥革命后，当时的政府希望很快地得到外国承认而承袭了旧的关系。我们不这样做。"所以，新中国成立后，绝不能走辛亥革命的老路。新中国外交的一个根本目标，就是彻底摆脱半殖民地的地位，实现中华民族的完全独立。在中华人民共和国外交部成立大会上，周恩来发表了一段气势磅礴的精彩讲话："清朝的西太后，北洋政府的袁世凯，国民党的蒋介石，哪一个不是跪倒在地上办外交呢？中国一百年来的外交史是一部屈辱的外交史。我们不学他们。我们不要被动、怯懦，而要认清帝国主义的本质，要有独立的精神，要争取主动，没有畏惧，要有信心。所以，凡是没有承认我们的国家，我们一概不承认它们的大使馆、领事馆和外交官的地位，只把它们的外交官当作外侨来看待，享受法律的保护。"事实证明，"另起炉灶"的方针，使我国改变了半殖民地的地位，在政治上建立了独立自主的外交关系。

正是根据这一方针，尽管新中国希望与世界各国建交，尽快走向国际社会，但鉴于国

民党集团盘踞在中国台湾以及中华人民共和国在联合国的合法席位尚未恢复等事实，为表明新中国外交的严肃性，周恩来根据中共中央和毛泽东多次强调的精神，创造性地提出了"谈判建交"这一打破国际惯例的建交方式，并制定了三条具体的建交原则：（一）凡愿与我国建交的国家，必须同盘踞在台湾的国民党集团断绝外交关系，承认中华人民共和国中央人民政府是中国唯一合法政府，台湾是中国的一部分；（二）对新中国采取友好态度，支持其恢复在联合国的合法席位；（三）把现在该国领域内的属于中国所有的财产及其处置权完全移交给中华人民共和国政府。为此，中国政府坚持先谈判后建交。也就是说，建交前必须互派代表进行谈判，对方必须先讲明对我方所提先决条件的态度，通过谈判证实其尊重中国主权的诚意，然后才可就建交的具体程序等事宜进行磋商，最后再确定建交的时间和互派使节等问题。

先谈判后建交是新中国独特的建交模式。这一积极而严肃的做法，打破了长期因循相传的所谓国际惯例，反映了周恩来不囿于旧模式的创新精神，也体现了新中国外交的独立自主原则和独特风格。

所以说它是创新，因为按照一般国际惯例，两国政府照会表示承认和建交意愿后，即是建交开始。而新中国的谈判建交，不只是一种形式，而是有着重要的内容。这在国际上并无先例，实乃新中国外交的一大创举。新中国之所以采取这种特殊做法，并非有意标新立异。首先，它是国际法承认制度中的题中应有之义。所谓国际法上的承认，是指现存国家以一定方式对新国家或新政府的出现这一事实表示确认的一种政治和法律行为。对中华人民共和国的承认就属于对新政府的承认。中国新民主主义革命的胜利，推翻了国民党政府在全国的反动统治，成立了中华人民共和国中央人民政府。但它并未对中国这个国家法主体的存在产生任何影响。新中国的出现不过是对古老中国的延续而已。依据国家法的承认制度，承认一个新政府就是意味着承认该政府具有代表其国家的正式资格并表示愿意与之建立或保持正常关系，就是断绝与旧政府的一切政府间的官方关系。

其次，从当时的国际国内环境来看。当中华人民共和国中央人民政府宣告成立时，由于以美国为首的西方国家的干涉和庇护，国民党政府还窃踞着台湾，并有一些国家同它保持"外交关系"。在此情形下，如果按照一般国际惯例，只要两个国家相互承认，便是彼此建交的开始，那很自然就会造成这样一个事实：一些国家在同国民党政府保持所谓"外交"关系的同时，又要求同新中国建立外交关系。这样就会出现"两个中国"的严重问题。谈判建交可避免这类问题的发生。这是问题的一个方面。另一方面，一些国家保持与台湾的官方关系，是对中国内政的干涉。因为无论从历史和现实的角度来说，还是从《开罗宣言》等国际协议来说，台湾都是中国的一个省。西方国家与台湾保持官方关系，就是与中国的一个地方而不是与中国政府保持外交关系。这不符合国家法原则，也不符合联合国宪章的要求。正是从国际法角度和中国现实出发，中国政府坚持，任何欲同中国建立外交关系的国家，都必须承认中华人民共和国中央人民政府是代表中国这个国际法主体的唯一合法政府，都必须断绝同国民党政府的"外交关系"。

对此，1952 年 4 月，周恩来在一次我国驻外使节会议上的讲话中，曾对谈判建交制度这样解释道："为了表示外交上的严肃性，我们又提出建交要经过谈判的手续。我们要看看人家是不是真正愿意在平等、互利和互相尊重领土主权的基础上同我们建立外交关系。……对资本主义国家和原殖民地半殖民地国家，则不能不经过谈判的手续，看一看它们是否接受我们的建交原则。我们不仅要听它们的口头表示，而且还要看它们的具体行动。"

二、新中国谈判建交制度的贯彻实施者

周恩来不仅是新中国谈判建交制度的创立倡导者，而且又是这一制度的贯彻实施者。几乎所有建交谈判，都经过他策划和指导，有的则由他亲自主持。直到1975年6月30日，他患病住院期间，仍抱病在医院会见泰国总理克立·巴莫及其主要随行人员。第二天，在医院同克立·巴莫总理签署了中泰两国建交公报。这是周恩来亲自签署的最后一份建交公报。在与世界各国的建交过程中，他以高超的谈判艺术，把原则的坚定性与策略的灵活性完美结合，从而同世界各国建立起了新型的平等的外交关系。

首先是与以苏联为首的各社会主义国家迅速建交。由于新中国成立前夕我国制定了"一边倒"的外交方针，公开宣布倒向社会主义阵营一边。所以，新中国一成立，各社会主义国家都采取了鲜明的热情支持的态度。它们最早宣布承认中华人民共和国中央人民政府，在台湾问题上与中国保持一致，因此与这些国家不存在建交上的原则问题。新中国与它们不经谈判迅速建立了外交关系。

对于绝大多数民族独立国家和资本主义国家则是先谈判后建交。与社会主义国家不同，这些国家虽然也表示承认新中国，愿意建交，但其中有些国家对国民党集团的态度不明朗，有些国家仍支持国民党集团或欲制造"两个中国"的问题。因此，中国政府坚持建交前必须派代表进行谈判，经谈判确认符合建交原则后，方可就建交日期和互换使节等问题进行磋商。对此，周恩来强调："立场必须十分坚定，思想必须十分明确。"

新中国谈判建交制度首次应用于中缅建交谈判中。1949年12月16日，缅甸外长伊·蒙致电周恩来外长，表示承认新中国并表达了两国建交的愿望："缅甸联邦政府相信中国中央人民政府为中国人民所拥护，并因中缅两国人民间的传统友谊，兹决定承认中华人民共和国，并期望外交关系之建立与使节之交换。"缅甸成为继苏联东欧社会主义国家之后第一个承认新中国的非社会主义国家。缅甸是中国的邻邦，又是亚洲新独立的民族主义国家，因此，新中国领导人对与其建交高度重视。12月19日，当时正在苏联访问的毛泽东致电国内主持工作的刘少奇："缅甸政府要求建立外交关系问题，应复电询问该政府是否愿意和国民党断绝外交关系。同时请该政府派一负责代表来北京商谈建立中缅外交关系问题。依商谈结果，再定建立外交关系。此种商谈手续是完全必要的。对一切资本主义国家都应如此。"再次明确重申了谈判建交制度。根据毛泽东的指示精神，12月21日，周恩来复电伊·蒙外长："在贵国政府与中国国民党反动派残余断绝关系之后，中华人民共和国中央人民政府愿在平等、互利及互相尊重领土主权的基础上，建立中华人民共和国与缅甸联邦之间的外交关系，并望贵国政府派遣代表前来北京就此问题进行谈判。"1950年1月18日，缅甸外长藻昆卓函周恩来，告之缅甸政府已任命缅甸原驻南京使馆一等秘书兼昆明总领事吴辟为缅方谈判代表，负责与中国政府的建交谈判事宜。1950年4月26日，远在昆明的吴辟一行在我方协助下，克服路途遥远等交通困难到达北京。随即开始进行建交谈判。由于中缅两国的诚意，谈判进展顺利，很快达成建交协议。中缅于1950年6月8日建交。

此外，中国同巴基斯坦、印度、瑞典、丹麦、挪威、瑞士等国的建交谈判也都进展顺利，双方很快达成了建交协议，互派了外交使节。

与此相反，与英国的建交谈判却经历了复杂曲折的过程，历时22年之久，真可谓是谈判建交史上的"马拉松"。这一过程自始至终是由周恩来亲自主持和指导的，从中显示出他坚持建交原则的坚定性和策略的灵活性。英国是最早承认新中国的西方国家之一。在中国政府的坚持下，英方接受了先谈判后建交的程序。1950年3月初，双方在北京开始了建交谈判。但由于英国在承认新中国的问题上采取两面态度，一方面表示愿与中国建交，同时又在美国的压力下不愿接受中国提出的合理的建交条件，而我方坚持原则不让步，结果中英谈判搁浅。此后，经过朝鲜战争，直到 1954 年 6 月 17 日，考虑到英国政府在印度支那问题上采取了有别于美国的立场，并且接受了中国建交原则的一半内容，周恩来主张同它建立"半外交关系"，即相互建立代办处，不设大使馆。这是我国建交史上的一个创举。它不仅使中英关系在坚持原则的基础上向前迈进了一步，而且在两大阵营尖锐对立的态势下，在中国同西方大国之间开辟了一个外交渠道。正如周恩来所说："英国承认新中国，同蒋介石断绝了外交关系，但在联合国又支持蒋介石，不承认新中国的地位。这不是完全承认新中国""英国只同意我们建交原则的一半，我们就同它建立'半建交关系'。"

此后，中英关系进展缓慢。1958 年 2 月 25 日，周恩来在接见英国工党议员哈罗德·威尔逊，谈到中英关系时坦诚地指出："日内瓦会议后中英关系应该有所改善，但自从我同艾登先生谈话后，快四年了，这种希望没有达到。关键问题有四个：一、关于中国在联合国代表权问题。我们并不要求英国政府保证恢复中国在联合国中的席位。但英国政府既然承认了中国，就应该在联合国支持印度提案，支持讨论中国代表权问题，而不投票支持蒋介石。我曾同艾登先生说过，我们已交换了代办，只要英国政府的态度同印度政府一样，在联合国中投票支持恢复中华人民共和国在联合国的席位，驱逐蒋介石代表，那么我们就可以互换大使。遗憾的是，这一点并未实现。二是台湾问题。现在美国的政策是制造'两个中国'。美国知道不能长久不承认新中国的存在，因此企图使台湾成为一个独立的单位，置于美国控制之下。美国今天还不便于正式出面制造'两个中国'，因此它的做法是在幕后操纵，而要英国政府和日本政府中的一部分人出面造成这种局势。制造'两个中国'不但新中国的政府和人民反对，台湾人民和蒋介石也反对。所以，我告诉英国朋友们，如果英国帮助美国制造'两个中国'，就会伤害中国人民的感情。我们绝不能同意让中国进入安理会，同时让蒋介石留在联合国内。"直到 1971 年，随着国际形势的变化以及新中国国际地位的不断提高，英国终于改变了它对中国在联合国合法席位的态度，并表示愿意撤销其设在台湾淡水的领事馆。鉴于英方已完全接受我们的建交条件，1972 年 3 月13 日，两国将原"代办级"外交关系升格为"大使级"外交关系。中国的建交原则终为英国政府所承认。

1964 年 1 月 27 日，中法两国政府发表联合公报，宣布建立大使级外交关系。法国成为西方大国中第一个同中国正式建立完全外交关系的国家。这是中国发展同西方资本主义国家关系的一个具有重要历史意义的突破。正如 1955 年 11 月，周恩来在同法国议员代表团的谈话中所预言的："大家努力，中法建立外交关系就不会太晚。……具有光荣革命历史的法国会走在美国前面，而且会走在英国前面。"这一外交成就的取得，同样是在周恩来亲自主持下，贯彻谈判建交制度的一个成功典范。

在建交谈判中，中法双方就如何处理法国与台湾的"外交关系"问题出现分歧。法方希望中国不要坚持法国先与台湾当局断交，然后再建的程序，而是采用中法先宣布建交，然后法国再根据情况和台湾断交的办法。考虑到法国在台湾问题上采取与美国不同的态度，以及在当时国际形势下同法国建交的重大意义，中国政府在坚持反对"两个中国"的原则立场的同时，决定在程序问题上作出适当的让步和灵活变通。于是，周恩来提出了积极的、有步骤的"直接建交"方案，即在中法双方就法国承认中华人民共和国是中国的唯一合法政府并承担相应的义务达成默契的情况下，采取中法先宣布建交，然后法国按照同中国建交后形成的"国际法客观形势"，自然地结束同台湾的关系的方案。这种策略上的灵活，服从了当时国际斗争的战略需要。结果是中法建交以后，台湾当局被迫同法国断交，同样达到了中国所坚持的目标，从而最大也是最好地坚持了建交原则。

此外，中国还把亚非拉民族主义国家与一些蓄意制造"两个中国"的西方国家区别对待。这些国家对中国友好，主张"一个中国"，但由于种种客观原因，它们在建交谈判中一时还难以完全符合中国的建交条件。考虑到它们的处境，中国给予了一定的谅解。与撒哈拉以南的非洲国家刚果（布）的建交便是如此。刚果（布）独立后，曾与国民党台湾当局"建交"。1963年"八月革命"后，新政府多次表示愿与新中国建交。但由于各方面原因，刚果政府不愿在建交公报中写明同台湾当局"断交"和承认中华人民共和国政府是中国的唯一合法政府的字句。体谅到刚果方面的处境，中国同意在建交公报中只提及两国政府相互承认并建立大使级外交关系，但同时要求在负责建交谈判的双方代表互换的信件中，由刚果方面确认中华人民共和国政府是代表全体中国人民的唯一合法政府。建交公报发表的同时，信件也予以公布，以换文的形式对公报进行了有力的补充和说明。双方还口头协议，自中刚（布）建交之日起，台湾当局在刚果的代表即失去外交代表的资格，中刚（布）遂于1964年2月顺利建交。

之后的中美关系的解冻以及具有历史意义的《上海公报》的达成，中日建交联合声明的发表及中日关系正常化，无不是在周恩来亲自指导下，坚持建交原则并灵活运用策略的集中体现。

三、创建了新中国新型的外交模式

通过回顾周恩来所指导和亲自主持的建立正常外交关系的历程，可以看出，周恩来对新中国谈判建交制度的制定与实施，是独立自主精神在建交问题上的贯彻，树立了严格的建交规范，创建了新中国新型的外交模式，彻底划清了与旧中国屈辱外交的界限，维护了国家统一，捍卫了国家的独立、主权和民族尊严。

中国自鸦片战争以来备受帝国主义的欺凌与压迫，国家主权丧失殆尽，成为一个半殖民地国家，造成了国际关系中从未有过的不正常现象。1949年新中国成立后，由于美国等采取了支持蒋介石集团的错误做法，不断制造"两个中国"的谬论，使新中国的独立自主外交难以全面实施。在这样的历史条件下，由于周恩来等新中国领导人的努力，制定了谈判建交制度，并把原则坚定性与策略灵活性有机结合运用于建交谈判中，既坚持反对"两个中国"的原则立场，维护了国家统一，又不失时机地与世界各国建立起平等的外交关系。到1976年1月8日周恩来同志逝世，我国已同世界上107个国家建立了外交关系。中国外交进入全面走向世界舞台的新阶段。

如今，虽然中国和世界上绝大多数国家都建立了外交关系，但周恩来创建的谈判建交制度始终坚持着，已被世界大多数国家所承认，至今仍然是中国同其他国家建立外交关系的重要前提。

总之，作为新中国独立自主外交的一项重要的开创性实践，谈判建交制度成为新中国摆脱屈辱外交、维护国家统一、捍卫民族平等和尊严的重要标志和举措。新中国外交从创立走向辉煌的70多年历程已经反复证明，这一制度是非常必要的，是新中国新型外交模式的重要原则和内容。在祖国实现统一之前，上述建交原则始终适用。而周恩来在建交谈判中所体现出的高超的外交艺术至今仍给人们以有益的启迪。

资料来源：腾讯网，2021年11月20日，https://new.qq.com/rain/a/20211120A03IP900

第3章 商务谈判流程

学习目标

知识目标：

通过本章教学，使学生了解开局谈判气氛如何确定；掌握开局陈述的策略；掌握报价的形式和方法；理解磋商的准则和环节；掌握成交阶段的判断方法和主要任务。

能力目标：

通过本章的技能训练使学生掌握开局阶段的主要任务；了解如何采用正确的方式进行谈判意图的陈述；了解如何摸清对手的基本情况，为谈判目标的实现打下扎实的基础；了解商务谈判中的报价方法，并能进行灵活的运用以争取最大利益；掌握商务谈判过程中从开局到报价、讨价还价直至结束各环节的策略与技巧。

素养目标：

坚持知识传授与价值引领相结合，践行社会主义核心价值观，培植诚实守信的职业素养，培养学生正确的理想信念、价值取向、政治信仰以及社会责任感。创造良好合作氛围，引导学生诚信友善，合理合法进行谈判，使学生熟悉商务谈判流程，培养其谈判战略思维意识。

导入案例

中美入世谈判开局

中国加入世界贸易组织与美国代表团谈判时，吴仪任中国代表团团长。当中美两国代表在谈判桌前相对而坐的时候，美方代表团副代表梅西盯着面前的吴仪，一上来就凶相毕露！"我们是在与小偷谈判。"梅西冷不防地给吴仪来了这么一个下马威。这句冷冷地甩出来的开场白，是中方代表没有想到的。谈判厅里死一般的沉寂。中方一些代表还来不及做出反应，目光唰地一下集中在了吴仪身上。美方代表也盯住了吴仪，猜测吴仪可能的回应。然而，这种沉寂极为短暂，只不过是一刹那。几乎就在梅西的话音还未完全落下来的时候，一个响亮而威严的声音掷地有声："我们是在与强盗谈判！"这是吴仪的反击。双方代表都被这一声怒吼震住了。"请看你们博物馆里的收藏品，有多少是从中国搞过来的？据我所知，这些中国的珍宝，并没有谁主动奉送给你们，也没有长着翅膀，为什么却越过重洋到了你们手中？这不能不使人想到强盗的历史。……"吴仪一连串的反击真是义正词严，驳得梅西哑口无言，美方代表非常尴尬。谈判桌上的形势一下子扭转过来，建立起适合我方的谈判气氛。

资料来源：毕思勇，赵帆. 商务谈判［M］. 北京：高等教育出版社，2021.

3.1　开局阶段

开局气氛十分重要，俗话说："良好的开端是成功的一半。"开局气氛将对谈判的全过程产生影响。开局阶段是指谈判双方见面后，在进入具体实质性交易内容讨论之前，相互介绍、寒暄以及就谈判内容以外的话题进行交谈的那段时间，是双方正式见面到正式洽谈之前的交谈阶段。商务谈判的开局是整个商务谈判的起点和基础，它往往关系到谈判双方的诚意和积极性，关系到谈判的格调和发展趋势，它的好坏在很大程度上决定着整个谈判的走向。

现代心理学研究表明，人通常会对那些与其想法一致的人产生好感，并愿意将自己的想法按照那些人的观点进行调整。这一研究结论正是开局策略的心理学基础。

3.1.1　谈判气氛的确定

1. 影响谈判气氛的因素

（1）双方谈判企业之间的关系。

①双方企业有很好的业务关系，长期合作得很好。创造一种热烈的、友好的、轻松愉快的气氛。

②双方企业曾经有过业务往来，但关系一般。创造一种友好、合作、随和的气氛。

③双方企业过去有过业务往来，但合作不佳，印象不好。采取亲切而不亲密，有距离而不疏远的态度。

④双方初次接触，以前没有打过交道的企业。创造一种友好、真诚、合作的气氛。

（2）双方谈判人员个人之间的关系。

谈判是在两个场合进行，场内在谈判桌上你来我往，据理力争；场外在谈判桌下，双方谈判人员个人之间的沟通、交流与对话。有时场外谈判的作用远远大于场内谈判的作用。场外谈判的结果的关键取决于双方谈判人员个人之间关系的好坏与熟悉、亲密程度。

（3）双方的谈判实力。

①实力旗鼓相当——以合作、互利为中心，创造一种友好和谐的合作气氛。

②我方实力具有明显优势——与弱方谈判最忌"霸气"，不能有任何轻敌意识，开局时，仍要表现友好和诚意。

③我方实力弱于对方——对强于我方的对手谈判最忌"怕"。开局表现友好与合作诚

意，充满自信，潇洒，沉着，大方。

2. 谈判气氛的类型

谈判开局需要创造一种相互信赖、诚挚合作的谈判氛围，可以先选择一些使双方都感兴趣的话题聊聊，同时谈判人员要保持平和的心态，热情的握手、信任的目光、自然的微笑都能营造良好的开局气氛。创造一种热烈、轻松、和谐的谈判气氛，并利用谈判气氛有效地促进会谈，创造和谐、融洽的谈判气氛对于开局阶段是十分重要的。这就是双方都重视"开场白"的原因。谈判气氛分为以下四种类型。

（1）洽谈气氛是冷淡、对立、紧张的。

在这种气氛中，谈判双方人员的关系并不融洽、亲密，互相表现出的不是信任、合作，而是较多的猜疑与对立。

（2）会谈气氛是松松垮垮、慢慢腾腾、旷日持久的。

谈判人员在谈判中表现出漫不经心、东张西望、私下交谈、打瞌睡、吃东西等行为。这种谈判进展缓慢，效率低下，会谈也常常因故中断。

（3）洽谈气氛是热烈、积极、友好的。

谈判双方互相信任、谅解、精诚合作，谈判人员心情愉快，交谈融洽，会谈有效率、有成果。

（4）洽谈气氛是平静、严肃、谨慎、认真的。

意义重大、内容重要的谈判，双方态度都极其认真严肃，有时甚至拘谨。每一方讲话、表态都思考再三，决不盲从，会谈有秩序、有效率。

显然，上述第三种谈判气氛是最有益的，也是最为大家所欢迎的。

3. 创造积极热烈气氛的技巧

气氛是在谈判双方人员相互接触中形成的，对谈判人员的情绪影响甚大。在紧张、严肃的谈判气氛中，有的人冷静、沉着；有的人拘谨、恐慌；有的人振奋、激昂；有的人则沮丧、消沉。为什么人们会产生各种各样的情绪体验呢？根据心理学所阐述的理论，这是人的大脑对外界刺激信号的接收反应不同造成的。

（1）高调气氛。

高调气氛是指谈判开局气氛比较热烈，谈判双方情绪积极，态度主动，愉快因素成为谈判情势的主导因素。

①感情攻击法——通过某一特殊事件来引发普遍存在于人们心中的感情，使这种感情迸发出来，从而达到营造气氛的目的。

运用感情攻击法的前提是了解对方参加谈判的人员的个人情况，尽可能了解和掌握谈判对手的性格、爱好、兴趣、专长、职业、经历以及处理问题的风格、方式等。投其所好会使你取得意想不到的成功。

②称赞法——通过称赞对方来削弱对方的心理防线，从而激发出对方的谈判热情，调动对方的情绪，营造热烈的气氛。发自肺腑的赞美，总是能产生意想不到的奇效。人一旦被认可其价值时，总是喜不自胜。

③幽默法——用幽默的方式来消除谈判对手的戒备心理，使其积极地参与到谈判中来，从而营造高调的谈判开局气氛。

（2）低调气氛。

低调气氛是指谈判气氛十分严肃、低落，谈判的一方情绪消极、态度冷淡、不快因素成为谈判情势的主导因素。营造低调气氛通常有以下几种方法：感情攻击法；沉默法；疲劳战术；指责法。

（3）自然气氛。

自然气氛是指谈判双方情绪平稳，谈判气氛既不热烈也不消沉。自然气氛无须刻意地去营造，许多谈判都是在这种气氛中开始的。这种谈判开局气氛便于向对手进行摸底，因为谈判双方在自然气氛中传达的信息往往要比其在高调气氛和低调气氛中传送的信息要准确、真实。营造自然气氛要做到以下几点：注意自己的行为、礼仪；要多听、多记，不要与谈判对手就某一问题过早发生争议；要准备几个问题，询问方式要自然；对对方的提问能正面回答的一定要正面回答，不能回答的，要采用恰当方式进行回避。

4. 创造和谐气氛的注意事项

（1）开场白的节奏得当。

开场白阶段又称为"破冰"期阶段，指谈判双方在进入具体交易内容谈判讨论前，见面、寒暄及对谈判内容以外的话题进行交流的那段时间和过程。虽然与谈判主题关系不大，但却非常重要，为之后的谈判定下了一个基调。

谈判气氛的建立方式包括：把握气氛形成的关键时机；留有足够时间运用中性话题加强沟通；树立诚实可信、富有合作精神的谈判者形象；利用正式谈判前场外非正式接触。

（2）动作自然得体，讲究表情语言。

动作自然得体——由于各国、各民族文化习俗的不同，其对各种动作的感受也不尽相同。比如，初次见面时的握手就颇有讲究，有的外宾认为这是一种友好的表示，给人以亲近感；而有的外宾则会觉得对方是在故弄玄虚，有意谄媚，还会产生一种厌恶感。因此，谈判者应事先了解对方的背景、性格特点，根据不同的情况，采用不同的形体语言。

讲究表情语言——表情语言是无声的信息，是内心情感的表露，这主要是指形象、表情、眼神等。谈判人员是信心十足还是满腹狐疑，是轻松愉快还是紧张呆滞，都可能会通过表情流露出来。谈判人员是诚实还是狡猾，是活泼还是凝重也都可能会通过眼神表示出来。谈判人员应该时刻注意自己的表情，通过表情和眼神表示出友好合作的愿望。

谈判流程案例

在某国一家医疗机械厂与美国客商进行的一场引进"大输液管"生产线的谈判中，双方在融洽友好的氛围中达成了一致意见，相约第二天举行签字仪式。谈判结束后，该厂厂长带领美国客人参观工厂车间，这位厂长向墙角吐了一口痰，然后用鞋底擦了擦，这一细节被美国客商看在眼里，毅然决定停止签约。在美国客商给这位厂长的一封信中，他这样写道："恕我直言，一个厂长的卫生习惯可以反映一个工厂的管理素质。况且，我们今后要生产的是用来治病的输液产品。贵国有句谚语：人命关天！请原谅我的不辞而别……"一项成功在望的谈判，就这样被一口痰"吐掉"了。

资料来源：人人范文网，商务礼仪对个人及其企业的重要性，2020 年 3 月 2 日，https://www.inrrp.com.cn/html/e20c220c9b96f9ad.html

（3）破题引人入胜。

如果说开局是谈判气氛形成的关键阶段，那么破题则是关键中的关键，就好比围棋中的"天王山"，既是对方之要点，也是我们之要点。因为谈判双方都要通过破题来表明自己的观点、立场，也都要通过破题来了解对方。由于谈判即将开始，谈判人员难免会心情紧张，因此可能出现张口结舌、言不由衷或盲目迎合对方的现象，这对下面的正式谈判会产生不良的影响。为了防止这种现象的发生，应该事先做好充分准备，有备而来。比如，可以把预计谈判时间的5%作为"入题"阶段，若谈判准备进行1小时，就用3分钟时间沉思；如果谈判要持续几天，最好在正式谈判前的某个晚上，找机会请对方一起吃顿饭。

（4）树立良好的第一印象。

一般给对方第一印象的时间只有7秒钟。从接触一开始，7秒钟的时间你就已经给对方留下一个印象，你是不是专业、能干不能干就可能被判断出来。专业行为表现包括几方面的内容。

①外表，即穿着打扮怎么样。

②身体语言及面部表情，身体语言包括姿势语言。

③日常工作和生活中的礼仪，包括像握手礼、对话礼、会议礼仪、电梯礼仪等。

5. 了解就坐礼仪

商务谈判多为双方谈判。双方谈判时，宾主分列长桌或椭圆形桌的两侧，如果谈判桌横放，则面对正门的一方为上，应属于客方；背对正门的一方为下，应属于主方。如果谈判桌竖放（顺着门的方面），应以进门方向为准，右侧为上，属于客方；左侧为下，属于主方。主谈人员应在自己一方居中而坐。其他人员按照右高左低的原则，自近而远分坐。如果双方各带翻译，应就坐于主谈人之右。

3.1.2　交换意见

在进行实质性谈判之前，双方最好就谈判计划先取得一致意见。

（1）目标。

目标即双方为什么坐在一起谈判，要解决什么问题。如：①探讨双方利益之所在；②寻找共同获利的可能性；③提出或解决一些过去悬而未决的问题；④达成原则性的协议；⑤检查合同及执行进度；⑥解决有争议的问题等。

（2）议程。

为了保证谈判的顺利进行，谈判双方要共同制定一个切实可行的谈判议程，确定每天讨论的内容，初步确定谈判的进度，制定双方必须遵守的规则。在谈判议程中，可适当列入参观、游览等项目，以活跃气氛、增加感情。

在此期间需要注意以下五个问题。

①在进入正式谈判之前，短暂的停顿是必要的。

②如果谈判双方已坐稳，在片刻停顿后，就需要有个人先讲话，不要出现冷场的情况。

③在谈判双方还没有就谈判的目标等问题达成一致前，不要过早涉及具体问题。

④尽力做到谈判双方享有均等的发言机会，谈话时间与倾听时间基本相等，陈述要简短，切忌滔滔不绝。

⑤在商谈谈判目标、制定谈判议程的过程中，谈判双方要互相尊重，共同协商，并施展技巧迅速取得一致的意见，要多用商量的口气。

3.1.3 开场陈述

开局阶段的主要任务是表明我方意图和了解对方的意图。开局阶段的主要工作是通过开场陈述来进行的，并且应该是分别陈述。

1. 开场陈述的基本内容

(1) 根据我方的理解，阐明该次谈判所涉及的问题。

(2) 说明我方通过谈判所要取得的利益，尤其要阐明哪些是我方至关重要的利益。

(3) 说明我方可以采取何种方式为双方共同获得利益做贡献。

(4) 对双方以前合作的结果作出评价，并对双方继续合作的前景作出评价（包括可能出现的机会和障碍）。

谈判流程案例

供方："贵方要货量虽大，但是要求的价格折扣幅度太大了，服务项目要求也过多，这样的生意实在是难做。"

需方："您说的这些问题都很实际。正像您刚才说的那样，我们要货量大，这是其他企业根本无法与我们相比的，因此我们要求价格折扣幅度大于其他企业也是可以理解的！再说，以后我们会成为您主要的长期合作伙伴，而且您还可以减少对许多小企业的优惠费用。从长远看，咱们还是互惠互利的。"

资料来源：莫群俐，商务谈判 [M]. 北京：人民邮电大学出版社，2023.

2. 开场陈述的基本原则

开场的陈述要双方分别进行，并且在此阶段各方只阐述自己的立场、观点，而不必阐述双方的共同利益；所做陈述的重点放在阐述己方的谈判利益上；所作陈述要简明、扼要，只做原则性的陈述；各方所作陈述均是独立的，不要受对方陈述内容的影响。

在开场陈述中，要表明我方意图应包括的内容：陈述我方认为本次谈判应解决的主要问题；陈述我方通过谈判应取得的利益；表明我方的首要利益；陈述我方对对方的某些问题的事先考虑；表明我方在此次谈判中的立场、坚持的原则，我方的商业信誉度，并推测双方合作可能出现的良好前景或可能出现的障碍。

同时要了解对方意图：考察对方是否真诚，值得信赖，能否遵守诺言；了解对方的合作诚意，对方的真实需要是什么；了解对方的优势和劣势，是否可以加以利用；了解对方在此谈判中必须坚持的原则，以及哪些方面可以作出让步。

3. 开场陈述的方式

开场陈述的方式一般有：书面陈述、口头陈述和书面结合口头陈述三种。无论是书面陈述、口头陈述还是书面结合口头陈述，其基本内容和所遵循的原则都是相同的。

(1) 口头陈述。

优点是便于谈判双方相互深入了解，维持关系，增进感情，建立长期的伙伴关系，便于讨价还价，防止上当受骗。缺点是在面对面接触交往中，谈判双方都难以保持谈判立场的不可动摇性，难以拒绝而不得已作出让步。

（2）书面陈述。

优点是在阐明本方立场时，更为坚定有力，向对方表示拒绝时，更为方便易行，在费用上节省得多。缺点是不便于谈判双方的相互了解，妥协让步，成功率较低，并且信函、电报、电传等所能传递的信息有限。

（3）书面结合口头陈述。

优点是结合了书面和口头陈述的优点，提供详细信息的同时也允许即时互动，书面材料可以作为演讲的辅助，帮助听众更好地理解和记忆内容。缺点是需要更多的准备时间和资源来制作书面材料，谈判者需要在口头表达和书面材料之间找到平衡，避免重复或不一致。

4. 开局陈述的策略

（1）一致式开局策略。

一致式开局策略是在谈判开始时，通过以"协商""肯定"的方式，创造或建立起对谈判的"一致"感觉，从而使谈判双方在愉快友好的气氛中不断将谈判引向深入的一种开局策略。这种策略的目的是使对方对自己产生好感，从而为谈判的成功创造条件。

（2）保留式开局策略。

保留式开局策略是指在谈判开始时，对谈判对手提出的关键性问题不作彻底的、确切的回答，而是有所保留，从而给对手造成神秘感，以吸引对手步入谈判。注意采用保留式开局策略时要以诚信为本，向对方传递的信息可以是模糊信息，但不能是虚假信息。否则，会将自己陷于非常难堪的局面之中。

（3）进攻式开局策略。

进攻式开局策略是指通过语言或行为来表达己方强硬的态度，从而获得对方必要的尊重，并借此制造心理优势，使谈判顺利地进行下去。采用进攻式开局策略一定要谨慎，在谈判开局就显示自己实力，可能导致开局双方就处于剑拔弩张的气氛中，对谈判进一步发展极为不利。

（4）慎重式开局策略。

慎重式开局策略是指以严谨、凝重语言进行陈述，表达出对谈判的高度重视和鲜明的态度，目的在于使对方放弃某些不适当的意图，以实现谈判的目标。这种策略适用于谈判双方过去有商务往来，但对方曾有过不太令人满意的表现的情况。

方法：可用一些礼貌提问来考察对方态度、想法，不急于拉近关系。

（5）谋求主动策略。

谋求主动策略是指通过巧妙提问，根据对方应答，尽可能多地了解对方信息、情况，掌握谈判主动权。

特点：提问要有试探、引导倾向，落地有声；要充分准备，以备对方含糊或反问；第三方出面，指出商品缺陷，安排休会。

3.2　报价阶段

谈判双方在结束非实质性交谈之后，要将话题转向有关交易内容的正题，即开始报价。报价以及随之而来的磋商是整个谈判过程的核心。

这里所说的报价，不仅指产品在价格方面的要价，而且泛指谈判的一方对另一方提出己方的所有要求，包括商品的数量、质量、包装、价格、装运、保险、支付、商检、索赔、仲裁等交易条件，其中价格条件是谈判的中心。

3.2.1 报价的形式

1. 书面报价

书面报价通常是谈判一方事先为谈判提供较详尽的文字材料、数据图表等，表明谈判者愿意承担的义务。优点：使对方有时间针对报价进行充分准备，进而加快谈判进程。缺点：（1）书面报价属于文字性的东西，写在纸上缺少热情，在翻译成另一国文字时，往往会掩盖掉一些精细之处；（2）白纸黑字不易变动，客观上成为谈判者承担责任的记录，这不利于谈判后期的变更。

实力强大的谈判者或至少双方实力相当时可使用书面报价，对于实力不强的谈判者就不要采用书面报价的方法，而应尽量进行面对面的谈判。

2. 口头报价

口头报价通常是谈判双方在谈判过程中把各自的报价即所有的交易条件口头表达出来。优点：（1）口头报价具有很大的灵活性；（2）口头报价可以充分利用谈判者个人谈判技巧，如利用情感心理因素，可以察言观色、见机行事。缺点：（1）谈判者容易对对方所述内容因没有真正理解而产生误会，如对一些复杂的内容，如统计数字、计划图表、规格型号等难以阐述清楚；（2）口头谈判容易影响谈判进度。

为了避免口头谈判的不利之处，在谈判之前，可以准备一份列有报价一方所在企业或公司交易的要点、某些特殊要求以及各种具体数据的简表。

3.2.2 报价的起点

在基本掌握了所交易对象的市场行情并对此进行了分析预测之后，谈判人员即可参照近期的市场成交价格，结合己方的经营意图及市场价格的变动情况，拟定出价格的谈判幅度，确定一个大致的报价范围。

谈判双方在谈判前设立一个最低可接纳报价，有这样几点好处：（1）可以避免接受不利条件；（2）可以避免拒绝有利条件；（3）可以避免在有多个谈判人员参加谈判的场合，谈判者各行其是的行为。

一般对卖方而言，应在所确定的报价范围内，报最高的价格；对买方而言，要按最低的价格递加。

3.2.3 报价的方法

（1）报价时，态度要坚决果断，不应迟疑，也不应有所保留。只有这样才会给对方留下你是诚实而认真的交易伙伴的印象，同时显示出你的自信心。

（2）报价要非常明确，以便对方准确地了解己方的期望。既可以采取口头报价形式，也可以采取书面报价形式或者把两者结合起来使用。如采用直观的方式进行报价，即在宣布报价时，拿出一张纸把报价写出来，并让对方看清楚，以免使对方产生误解。

（3）报价时，不必进行任何解释和说明。因为对方肯定会就有关问题提问，只有这时报价者才有必要加以解释和说明。

3.2.4　报价的顺序

谈判者一般都希望谈判尽可能按己方意图进行，因此要以实际的步骤来树立己方在谈判中的影响力。一方面，己方如果首先报价就为以后的讨价还价树立了一个界碑，实际上等于为谈判划定了一个框架或基准线，最终谈判将在这个范围内达成。另一方面，己方的报价如果出乎对方的预料和期望值，就会使对方失去信心。先报价在整个谈判中会持续地发挥作用，因此先报价比后报价影响要大得多。

1. 先报价的利弊

有利之处：先报价比后报价（即还价）更具有影响力。因为先报价不仅为谈判结果确定了一个无法超越的上限（即卖方的报价）或下限（即买方的报价），而且在整个谈判过程中将或多或少地支配对方的期望水平。

不利之处：（1）对方听了报价后，因对报价方的价格起点有了了解，可以调整他们原先的想法（或报价），从而获得本来得不到的好处；（2）对方听了报价后并不还价，却对报价方的报价发起进攻，百般挑剔，迫使其进一步降价，而不泄露自己究竟打算出多高的价。

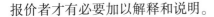 **谈判流程案例**

画家卖画

小何问画家：“您这幅画多少钱？”

画家说：“两万”说完后发现小何没什么反应，心里想：这个价钱他应该能够承受。于是接着说：“两万是黑白的，如果你要彩色的是两万五。”小何还是没有什么反应，画家又说：“如果你连画框都买是三万。”结果小何把彩色画连带画框买了回去，以三万元成交。

第二天，小杨问画家价格时，画家也说两万。

小杨立刻大声喊道：“隔壁才卖一万五，你怎么卖两万？画得又不比别人家的好！”

画家一看，立刻改口说：“这样好了，两万本来是黑白的，您这样说，两万卖给您彩色的好了。”小杨继续抱怨：“我刚刚问的就是彩色的，谁问你黑白的了？”结果小杨花一万五既买了彩色画，也带走了画框。

资料来源：知乎网，商务谈判技巧，2022 年 10 月 28 日，https://zhuanlan.zhihu.com/p/578156459

2. 先报价的情况

（1）如果预计谈判将会出现激烈争论的场合，或是冲突气氛较浓的场合，采用“先下手为强”的策略，即应当先报价以争取更大的影响，争取在谈判开始时就占据主动；如果在合作气氛较浓的场合，先报价后报价就没有什么实质性的差别。

（2）在一般情况下，发起谈判的一方或卖方会先报价。

（3）若对方是行家，自己也是行家，则谁先报价都可以；若对方是行家，而自己不是行家，则后报价对己方较为有利；若对方不是行家，则不论自己是不是行家，先报价对己方较为有利。

3. 针对不同情况采取不同策略

（1）如果预期谈判将会出现你争我斗、各不相让的气氛，那么"先下手为强"的策略就比较适用。

（2）如果己方的谈判实力强于对方，或者说与对方相比，己方在谈判中处于相对有利的地位，那么，己方先报价是有利的。尤其是在对方对本次交易的市场行情不太熟悉的情况下，先报价的好处就更大。

（3）如果谈判对方是老客户，同己方有较长时间的业务往来，而且双方合作一向较愉快，在这种情况下，谁先报价对双方来说都无足轻重。

（4）就一般惯例而言，发起谈判的人应带头先报价。

（5）若谈判双方都是谈判行家，则谁先报价均可。若谈判对方是谈判行家，自己不是谈判行家，则让对方先报价可能较为有利。

（6）若对方是外行，暂且不论自己是不是外行，自己先报价可能较为有利，因为这样做可以对对方起一定的引导或支配作用。

（7）按照惯例，由卖方先报价。卖方报价是一种义务，买方还价也是一种义务。

3.2.5　如何报价

由于报价的高低对整个谈判进程会产生实质性影响，因此，要成功进行报价，谈判人员必须遵守一定的原则。

1. 掌握行情

报价策略的制定基础是谈判人员根据以往和现在所收集和掌握的、来自各种渠道的商业情报和市场信息，对其进行比较、分析、判断和预测。

2. 报价的原则

报价的基本原则就是：通过反复比较和权衡，设法找出价格所带来的利益与被接受的成功率之间的最佳结合点。

进行报价解释时必须遵循的原则是不问不答，有问必答，避虚就实，能言不书。不问不答是指买方不主动问的问题卖方不要回答；有问必答是指对对方提出的所有有关问题，都要一一作出回答，并且要很流畅、很痛快地予以回答；避虚就实是指对己方报价中比较实质的部分应多讲一些，对于比较虚的部分应少讲一些，甚至可以不讲；能言不书是指能口头表达和解释的，就不要用文字来书写，因为当自己表达中有误时，口述和笔写的东西的影响是截然不同的。

3. 最低可接纳水平

报价之前最好为自己设定一个最低可接纳水平。最低可接纳水平是指最差的但却可以勉强接受的最终谈判结果。有了最低可接纳水平，谈判人员可避免拒绝有利条件或接受不利条件，也可用来防止一时的鲁莽行动。在"联合作战"的场合，可以避免各个谈判者各行其是。

4. 确定报价

报价策略对卖方来说是要报出最高价，而对买方来说则要报出最低价。

首先，报价有一定的虚头是正常情况，虚头的高低要根据具体情况而定，不能认为越高越好，也没有固定的百分比。

其次，对于价格政策为"厚利少销"的商品（如工艺美术品），较高的虚头是必要的。

最后，在谈判过程的各个阶段，特别是磋商阶段中，谈判经常会出现僵持不下的局面。为了推动谈判的进程，使之不影响己方谈判的战略部署，己方应根据需要，适时做一点退让，适当满足对方的某些要求，以打破僵局或换取对己方有利的条款。所以，报出含有高虚头的价格是很有必要的。

5. 两种典型报价术

两种典型报价术：欧式报价战术和日式报价战术。

欧式报价战术与前面所述报价原则是一致的。其一般的模式是首先提出含有较大虚头的价格，然后根据买卖双方的实力对比和该笔交易的外部竞争状况，通过给予各种优惠，来逐步软化和接近买方的条件，最终达成交易。

日式报价战术的一般做法是将最低价格列在价格表上，以求首先引起买主的兴趣。买卖双方最后成交的价格，往往高于价格表中的价格。

3.3　磋商阶段

谈判双方报价之后，商务谈判进入了实质性内容谈判的阶段，也就是磋商阶段，它是商务谈判的中心环节，也是在整个谈判过程中占时间比重最大的阶段。磋商是指谈判双方面对面讨论、说理、讨价还价的过程，包括价格解释与评论、讨价、还价、让步、小结等多个环节。

3.3.1　磋商的准则

一般而言，磋商的准则有条理、客观、礼节、进取和重复。

1. 条理准则

条理准则即磋商过程中的议题有序、表述立场有理、论证方式易于理解的原则。条理准则包含两个构成部分：逻辑次序和言出有理。

（1）逻辑次序。

逻辑次序即磋商中内含的议题先后的客观逻辑。逻辑次序决定着谈判目标的启动先后与谈判进展的层次。

①启动先后。

谈判内容具有整体性与个性，整体性要求纵观全局，个性则要求区分差异。个性是体现在整体性中的个性，而不是孤立的个性。两者之间相互依存、相互影响。在由个性组成的整体性中，具有个性的组件均具有其客观固有的谈判先后次序。

②进展层次。

逻辑次序除有横向次序外，还有内在的纵向次序，不仅如此，纵、横两种不同的次序逻辑又演绎出深向的层次。这样，在逻辑次序中含有逻辑层次，在磋商过程中，谈判手既要在整体上注意逻辑次序，又要在次序上，注意进展的层次。

（2）言出有理。

言出有理是指谈判人员磋商过程中表述在理，论证方式明白，做到论者言之成理、听者感到信服。

①有理。

在磋商中，有理的概念包括人为的与事实上的理由。人为的理由指通过人的主观加工使某件事具有道理。而事实的理由则指客观存在的事物依据。

②达理。

磋商中的达理是指谈判人员以层次分明的论述准确地表达自己的立场与理由，并使听者理解所言为何物。达理的表达应具有逻辑的严谨性与表述的通俗性。所谓逻辑严谨，是指论述层次分明，且层次之间有明确的内在联系，两者互相支持，使论述具有雄辩力度。所谓通俗，是指在进行论述或交流时，所使用的语言和表达方式应当适应听众的文化背景和艺术理解能力。

2. 客观准则

客观准则是指磋商条件过程中，说理与要求具有一定的实际性。只有具备实际性的说理才具有说服人的效果，只有符合实际的要求才会有回报的可能。

（1）说理的实际性。

说理的实际性即说出的道理有真实感和可靠性。实务中，有两种手段实现这个原则：实证与推理。

①实证。

实证即利用一切可供使用的真实资料说明问题。资料可以是文字、图片，也可以是众所周知的事实。一般地讲，对手在实证面前多半会承认说理的实际性。

②推理。

在当对方不配合，不提供足够资料让谈判者了解真实情况时，逻辑推理就是解开真实的"钥匙"。简单地说，推理是从分析表现及内部联系出发，归纳出对事物本质的判断认识，从而支持自己立场的思维论证方法。

（2）要求的实际性。

要求的实际性是指磋商过程中的任何要求应具有合理性与可能性。这一原则集中体现在"量"的兼顾性和客观性上。具体地说，任何文字、立场、数字反映的要求均为"量"的要求，但对于"量"，谈判各方有其不同的尺度，"量"的合理与可能在谈判中融合了双方的立场与追求，故"量"有兼顾性，否则即为不可能实现的"量"。同时，"量"要有其客观性，不客观的量是不实际的。

3. 礼节准则

谈判磋商既是争论也是协商，在激烈争论的同时，谈判双方应相互尊重、谅解妥协。这就要求谈判者保持礼貌的行为准则，这一准则要求谈判者沉着律己、尊重对方、松紧自如。

（1）律己。

律己是指磋商中约束个性的做法和思想。磋商中，律己主要体现在约束个人性格，严格要求自己，确保工作质量上。

（2）尊重对方。

尊重对方即指对待谈判对手，用语上要具有礼貌，且让对方感到受到尊重，即便观点有分歧，也不失风度与分寸的做法。

（3）松紧自如。

松紧自如是指磋商中能动地掌握双方观点对立，相互僵持的时间，以及为达到谈判预定目标而故意施加压力的程度。驾驭磋商中松紧的气氛体现着礼节，谈判中难免出现紧张的气氛，但懂礼貌的人会在紧张中不失节制。反过来，也可为了需要制造紧张，以施加心理压力，实现追求的目标。

4. 进取准则

进取准则是指顽强争取对己方有利的条件，千方百计说服对方接受己方条件的精神与行为。进取准则主要体现在两方面：高目标与不满足。

（1）高目标。

进取规则要求谈判手制定较高的目标。高目标带来的问题是高要价，导致实现难度大。对于这一问题，优秀谈判者往往以强词取信于理、取信于人，其强词是以基本尊重事实，即尊重交易的客观价值为基础的。

（2）不满足。

不满足的原则，是指磋商过程中不受影响于一事一时之得，而是在实现一个目标之后紧接着冲向另一高度目标的精神。不满足可体现在实现横向目标上，也反映在实现纵向目标上。横向目标包括不同类的项目目标，诸如技术、法律、商业、服务等，实现一个再冲向另一个；纵向目标包括各项目的不同阶次的目标，登上一个台阶即迈上另一台阶而毫不放松。

5. 重复准则

重复准则是指在磋商中对某个议题和观点反复应用的行动准则。磋商中不要怕重复。

（1）议题安排。

议题安排是指在重复准则下，每次谈判的内容可多次安排进议程中的做法。议题的重复安排可以是明示的，也可以是单方运用。明示重复安排，即双方议定重复讨论。

重复安排议题时，其次数与时机应得当。衡量的标准为客观需要和双方态度。客观上已谈得差不多了，再重复对方会以为己方要推翻前言；双方反对或造成对抗情绪时，应暂放重复的议题。

（2）观点应用。

观点应用的重复准则是指在磋商中针对对方尚未改善的条件，反复申诉自己的观点，以推动对方修正立场的做法。这是一种"自卫策略"，因为它是对手不听、不采纳自己观点与论证材料的自然反应，也是谈判手耐心与意志的反应。如不等对方响应就自动放弃己方的观点和论证，等于退却与让步。

3.3.2　讨价还价的含义

1. 讨价还价的概念

讨价还价有狭义和广义之分，狭义的讨价还价是指买卖双方为确定商品成交价格而进行的争议。广义的讨价还价是指谈判中的讲条件。讨价还价又称为协议定价，指的是在并购过程中，并购双方轮流出价，就价格进行协商谈判，寻求双方都能接受的均衡价格的行为。在我国，讨价还价定价在并购实践中占绝大多数，是我国并购定价机制的主要形式。在现实生活中，讨价还价也是一种十分常见的经济行为，小到集贸市场上的农产品买卖，大到国家间的谈判，都可以看到讨价还价的行为。讨价还价的本质是交易双方对利益分配进行的谈判，所以可以将讨价还价的方法引入并购定价中，实际上就是并购双方对各自利益进行谈判的过程。

狭义和广义的讨价还价的区别主要有以下三点。

（1）讨价还价的主体不同。

狭义的讨价还价仅仅是买卖双方的讨价还价，而广义的讨价还价既可以是买卖双方的讨价还价，也可以是老板与雇工之间、上司与部下之间、同事之间的谈判或讲条件。

（2）讨价还价的内容不同。

狭义的讨价还价仅仅指买卖双方对价格问题的争议，而广义的讨价还价还可以指价格以外的事情，如商务谈判、政治谈判、招聘谈判等。

（3）讨价还价双方关系不同。

在狭义的讨价还价中，买卖双方的利益一般是相互对抗和矛盾的，一方获利多，另一方获利必然会减少。而在广义的讨价还价中，买卖双方的利益可以是一致的，为了实现共同的目标，买卖双方在一定条件下互惠互利。

 知识链接

良好的心理素质对讨价还价成功的意义

谈判实质上是人们彼此交换思想的活动，而思想则是人们心理活动的反映和结果。谈判的心理，是谈判者在讨价还价过程中对于各种客观条件、现象的主观能动的反映。

讨价还价归根结底是人的智慧、胆量、才气的较量，良好心理素质有以下标志。

1. 斗志昂扬。要求谈判人员性格外向，忠诚于事业。
2. 意志顽强。要求谈判人员具有旺盛的精力和顽强的意志。
3. 处事不惊。要求谈判人员做到威而不怒，以不变应万变。
4. 形为内用。要求谈判人员做到不喜形于色，不感情用事。

2. 讨价还价的作用

在谈判过程中一般还是不能缺少讨价还价，否则会引起谈判者的不良情绪（想法、心态），严重的甚至会导致谈判者身体出现疾病。

因为讨价还价是谈判过程中的一个重要环节，人们的各种需要（特别是信任的需要）都是通过讨价还价的过程来实现的。也就是说，利益的需要是借谈判结果来满足，而信任的需要和人格的需要则主要是借谈判过程（谈判者的态度和语言）来满足。

3.3.3 讨价

所谓讨价，是指在买方对卖方的价格解释予以评论后，买方要求卖方重新报价或修改报价。

所谓价格解释，是指由卖方向买方就其报价的内容构成、价格的取数基础、计算方式所作的介绍或解答。

通过价格解释，买方可以了解卖方报价的实质、态势及其诚意，卖方可以充分利用这一机会说明己方报价的合理性及诚意，因此双方对此均应重视。

1. 讨价前的准备

（1）要明确对方为什么如此报价，对方的真正的期望和意图是什么。

（2）要研究对方报价中，哪些是对方必须得到的，哪些是对方希望得到的但不是非得到不可的，哪些是比较次要的，而这些又恰是诱导对方让步的筹码。

（3）要注意观察对方的言谈举止和神情姿态，弄清对方所说的与其期望的是否一致，以此来推测对方的报价是否可靠。

（4）要对谈判形势进行判断，分析己方讨价的实力，了解怎样才能使对方不断得到满足而同时又获取到己方的利益。

（5）根据对方报价的内容和己方所掌握的比价材料，推算出对方的虚价何在及大小，以便己方采取相应的对策。

2. 讨价的方法

（1）全面讨价。

当卖方报价并且对其报价进行了解释和说明后，如果买方认为卖方报价很不合理并且离自己的期望太远时，则可以要求卖方从总体上重新报价。同时要注意，对于总体重新报价，买方也要要求卖方按细目表重新报价，不能总的降价百分之多少或是多少万美元，而是要把调价反映在具体项目上。

（2）针对性讨价。

如果买方对卖方的报价基本肯定时，那么可以要求卖方先就某些明显不合理的部分重新报价，即对虚头水分最大的部分先降价，此时买方的讨价是具有针对性的。但对总体价格并未确定，而是留在最后定价时谈判。

📝 **谈判流程案例**

"灵魂砍价"凸显民生关怀

"4.4 元的话，这样吧，4 太多，中国人觉得难听，再降 4 分钱，4.36 元，行不行？"这是国家专家与药企代表谈判中的一段话。2019 年以来，通过国家集采，112 种药品平均药价直降 54%，这被老百姓形象地称为"灵魂砍价"。

"灵魂砍价"背后凸显的正是民生关怀。此次药品谈判中，国家医疗保障局专家分毫必争、锱铢必较，一分一分往下谈，让部分"贵族药"开出了"平民价"。一分钱，对全国来说，可能就是几十万元甚至几百万元。对于长期需要"救命药"的老百姓来说，国家医疗保障局专家每砍下一分钱，都会减轻他们的一份负担。此次药品采购谈判是民之所望，政之所向，传递了党和国家的正能量。

资料来源：毕思勇，赵帆. 商务谈判［M］. 北京：高等教育出版社，2021.

3.3.4 还价

所谓还价，是指卖方在听了买方的价格评论后修改了报价或未修改报价，要买方说出他希望的成交价格，即买方以数字或文字描述回答卖方的要求。

所谓价格评论，是指买方对卖方的价格解释及通过解释了解到的卖方价格的高低性质给出批评性的反应。

1. 还价前的准备

己方在清楚了解了对方报价的全部内容后，就要通过其报价的内容，来判断对方的意图。

透过报盘内容，将双方的意图逐一比较，弄清双方分歧所在，并运用自己所掌握的各种信息和资料，全面分析，找出报价中的薄弱环节和突破口，以作为己方还价的筹码。另外，要认真估算对方的保留价格和对己方的期望值，制订出还价方案的起点、理想价格和底线。

2. 还价的具体做法

（1）逐项还价。

对主要设备可以逐台还价，对每个项目，如技术费、培训费、技术指导费、工程设计费、资料费等可以分项还价。

（2）分组还价。

根据价格分析时列出的价格差距的档次，分别还价。对贵得多的价格，还价时压得多，以区别对待、实事求是。

（3）总体还价。

把成交货物或设备的价格集中起来还一个总价。

究竟应采取哪一种还价方式，应根据具体的情况而定，但绝不能不加分析、生搬硬套。

 知识链接

讨价还价的原则

1. 如果不是迫不得已，就不要讨价还价。
2. 做好讨价还价前的准备。
3. 给对方制造竞争者。
4. 给自己留有余地。
5. 保持正直。
6. 多听少说。
7. 要与对方的期望保持联系。
8. 让对方习惯你的最高目标。

3.3.5 讨价还价的技巧

英国人珍妮·霍奇森就讨价还价提出过基本技巧，她认为，进行卓有成效的讨价还价，需要掌握以下四种基本技巧。

1. 发出和接受信号

（1）了解人们用身体语言发出的非语言信号，如身体变得紧张、身体位置发生变化以及说话时的语调变化等。

（2）使自己用身体语言变化发出的非语言信号与自己实际的语言表达一致。

（3）使用那些表明你愿意做出让步而又不用承担责任的词语，如"这时""在这种情况下"等。

2. 描绘事情发展的可能前景

通过使用"假如我们……"和"如果……，它将会怎样呢？"之类的词语，提出达到你的目的可能采取的方法。

3. 交换

坚持的交换规则如下。

（1）放弃对你没有什么价值的东西。

（2）设法用你放弃的东西交换对你有价值的东西。

（3）你放弃的东西只能是你能够承担的东西。

（4）你要弄清楚，对于自己放弃的东西，今后不会后悔。

（5）如果不能得到相应的回报，你绝对不能放弃任何东西。

（6）使用交易习惯用语"如果……那么……"。

（7）不要使用令人讨厌的"对……但是……"之类的词语。

4. 一揽子解决

（1）保证所有的要求都包括在谈判的内容中，不要留下一些今后难以处理的问题。

（2）在某个问题的让步是为了在另一个问题上获得补偿。

（3）从问题的总体解决上而不是从许多孤立的小问题的解决上评估形势。

📖 知识链接

在具体经济生活中，还可以采用以下几种有效的还价方式。

1. 声东击西

当你看好某商品时，不要急着问价，先随便问一下其他商品的价格，表现出很随意的样子，然后突然问你要的东西的价格。店主通常不及防范，报出较低的价格。切忌表露出对那件商品的热情，否则善于察言观色的店主会漫天要价。

2. 漫不经心

当店主报价后，要扮出漫不经心的样子说："这么贵？"之后转身出门。注意，走，是砍价的"必杀技"。店主自然不会放过，立刻会减价，此时千万别回头。

3. 攻其不备

在外头溜达一圈后，再回到店中。拿起货品，装傻地问："刚才你说多少钱？是××吧？"你说的这个价比刚才店主挽留你的价格自然要低一些，要是还可以接受，店主一定会说"是"。好，又减价一次。

4. 虚张声势

指出隔壁同样商品才多少钱，前面那家更便宜。这一招"杜撰"虽已用滥，但仍是砍价必要的一环。不要给时间让店主解释，立刻进入第五式。

5. 评头品足

颇考功力的一式。试着用最快的速度把你所想到的该货品的缺点列举出来。一般的顺序是式样、颜色、质地、手工……总之要让人觉得该货品一无是处，从而达到减价的目的。

6. 夺门而出

这个时候店主就会让你还价。不要着急，先让店主给出最低价，然后就要考你的胆量了，给出你心目中的最低价，视地方而定，建议只给店主最低价的一半。如果不怕恶言相向，给最低价的一成更好。店主必然不肯，这时你要做的是转身再走。店主会连续性的减价，不要理会，随他减吧。

7. 浪子回头

等到店主给到他所接受的最低价后，你就该回过头重新进来，跟他说明退一步海阔天空的道理，然后在自己的最低价上加上一点，再跟他砍价。

8. 故技重演

如果店主还不肯，再用"走"这一招。店主的最后一次减价通常都可接受了，回去买吧。

3.3.6　谈判冲突

1. 出现冲突的原因

出现冲突的原因有三点：一是对方看不到需求，不知道自己的谈判需求是什么；二是对方不认同我方的方案，认为我方的方案跟其他的方案差不多，没有特色，或者对他的现状没有一种好的改进作用；三是认为我方的价格太贵，或者不接受某些条款。

2. 解决冲突的方法

一是从掌握客户资料入手。这些资料的来源是在准备阶段以及谈判展开的各个阶段，通过沟通、了解、提问、回答等过程得到的。从所掌握的这些客户资料入手，找到一些间隙切入话题。

二是重新考虑谁是决策人，跟我们谈判的人是不是最终决策人。如果他们有很多困难，对于他们的疑问和困难，我们能够帮什么忙，我们有哪些资料，哪些信息，哪些方法能够帮他们的忙。

三是如何强化、保持自身的优势。谈判是要寻求相应的方法，解决相应的困难，强化自身的优势，以保持对整个局面的控制，最后达成共识。而这个共识是凭借我方的优势来达成的，对方也能够认同。因此，当我方提出一些充分而有利的建议时，一定要提醒对方注意，如果他拒绝这些建议，会给自己带来哪些不利影响。当然，保持优势绝对不能以损害对方的尊严为前提，要给对方足够的面子。

四是如何保持控制。谈判是一个充满压力的过程，在谈判中你进我退，我进你退，谈判双方都受到很大的压力，不仅有来自自身的压力，还有来自谈判对方的压力，或者是来自企业、公司内部的其他人员的压力等。在谈判中不要使压力扩大，而尽量把它减小，通过一种轻松的、愉快的方式来控制整个局面。我们可以坚定地重复自己的立场，不断地强加给谈判对手，让他听懂、理解和接受。

3. 谈判冲突的两种形式

在谈判过程中，谈判双方免不了就相关的谈判议题发生冲突，双方时而观点一致，时而意见相左，有时还会出现针锋相对、寸理必争的激烈冲突和争执场面。总之，谈判双方的矛盾冲突是复杂的、多样的。但是，透过这些矛盾冲突的表面现象，从其发生、发展的根源来看，矛盾冲突有两种形式，即从属式矛盾冲突和独立式矛盾冲突。

在实际商务谈判中，这两种形式的矛盾冲突常会导致不同的结果，从属式矛盾冲突往往导致谈判双方在每一项交易条件上都要讨价还价，争论不休；独立式矛盾冲突便于谈判双方从一开始就明确各自的立场。因此，在商务谈判中，谈判者应避免从属式矛盾冲突，以便谈判能够顺利进行。

3.4　成交阶段

成交是指谈判双方就所磋商的问题初步达成共识或意见、观点趋于一致。成交阶段即谈判的最后结束阶段，在这一阶段仍然需要善始善终，孜孜以求，如果放松警惕，急于求成，有可能前功尽弃、功亏一篑。

3.4.1　成交阶段的最后一次报价

接近谈判尾声，谈判双方会处于一种准备成交的兴奋状态，这种兴奋状态的出现往往是由一方发出成交信号所引发。

📖 **知识链接**

谈判者使用的成交信号方式

1. 谈判者用简短的语言表明自己的立场。例如"好，这就是我的最后主张，现在看你的了。"

2. 谈判者在表明自己的立场时，完全是一种最终决定的语调，坐直身体，双臂交叉，文件放在一边，两眼紧盯对方，不卑不亢，没有表现出任何紧张的情绪。

3. 谈判者所提出的建议是完整的，绝对没有含糊之处。如果他的建议未被接受，除非中断谈判，否则谈判者没有别的选择。

4. 回答对方的问题尽可能简单，常常只回答一个"是"或"否"，使用短词，很少谈论据，表明确实没有折中的余地。

5. 一再向对方保证，现在结束谈判对他是有利的，并且告诉他一些好的理由。

3.4.2　达成协议的两种方法

通常，达成协议可以采用横向方法和纵向方法。

1. 横向方法

横向方法是指同时提出所有的谈判议题，双方一起进行讨论。这个议题得到解决就立即讨论下一个，直到所有议题得到圆满解决。然后对谈判的全部内容进行一次性的认可和签字。

这种方法在一定程度上可以避免双方的冲突，又比较审慎和全面，但是难度较大。

2. 纵向方法

纵向方法是指每一次谈判只提出一个谈判议题，双方加以讨论。当该议题的解决方法被双方所接受时，立即用双方通用的语言打印出来，并且注明日期，双方签字。接着再讨论下一个议题。如此反复直到最后一个议题讨论完之后，最终的协议也就完成了。

这种方法比较简便，条理清楚，但是一旦每个议题议定了，就不允许对所确定的协议加以变动或更改，这样使双方都不可能有反思和修正自己错误的机会。同时，纵向方法还易使谈判双方陷入对某一议题喋喋不休的争论中。

 知识链接

达成交易前的总结

在交易达成的会谈之前，有必要进行最后的回顾和总结，主要内容有以下几点。

1. 明确是否所有的内容都已谈妥，是否还有一些未能得到解决的问题以及这些问题的最后处理方法。

2. 明确所有交易条件的谈判结果是否已经达到己方期望的谈判目标。

3. 最后的让步项目和幅度。

4. 决定采用何种特殊的结尾技巧。

5. 着手安排交易记录事宜。

3.4.3 合同条款的谈判

合同条款是商务谈判必定要涉及的一项基本内容。在国际商务活动中，合同条款的谈判通常需要注意两个方面的问题：一是国际商务的合同要尽可能完善、全面、准确和严密，这样既可以明确规定合同双方的权利和责任，又能防止或减少日后不必要的矛盾和纠纷；二是由于谈判所涉及的事项较为广泛、复杂，而世界上又没有一个合同能包罗万象，因此合同难以写得完整无缺，这就要求谈判者既要做到使合同条款尽可能完整与准确，把应该写上的都写上，尽量不要遗漏，又要防止过分求全、求准、吹毛求疵，耽误甚至断送一项原来可以完成的工作。这种辩证关系是每一个涉外谈判人员都应该明确的。由于国际商务交易的复杂程度各不相同，合同的类别各不相同，合同条款的多少也各不相同，因此在进行合同条款的谈判时，应尽可能按照完善、全面、准确和严密的要求来处理。

按照党的二十大精神，我们应进一步强调开放合作、共赢发展的理念。在国际商务谈判中，我们不仅要注重合同的严密性和全面性，更要秉承共商共建共享的原则，推动构建人类命运共同体。这意味着在制定合同条款时，我们应充分考虑到合作双方的利益和需求，力求实现互利共赢，同时也要考虑到对环境的保护、对社会责任的承担以及对可持续发展的贡献。这样，我们不仅能够减少和防止未来可能出现的矛盾和纠纷，还能够在全球化的背景下，促进更加公平、开放、全面、创新的国际商务环境，为世界经济的增长贡献中国智慧和中国方案。

1. 合同条款谈判的原则

（1）注重法律依据。

注重法律依据是合同谈判需要注意的第一个问题。国际商务活动的法律依据，不仅要强调本国的法律，还应考虑对方的法律及国际公约与国际商务中不成文的法律——国际惯例。首先，谈判者应注意我国涉外经济合同法的基本要求，同时也应注意我国有关外汇管理、许可证管理，有关国家安全、公共健康、社会治安、外资企业的管理，涉外税收法规等方面的法律与法令。其次，在遵循我国这些法规的同时，在合同谈判中亦应充分了解对方所在国的有关许可证、关税等方面的法令。另外，恰当地运用国际组织，如联合国、国际商会颁布或推荐的一些国际公约和国际惯例可能会简化买卖双方的谈判。例如，国际商会颁布的《国际贸易术语》，联合国颁布的《有关仲裁裁决承认和执行公约》等。熟练引用这类文件会使条款行文、谈判更加国际化，洽谈亦会简化，更重要的是这样做会使合同签定后容易得到双方所在国家政府的批准。

（2）追求条件平衡。

合同条件的平衡是谈判者必须充分重视的又一个基本问题。合同条款必须体现权利与义务对等的原则。合同条款对双方义务和权利的规定不是偏向某一方的，而是公正地根据其所得的利益而赋予其应尽的义务。

在合同条款谈判时哪些条件应谋求双方平衡呢？各种交易有不同的合同格式，很难逐一赘述，但其最普通、最基本的条件应予以掌握。如"支付与交货"，最根本因素是平衡，围绕"支付"和"结算与交单"的条件要平衡；围绕"交货"和"保证与前提""验收与条件"的条件要平衡。总之，平衡应该贯穿在合同的每一条、每一句中。只有以"平衡"为宗旨，合同才会被双方诚心接受，并甘心履行，否则，在特定背景下得到的利益，在另一个不同背景下就可能会失去，由此会造成合同执行中的不顺利。例如在上海合资兴办某大宾馆的谈判中，在合同草案中外方与中方享有的权利与承担的义务不对等，外方收取的管理费过高，而外方承担的义务却很少，有的部分也十分抽象，难以体现具体的责任。而且在对合同草案的审议中又发现，宾馆所聘请的管理方与外方投资方是同一个母公司控制的，这样外方可能采用多种财务转移手法侵吞合资宾馆的大部分利润，届时我方将对此束手无策。为此，我方谈判者直接与外方总公司进行谈判，阐明我方立场，最后外方接受了我方的观点，对合同条款进行了修改，使双方观点得充分阐述，避免了以后可能出现的一系列纠纷。

（3）条文明确严谨。

在合同条款中用词造句要明确，专业、法律方面的术语及其表达方式应力求标准、规范。若无统一与标准的说法，则应通过反复商洽，使双方共同理解后，采用双方一致同意的文字描述。如果合同中用词含糊不清或模棱两可，以及存在各种漏洞，就会造成不必要的损失。

（4）以我方为主起草。

在可能的条件下，合同的条款应尽量由我方直接用英文起草，这种做法至少有四个好处：第一，我国的法律有一定的特殊性，外方不一定十分熟悉，以我方为主起草，有利于正确反映我国经济法规，这对双方来说都有好处；第二，以我方为主起草，可以使项目的目的性更加明确，有利于我方观点在合同中正确体现，而不至于被外方牵着鼻子走；第三，以我方为主起草，可以使我方在谈判中更加主动，使谈判更加顺利，避免因过多修改而使谈判变得冗长和艰难；第四，可以避免因对方起草合同而可能在合同中留下"伏笔"的情况，导致我方上当受骗。此外，在讨论合同条款时，由于是我方起草合同，因此当对方提出修改意见时，有利于增强我方谈判砝码。如果在商务谈判中，对方坚持要由他们起草合同，这时我方应根据该项目的性质，通过谈判，先确定合同总框架，然后再对其中某些条款进行确认，最后再合并起来通过洽谈确定正式文本，这样做既把双方观点和利益充分体现出来，又易于对方接受。

2. 合同条款的构成

在日常谈判中，不难发现有时因谈判者不同，即使是同类交易合同，其谈判过程也不一样，而同类交易合同的格式也会因国别、地区、厂商不同而各异。应该承认，这种相异性是客观存在的。然而谈判者不能因为存在相异性而破坏合同的基本原则。因此，合同条款的构成不是随意性的，而是有一定规律的。

首先，按《联合国国际货物销售合同公约》规定：一个肯定的发盘具有三个明确的条件，即货物名称、数量和价格，当买卖双方就这三个条件达成一致时，即认为买卖合同成立。无论是以电话、电传、信函，还是以别种契约的形式，一经双方认可，合同即已成立，交易即可行。由此我们应该了解合同条款的最基本构成，应具有合同标的条款、价格条款、数量条款、货物交付条款等条款。当然，合同应尽可能周详、明确、肯定，条款要尽可能完整。

其次，为了对经济活动中常见的问题有所规避，除了法定的基本条款外，人们还经常拟定一些较常用的预防性条款作补充，如免权、免责、不可预见、不可抗拒、财产清理、仲裁等条款，用以处理伪造、剽窃等引起的纠纷，明确发生意外事件时的责任，以及经济形势发生变化后双方的责任、义务变化和破产时的债务清偿等问题。

最后，条款中应包括签约双方提出的各种各样的要求，如"长期供应备件""原材料、零备件、设备制造国产化""共同销售""共同开发新产品""联合制造设备"等要求，以及符合双方所在国特殊规定的要求。

具体来说，涉外商务合同条款应包括以下内容。

（1）标的。

表面看来，标的是交易中客观存在的，并不属于谈判的问题。可是不少案例告诫我们，虽然标的只是陈述交易的内容，但存在"货真价实"的标准问题，因而标的条款一定要拟得明确、完整和确切。标的条款应包括完整的、通行的名称，数量与质量，产地与出厂时间。合同条款中所采用的数量单位不能用中间性名称，如套、批、某月的需求量等中间性单位名称。因为中间性名称容易引起纠纷，卖方用这种方法作价，可使买方处在被动地位，在发生货物短缺时难以索赔。

质量合同条款中的质量在描述时通常应该包括"过去、现在、将来"所做工作的结果。若是货物，过去即指设计、造型、用材的要求；现在即指性能、外观；将来即指寿命、潜在缺陷等。若是工程或服务，过去即指设计或工作态度，现在即指工程的性能与效果；将来即指有关的隐患或者可能产生的副作用等。关于产地与出厂时间，如果合同不明确产地，供货人可以多方收集同类产品以保证大宗买卖的成交，可以从二、三流生产商处以较低价收购以获取超额利润，而作为买者，有可能花"正宗"的价格买并非"正宗"

的货。例如计算机的交易，合同注明要用 IBM 公司的机器，但 IBM 公司的加工厂遍布在世界各地，如果你在合同中没有注明产地，那么供应商自然可以从美国，也可以从英国、日本、新加坡等地的加工厂进货。虽然商标仍是 IBM 公司的，但进货价有差异。如果处于中间商的位置，就会因此受到用户的非议，蒙受重大经济损失；如果处于工程承包商的位置，严重时还会影响工程的质量。还有一些矿产和作物，因产地不同在品质上有明显差异，所以这一类货物的购销合同更要注明产地。此外，在合同中还应注明生产时间，无论是机械、食品、化学品、药品还是其他各类日用品，产品出厂时间是其新旧、性能、寿命等质量指标的一个重要组成部分，在标的条款中也应注明，否则会在交易中吃亏，或陷于长时间的纠纷困扰中。

（2）价格条款。

价格条款是合同条款中最重要的组成部分。在条款谈判与草拟合同时要立足准确描述价格全貌，这样对签约双方都有利。第一，在合同中应实事求是地罗列出各种相关的费用和开支，确保在执行合同时，所有费用都能被正确地识别和处理，避免在征税时出现重复计算或遗漏的情况。第二，应按双方承认的国际贸易术语以及与此一致的认识描述价格的性质，如果过于简单，仅以"FOB""C&F"等一句话概括是不可能讲清楚价格全貌的，除非先前双方有过同类往来，而且双方相当熟悉和信任，否则易产生误解。习惯的条文写法是在引用国际贸易术语的同时，加以扼要解释该术语的含义，如"FOB"，补上"货越过船舷前的所有费用已包含在内，货至仓内指定位置的费用由双方分担"一句，这就使双方明白无误。第三，合同上应注明是固定价还是可调价，有的合同没有注明就常会有麻烦。如价格风险没有注明是否已经计入，这样在发生不可预见的风险时，卖方可以强调合同没有计入而借机要求加价，买方则可以强调已予以计入而不予加价，从而引发纠纷。当合同文字注明是固定价时，还要明确是承包性质还是原价不变的情况下允许数量调整。如果属于固定价，则在合同执行过程中，无论经济形势如何变化，价格不得改变，风险由当事方自己承担；当合同文字注明为浮动价时，就要注明浮动的前提，即在何种经济条件下可以浮动，按什么方式浮动，浮动是有限的还是无限的等。第四，履约的费用也要明确由谁承担，银行的费用和税费是否由各自承担等，否则，在日后的履约过程中，双方会因自己的理解不同而产生种种分歧与纠纷，那时再来谈判和调整就会十分被动。

（3）违约责任条款。

在合同起草时必须注明违约责任条款。对买方而言，对所获技术、资料有保密的责任，有不向第三者泄漏或转让的义务，违约要赔偿。赔偿的计算方法可参照买方出售这些技术、资料的作价，因为这种"泄漏"和"转让"可视为"又一次出售"。合同还可以规定，买方在违约时，卖方可以收回这些技术、资料等。对于卖方，应承担不按时交货的违约责任，应该规定其支付罚款的详细内容，若交货拖延时间太长，买方有撤销合同的权利。对于交货不符合同有关数量、质量、产地或出厂时间的违约，要规定卖方承担免费补充、更换或修理甚至降价赔偿的责任，以及买方撤销合同的权利，卖方退款还息的义务。当然对其质量的判定在合同中应有明确的检验标准及检验办法。如果在技术附件中已经有描述，合同条文则应明确这些规定的原则或明确肯定引证。

（4）所有权条款。

从法律角度来看，人们只能就拥有合法所有权的物品进行交易，否则，合同就属于不合法的、不能成立的合同。如果不注意交易中的所有权问题，在履约过程中可能会发生意想不到的纠纷。

所有权条款还要求在合同中对工业所有权作明确的说明。例如，卖方应申明其对标的所涉及的工业所有权的合法性，即不是伪造别人的产品，没有侵权行为，同时，保证对自己的申明应负的经济责任和法律责任。买方对该条只承担在第三方向卖方提出起诉时保持中立的义务。所有权条款无平衡可言，主要由卖方予以保证，不管卖方提何种条件，此条的基本原则不能变。有时卖方提出"买方不能在第三国使用卖方的技术或销售其许可产品，否则第三方起诉时，卖方概不负责"。这实际是卖方讨价还价的手法，限制买方的销售权，减少对自己市场的危害，也可以减少第三方起诉卖方的机会。按情理讲，卖方这样做是一种典型的限制性的商业做法，买方完全可以不接受。但在谈判时，如果卖方有一定的苦衷，买方也应要适当考虑，有时从妥协的角度来看也可以这么写。但是，大前提是不能损害买方已取得的利益。否则，就显得不公平和不公正。当然在技术贸易中，有些条款规定买方不能在第三国使用卖方的技术或销售其许可产品，是卖方对其工业所有权的一种保护，那么这时在价格上应对此类限制予以体现，即买方所获价格要比没有这项限制条款的价格要低。

（5）免责条款。

在经济交往中，违约事件是屡见不鲜的，为了避免这些消极的问题，人们花去大量的人力、物力。因此，在法律上对违约又进行了分类，分成有责与免责。除了有可免责的违约原因外，其他违约均要追究责任。《联合国国际货物销售合同公约》第21条与《国际货物买卖统一法公约》第73条作了如下规定："如一方证明不履约是由于意志以外的阻碍造成的，并且有理由证明此属不能预测，又未在签订时采取对策，所以在这种不能预防或克服的事实造成了后果的情况下，他可以对其任何义务均不负责任"。目前大陆法系和英美法系的国家分别列出了"不可抗力"或"情势变迁"或"合同落空"的法律概念作为免责请求的依据。

根据世界各国的法律趋向，我国的法律体系在界定"不可抗力"这一概念时，综合了大陆法系和苏联等国的相关规定，特别强调了对自然灾害的法律保护。在制定免责条款时，应当排除那些与政治和经营相关的因素，如罢工、破产或因法律原因导致的财政冻结等，而只保留在自然灾害和一定范围内的社会事件下的免责情况。在具体条款的制定上，不应过于具体地列举各种情况，而应依据有法律依据的定义来制定条款。对"不可抗力"发生后，除了免责外，可履约的部分是否也停止履行，事件延长的期限允许多久，是否撤销合同，以及合同撤销的程序和债务清理的原则均应在条文中规定下来。通常，撤销合同是无条件的，仅"通告"即可，但对过去已发生的债权债务应公正处理，不能因不可抗力而取消。所谓"不可抗力"的免责仅对正要履行或未来应履行的义务免责，而不管辖已履约的后果。

3. 合同条款谈判

任何合同都有通用与专用之分，印成标准文本后，某些专用条款也通用化了，这就要注意如何才能客观地反映每一项国际商务活动的个性，否则，不同时期、不同地点、不同价格条件、不同技术条件、不同交易条件的合同，用不加区别的通用语言去表述，合同就不能有效地保证商务活动的顺利进行。所以，在起草合同条文时，谈判者既要套用通用的范本条款，也应针对特殊交易设计特殊条款。条文多不一定就是好的，条文少也不一定是

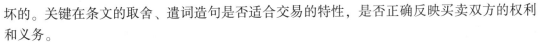

坏的。关键在条文的取舍、遣词造句是否适合交易的特性，是否正确反映买卖双方的权利和义务。

俗话讲，合同条文的谈判是在打"笔墨官司"，此话不错，只是这种谈判不仅仅限于"笔墨"上，而且在"笔墨"的后面反映了双方的经济利益。

合同条款的谈判应注意以下五个方面。

（1）字斟句酌。

在合同的总体框架确定以后，每条条文就要逐字逐句推敲。

第一，撰写的句子要明确，用字要准确，应力图摒弃任何误会的可能。有的外国律师喜欢用法律式的造句，即一连串的先决条件才能托出一个可能的结果。这本是个好习惯，值得我们借鉴。但是由于语言方面的不同，重叠的定语、从语往往使合同的译文难以一一对应于原句，正是这种理解和文法上的差异，往往会给日后的合同履行带来纠纷，并在仲裁时引发歧义。因此，应坚持由我方为主起草英文的合同，这可以使我方保持主动权。如对方坚持由他方起草合同，那么谈判者应该在外国律师的"文字进攻"前，坚持要求"句子简明""简化重句"，凡是不理解的字句，均要一一查对，如一时无法准确转译时，则应主动要求换字句，绝对不能顾及面子而轻易放过。有的谈判者太顾及面子，怕别人认为自己外语水平差而不懂装懂，采用那些外行或不确切的字句，这样做，只会影响合同条款的公正与公平，到头来自食爱面子带来的苦果。

第二，当涉及术语较多时，应注意由双方共同确认其含义，使每个词都能准确表达双方的意愿。如"验收与检验""合同目标与考核目标"等，其词意既有相似之处又有阶段性的差别，不明其含义很容易发生纠纷。对此，可采用术语解释的形式，将所有的重要经济技术术语及双方的习惯用语予以明确的定义。

第三，合同条款用词要一致。无论合同条款的多寡，技术附件的繁简，对同一事件、同一术语要用词一致。有的外商也许出于习惯，或出于语言表达方式的需要，常把同一事物在合同中用不同的词来描述，这样虽然谈判双方通过一番讨论，双方都能理解，但是一旦履行合同时换人执行，就会因理解不同而出现争执。其实这些都是可以避免的。很简单，只要用词一致就可以了，合同的用词过分的花哨，对自己对他人都没有什么好处。

（2）前后呼应。

能做到前后呼应是合同条款谈判和撰写的一项基本功。所谓前后呼应，是指条款的行文与相关的条款、与合同附件中所列条件、与价格谈判的条件相呼应，与整体谈判的进程相呼应。通常这种呼应体现为一致性、互补性和协调性。

一致性是指在相关联的条款或技术附件的描述中，对多次提到的规定前后必须一致。如验收条款，在合同中可能规定为："一次验收不合格，可进行第二次验收。第二次验收不合格，若责任在卖方，则一切费用由卖方承担。"而技术附件中可能规定为："一次验收不合格可进行第二次验收，第二次验收时，若责任在卖方，则买方不支付卖方技术指导费。"这样"一切费用"与"技术指导费"就存在程度上的差异。类似的情况还有很多，因此，涉及同一问题的条文含义应完全一致。

互补性是指从合同撰写的角度来看，条款之间本身是有相互补充的。如，技术附件与合同条款就是相互引证、相互参考，是既互补又相依的关系，这在谈判中绝对不能忽视。如合同中"检验标准"的规定，在其他条款中一般不涉及，仅仅在"检验条款"和"标准条款"中加以描述，而在谈判中常常会因为合同结构的改动，或因标准难以确定而搁置谈判。日后再谈这些规定时，却会因为时间、背景的变化，双方各自地位的变化而变得更难取得一致意见。又如"罚款"的结算，合同上讲"见附件"，而附件上又写为"见合同某条"，实际上两边落空，这样就谈不上互补性了。还有一种互补形式是体现在价格条件上，即合同条款的写法往往要随价格在合同中的位置变化而变化。如果通过价格谈判所获的"条件"不是以数字形式，而是以文字形式描述时，条款的谈判就更不可大意，应注意与全文各处的互补。

协调性即指存在人手或时间的限制，条款谈判的进度也应与价格谈判和技术附件的谈判相协调。合同条款的主条款是对价格、技术附件的主体精神的集中反映，具有更大的法律效应。在某一条款的谈判对价格和技术附件的谈判有保护作用时，应等到价格和技术附件谈判结束后再结束该条款的谈判。通常，纯法律性、程序性的条款可以先谈判，而有关价格、技术保证方面的条款应注意与有关条款的谈判协调，要争取利用"时机"压力，获得尽可能好的结果。

（3）公正实用。

所谓"公正"，即所获得的利益与所承担的义务要均衡。正如不少行家所说："真正好的合同是均衡的合同，是双方都满意的合同。"要做到公正，必须用合同条款中的"文字和条件"来体现的。文字与条件相比，条件是关键，文字是手法。在条文中常常使用"互相"的字眼，或采用"对称"的写法。例如"互相保守对方的秘密""互相享受对方改进后的技术等"。又如"买方将负责……；卖方将负责……"等。体现公正性的关键在于实质性的条件是否平衡。有的段、章可以做到形式上的平衡，而有的则不能。如买方有支付的义务，因此，支付的条款主要是限制买方，对卖方仅是程序性的限制——支付凭证的准备。对卖方来说虽有一定的负担，但对任何诚实的卖主，这都不成问题，这一点就不可能在形式上平衡。反过来，"保证条款"也只能是卖方的表态，虽然可以根据某些前提条件来要求买方，但这也不是实质性的限制。在涉外商务谈判中，有些律师常常喜欢玩弄字面上的平衡，而无实质内容，这需要我国的谈判人员小心甄别。总的来说，公正的合同条文是卖方能及时、安全地收汇，买方能按时、按质、按量地收货的法律保证，只有当双方均感到安全时，才有公正可言。有时在合同中一方故意设有陷阱，而另一方谈判者却不知，那么，作为公正的合同，就应列有补救的条文，就是让第三者检验合同，以保证合同的有效性。

所谓"实用"，就是条件实惠、文字实用、执行实际。有的合同，条文写得很复杂，但是大多数是花架子，不实用。比如在合同条款上写了"可靠性达××指标""可提供一切先进技术"等条件，而实际上，"××指标"如何测试，在生产上很难做到。而且如果真的要去测试，就需要大量时间、资金和一套十分昂贵的设备。属于经验性的数据，指标过高或无法立刻验证，写得再多也无用。再如，有的条文写了"可以进一步提供卖方的新技术，但费用需另议"，听起来很大方，但实际也是花架子。只有合同条文实际、实用、实惠，文字不晦涩，其条件可执行，这样在以后的执行过程中才顺当方便。

（4）随写随定。

有的人谈判合同条款，喜欢口头来口头去，有时似乎已经达成了协议，约定散会后各自再按会上口头议定的意见起草条款。而当次日双方再谈时，拿出拟好的合同，却常常发现与前一天议定的不一致，就认为对方出尔反尔，没有诚意。然而谈判双方谁也不承认自己出尔反尔，结果闹得很不愉快。实际上，这种情况问题出在条文草拟的程序与方式上，因为口头上的东西，在听的时候有个"理解"的问题，回去后拟成文字有个"表达"的问题。在倾听时，即使意思没有曲解，但形成文字后却难免有误差。所以条款的谈判应该做到内容、用字、表达方式三者统一，这就要采用文字来文字去的谈判方式，如此才能真正体现三者统一的要求。讨论时以文字为依据，反驳时也用文字来修改，随讨论、随写、随定文稿，一气呵成。有的外国商人喜欢让你说，他表示同意了。回去他起草文本，或者在讨论时写成草稿，他回去清稿。对此，谈判者均应该提高警惕，应该提倡由我方起草和清稿，如对方坚持由他起草和清稿，则我方必须严格复核。因为在国际商务活动中，利用"写文本，打字清稿"做小动作的不乏其人。最好的是坚持随写随定，随时清稿，这样既可以节约时间，又可以避免吃亏上当。倘若不能取得起草权，就必须严格审核，一页也不能遗漏。有的项目，往往问题就出在未检查的那页上。例如，我国的一家外贸公司在与某国商人谈判时发现包括法语在内的三种语言的合同文本的交货数量与交货进度不一致，我方的代表在对正文核对后，修正了其中不确切的部分，就认为没有问题了，但漏核了一页附件，结果恰巧纰漏就出在这页附件上，双方闹得很不愉快。像这类事情本来是可以事先防止的，涉外谈判人员均应引以为鉴。

（5）贯通全文。

由于商务谈判常常是商务与技术分别由两个谈判小组负责谈判的，合同文本的撰写绝非一人能独立完成，加之合同条款十分繁杂，所以在结束全部谈判之后，正式定稿之前，应有一项工作程序，即全部文字的审核与检查工作，把合同条文、技术附件从头到尾依次"通读一遍"，从体例、用词用句的规范性、条件的一致性、内容完整性等角度进行审核。在谈判中，经常会发生合同条文与附件的编排、章节、排序用号不一致的情况，使文件显得凌乱，内部条理不清。有的合同句子或用词意思含糊，可能是由于初谈时意见还不成熟，或是出于折衷妥协，还有的合同条款欠缺，如某项引进项目双方忘了讨论"试车用材料的支付方式"，结果在合同中只有试车用材料的金额而无其付款方式。上述情况一旦发生，就会带来损失。总之，合同条款的谈判后由专业人员通览全文有益无害，特别是由水平较高、全面了解项目的人审核，审校的效果会更好。

4. 合同的履行

尽管谈判者对合同做了十分周到的考虑，在细节上做到了完善、全面、准确和严密，然而还必须清晰地认识到在世界上没有一个合同能包罗万象，在合同的执行过程中，总会有一些无法预料的事情发生，这时就要本着"互相了解、互相信任、互惠有利、长期合作"的精神，做好合同的履行工作。在具体处理合同纠纷时，应注意如下几个方面。

（1）要建立项目管理小组来监督合同的履行。

由于在合同履行过程中，双方都有可能发生有意或无意的违约行为，这时项目管理小组就要把发生的违约事件都记载下来，并由对方的项目执行人签字确认，然后到一定时候，再从总体上一揽子解决。有人认为，这种方法有些像算总账，不利于合同的正常履行，他们认为每发生一笔违约就要及时纠正，不然的话问题积得多了，要一起解决很困难。其实，在国际商务活动中，对违反合同的现象采取一笔笔打官司的做法并不是一个好办法，尤其对大型项目的管理来说，更是如此。因为一笔笔打官司，不但要花费大量的时间和金钱，而且还会影响项目进度。由于在合同条款的谈判中，有许多事情是难以准确预测的，因此，当事先没有预料到的事情发生时，每一件都要论理一番，分出谁是谁非，调整价格，追加工作量，或提供相应的技术、设备，这显然是很困难的。项目的进度却被搁了下来，双方的利益都受到了损失。合同签了字并不意味谈判的结束，谈判是自始至终地进行的，问题是需要双方本着合作的精神，采取冷静的态度正确解决的。

（2）尊重外方的专家和工程技术人员。

在合同的履行过程中，要把对方委派的专家、工程技术人员与外国公司的老板区分开来，分别对待。合同的谈判与签约是与外方的经营者进行的，但合同的履行在一定的程度上还有赖于外方委派的专家、工程技术人员来具体实施。有时一份好的合同由于执行者的原因，会出现许多纠纷与麻烦，而一份存在若干不足的合同由于执行者杰出的工作能力可能会得到有效的弥补。所以我们在履行合同的过程中，一定要尊重外方的专家和工程技术人员，与外方专家搞好关系不仅能保证合同的正常履行，而且会给项目带来合同以外的利益。

（3）政府的高层管理人员的重视。

要保证合同如约履行，政府的高层管理人员的重视和适时加入也是十分重要的。虽然我们进行的是商务谈判与合作的经济活动，但由于是跨国的商务活动，能否严格履行合同不仅影响中外双方企业是否能长期合作，而且还会影响中外双方的经济合作关系，严重的还会影响中外两国政府的关系。

（4）严格履行合同。

要从全局的角度来理解，严格履行合同本身就是对国家利益的最大的维护。过去有人存在一个错误观点，认为从国外引进了先进技术，就能消化吸收，在国内广泛推广，其实这是很不正确的。因为这样做，除非是合同中明确写明容许自行推广的，否则就是违反了国际通行的最终用户法，侵犯了外方的权益。在表面上看来我们节省了外汇，让国内的同行享受了国外的先进技术，但实际上会造成更大的损失，使外商在与我国进行技术贸易时抱有戒心，失去兴趣，或者是在对外的谈判中予以限制甚至抬高价格。这种做法是很不妥当的，会把愿意提供技术的外商赶跑，使我方得不到所需的技术。必须指出，严格履行合同才是真正地维护自身的利益，合同的严肃性绝对不能自以为是地予以解释，只有老老实实按合同办事，才能获得外方的信任，进而获得全局的最大利益。

实践训练

1. 创设情境，扮演不同国家代表，模拟商务谈判流程，分组进行演示。
2. 商务谈判人员的心理素质训练。
3. 了解并重视开局陈述的重要性，分组模拟训练如何进行恰当的开局陈述。

巩固练习

一、单选题

1. 为谈判过程确定基调是在（　　　）。

A. 准备阶段　　　　B. 开局阶段　　　　C. 正式谈判阶段　　　D. 成交阶段

2. （　　　）即谈判的最后结束阶段。

A. 准备阶段　　　　B. 开局阶段　　　　C. 正式谈判阶段　　　D. 成交阶段

3. 根据价格分析时划出的价格差距的档次，分别还价的是（　　）。

A. 逐项还价　　　　B. 分组还价　　　　C. 总体还价　　　　D. 美式还价

4. 高调气氛不包括（　　）。

A. 感情攻击法　　　B. 称赞法　　　　　C. 幽默法　　　　　D. 沉默法

5. 谈判中讨价还价集中体现在（　　）。

A. 问　　　　　　　B. 答　　　　　　　C. 叙　　　　　　　D. 辩

二、简答题

1. 商务谈判的基本过程包括哪几个阶段？

2. 作为一名谈判人员，怎样营造谈判初期的良好气氛？

3. 报价的形式、依据、方法有哪些？

4. 买卖双方如何进行讨价还价？

5. 在报价阶段，卖方的报价为什么要尽量提高？

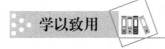

学以致用

华为公司与欧洲电信运营商的 5G 合作协议

背景：

华为公司作为全球领先的通信设备供应商，积极推动 5G 技术在全球范围内的应用。欧洲作为全球经济和技术中心，对于华为公司来说具有极其重要的战略意义，华为公司需要与欧洲电信运营商建立合作关系，以推广其 5G 解决方案并扩大市场份额。

谈判双方：

甲方：华为技术有限公司（中国）

乙方：欧洲某大型电信运营商（为简化案例，具体公司名称暂不提及）

谈判过程：

1. 初步接触与市场调研：华为公司团队对欧洲市场进行了深入的市场调研，分析了潜在合作伙伴的需求和偏好。通过初步接触，双方表达了合作意向，并决定进行更深入的谈判。

2. 技术展示与产品介绍：华为公司在谈判中详细展示了其 5G 技术的优势和特点，包括高速率、低时延、大连接等。华为公司还介绍了其端到端的 5G 解决方案，包括基站、核心网、终端等。

3. 商业条款协商：双方就产品价格、供货周期、售后服务等商业条款进行了深入的协商。华为公司提供了灵活的商业模式和定制化的解决方案，以满足合作伙伴的特定需求。

4. 法律与合规问题讨论：鉴于国际政治和经济环境的复杂性，双方就合规问题进行了详细讨论。华为公司强调其遵守国际贸易规则和各国法律法规的承诺，并提供了相应的合规证明文件。

5. 长期合作规划：双方就未来的长期合作进行了规划，包括共同研发、市场拓展等方面。华为公司表示愿意与合作伙伴建立稳定的战略合作关系，共同推动 5G 技术在欧洲的发展。

谈判结果：

经过多轮深入的谈判和协商，华为公司与欧洲电信运营商达成了 5G 合作协议。协议包括了产品供应、技术服务、市场推广等多个方面。这一协议的签订为华为公司在欧洲市场的进一步拓展奠定了坚实的基础。

总结与启示：

1. 在国际商务谈判中，深入了解对方需求和偏好至关重要。华为公司通过市场调研和初步接触，准确把握了欧洲电信运营商的需求，为后续的谈判奠定了良好的基础。

2. 提供专业的产品展示和解决方案能够增强对方的信心和合作意愿。华为公司通过展示其 5G 技术的优势和特点，成功赢得了合作伙伴的认可。

3. 灵活的商业模式和定制化的解决方案有助于满足合作伙伴的特定需求。华为公司通过提供个性化的商业方案，成功达成了合作协议。

4. 遵守国际贸易规则和各国法律法规是国际商务谈判的重要前提。华为公司在谈判中强调其合规承诺，为合作的顺利进行提供了保障。

5. 建立长期合作关系是国际商务谈判的重要目标之一。华为公司通过与欧洲电信运营商共同规划未来合作方向，为双方的长期合作奠定了坚实的基础。

拓展阅读

原则底线决不让步

2019 年 5 月 10 日起，美方启动对 2 000 亿美元中国输美商品加征 25% 的关税。当天在华盛顿结束的第十一轮中美经贸高级别磋商传递出中方一贯而坚定的立场：加征关税解决不了问题，合作是中美唯一正确选择，但合作是有原则的，在重大原则问题上中方决不让步。

"此次美方提出的要求涉及中方核心利益和重大关切，这是底线，决不能让步。"中国国际经济交流中心副理事长魏建国说。一份成功的协议必须确保双方都能大部分满意，彼此都要妥协让步。但让步不是没有原则和底线的，谈判前应设置己方的谈判底线。如果仅仅一方满意，而另一方的关切未被尊重或照顾，这样的协议即便达成，执行起来也不会长久甚至会被推翻。

面对美方加税威胁，中方坚守底线，捍卫国家尊严，维护人民利益，展现出大国风范。加征关税不得人心，违背时代潮流，中国有决心、有底气、有信心应对一切挑战。

资料来源：毕思勇，赵帆. 商务谈判［M］. 北京：高等教育出版社，2021.

第4章　商务谈判礼仪

学习目标

> **知识目标：**
> 通过本章教学，使学生理解礼仪与商务谈判礼仪的概念与特点；了解商务谈判礼仪的基本原则；掌握女士与男士在商务谈判中着装的要点；掌握接待过程中的迎接礼仪、介绍礼仪等；掌握信函礼仪与电话礼仪。
>
> **能力目标：**
> 通过本章的技能训练使学生掌握商务谈判过程中不同场合的礼仪与礼节，了解世界各国日常交往的禁忌及主要习俗等，以便谈判双方沟通顺畅，增进彼此的感情，从而有利于谈判的顺利进行。
>
> **素养目标：**
> 坚持知识传授与价值引领相结合，培养学生正确的理想信念、价值取向、政治信仰以及社会责任感，引导学生爱祖国、爱人民，弘扬中华优秀礼仪文化，坚定文化自信。

导入案例

　　小张是一家物流公司的业务员，对公司的业务流程很熟悉，对公司的产品及服务的介绍也很得体，给人感觉朴实又勤快，在业务人员中其学历是最高的，可是他的业绩总是上不去。小张自己非常着急，却不知道问题出在哪里。小张从小有着大大咧咧的性格，不爱修边幅，头发经常是乱蓬蓬的，双手指甲也不修剪，身上的白衬衣常常皱巴巴的并且已经变色了，他喜欢吃大饼卷大葱，吃完后却不漱口除异味。小张的大大咧咧能被生活中的朋友所包容，但在工作中常常过不了与客户接洽的第一关。其实小张的这种形象在与客户接触的第一时间已经给人留下了不好的印象，让人觉得他是一个对工作不认真、没有责任感的人，因此小张通常很难有机会和客户进一步的交往，更不用说成功地承接业务了。

　　问题： 小张应如何注重并改进自己的形象？

4.1　商务谈判礼仪概述

商务谈判是交易双方为了各自的目的就一项涉及双方利益的标的物进行洽商，最终消除分歧、达成协议、签订合同的过程。商务谈判要面对的谈判对象来自不同国家或地区，每个国家或地区的政治经济制度不同，有着迥然不同的历史、文化传统和风俗习惯，谈判者的文化背景、价值观念和逻辑思维方式也存在着明显的差异，因此，商务谈判的风格也各不相同。在涉外商务谈判中，如果不了解这些不同的谈判风格，就可能产生误解，轻则引起笑话，重则可能失去许多谈判成功的契机。礼仪在商务谈判中占有十分重要的地位。在谈判中以礼待人，不仅体现着自身的教养与素质，而且还会对谈判对手的思想、情感产生一定程度的影响，是每个谈判者必须掌握和遵守的规则。

4.1.1　礼仪与商务礼仪

礼仪是指在人际交往中，自始至终以一定的、约定俗成的程序、方式来表现的律己、敬人的完整行为。所谓商务礼仪，是指在长期的商务谈判交往中，为迎合文化的适应性而形成的一系列行为或活动的准则。商务礼仪的核心是一系列行为准则，用来约束我们日常商务活动的方方面面，其作用是为了体现人与人之间的相互尊重。我们也可以用一种简单的说法来概括商务礼仪，即它是商务活动中对人的仪容仪表和言谈举止的普遍要求。

商务礼仪虽然理解起来相对容易，但真正掌握起来却很难。之所以说它容易理解，是因为商务礼仪并没有什么高深的、难于理解的理论，它是在我们的日常商务活动中，经过长期的积累及总结，达成了共识的一种行为准则；而说它难以掌握，是因为商务礼仪贯穿在我们日常工作生活的方方面面，有时候虽然知道怎么做，但在具体实践中却往往疏忽或者运用起来显得很不自然，因此，要掌握良好的商务礼仪，需要我们长期不懈的努力。商务礼仪是人们在商务运作中必须遵循的礼节，是通向现代市场经济的"通行证"，它对促进商务活动的顺利开展有着重要的作用。商务礼仪主要包括商贸活动中接待、拜访、洽谈、签约以及庆典等方面的内容。

商务礼仪具有明显的自身特点，主要表现如下。

1. 从礼仪的范围看，商务礼仪具有规定性

商务礼仪的适用范围，是指从事商品流通的各种商务活动，凡不参与商品流通的商务活动，都不适用商务礼仪。

2. 从礼仪的内涵看，商务礼仪具有信用性

要从事商务活动，双方都要有利益上的需求，而不是单方面的利益需求，因此，在商务活动中，诚实、守信非常重要。所谓诚实，即诚心诚意参加商务活动，力求达成协议。所谓守信，就是言必信，行必果。签约之后，一定履行，如果实在出了意外，而不能如期履行，那么应给对方一个满意的结果来弥补。

3. 从礼仪的行为看，商务礼仪具有时机性

商务活动的时机性很强，有时时过境迁，就会失去良机；有时在商务活动中，说话做事恰到好处，问题就会迎刃而解；有时商务从业人员坚持"不见兔子不撒鹰"，对方也可能被拖垮，从而失去了一次成功的机会。

4. 从礼仪的性质看，商务礼仪具有文化性

商务活动虽然是一种经济活动，但是商务活动中文化含量较高，商务从业人员要体现文明礼貌、谈吐优雅、举止大方的风貌，必须不断提高自身文化素质，从而在商务活动中表现得文明典雅、有礼有节。

4.1.2　商务礼仪的基本原则

在商务谈判中礼仪非常重要，甚至可以说关系到商务谈判的成功，因此，商务谈判中礼仪的一些基本原则是非常重要的，应该引起我们的重视。

1. 相互尊敬原则

"人敬我一尺，我敬人一丈。"尊敬是礼仪的情感基础。在当今人际交往中，人与人是相互平等的，无论职务高低、年龄长幼，人没有贵贱之分。尊敬领导、尊敬长辈、尊敬客户、尊敬宾朋不但不卑下，而且是一种讲究礼仪的表现。只有尊敬对方，才能获得对方的尊敬。只有相互尊敬，才能建立和保持和谐愉快的人际关系，才会给事业上的合作提供良好的基础。所谓和气生财，就是这个道理。

以礼待人还是一种自重的表现，任何时候都应该以礼待人、以理服人。

谈判礼仪案例

邓小平"客随主变"

邓小平同志素有吸烟的习惯，而且习惯先点燃一支烟再与他人交谈。1985 年 9 月 20 日上午，邓小平同志会见新加坡当时的总理李光耀先生，在会客厅，当工作人员把香烟递给他时，他断然拒绝说："烟，今天不吸了。"在座的人惊奇地问："今天为什么不吸烟了？"邓小平回答说："李光耀总理闻不得烟味。"原来，这是他 1978 年访问新加坡时知道的。当时，他拜会李光耀总理和李光耀总理回拜他时，他都没有抽烟，并且风趣地说："客随主'变'嘛"！从这件小事中，我们看到了邓小平同志尊重宾客的风俗习惯和平等待人的良好修养，也是涉外礼仪的基本要求。

资料来源：潘肖珏，谢承志. 商务谈判与沟通技巧［M］. 上海：复旦大学出版社，2016.

2. 入乡随俗原则

商务谈判是不同国家不同文化间的商业活动，谈判者来自不同的国家，有着不同的政治背景、宗教信仰、文化背景、风土人情和风俗习惯，我们要真正做到尊重交往对象，就必须了解和尊重对方所独有的风俗习惯。

首先，我们应该了解民族禁忌。世界上许多民族都有自己的禁忌，如通常美国人不吃大蒜，俄罗斯人不吃海蜇、墨鱼，英国人不吃狗肉和动物的内脏，日本人不吃皮蛋等。其次，我们应该了解宗教禁忌。在所有的禁忌中，宗教方面的饮食禁忌最为严格，而且绝对不容许有丝毫违犯。如穆斯林忌食猪肉、忌饮酒，印度教徒忌食牛肉，犹太教徒忌食非反刍动物等。最后，对于不同地区、不同国度具体的、特殊的民俗与禁忌也应了如指掌，以便分别对待。

3. 谦虚适度原则

在商务谈判中，要做到不卑不亢，不过分抬高自己，但也绝对没有必要妄自菲薄。谦虚适度原则就是要把握好各种情况下的社交距离及彼此间的感情尺度，也就是说待人既要彬彬有礼，又不低三下四；既要殷勤接待，又不失庄重；既要热情大方，又不轻浮谄谀。比如说和谈判对象握手时，毫不用力，对方会产生一种被冷淡或不被重视的感觉；用力过大，对方会觉得你粗俗；只有用力适中，对方才会觉得你热情真诚。

4. 尊重隐私原则

在商务谈判中，一定要把尊重隐私作为商务礼仪的一项原则来看待。在和别人交谈与沟通时，我们要主动回避与隐私相关的问题。但是"十里不同风，百里不同俗"，在国际商务谈判中，各国的文化和习俗差异很大，关于隐私的理解也大不一样，只有明白什么是隐私才能把握好分寸，充分做到尊重他人的个人隐私，也保护好自己的隐私。一般来说，在对外交往中不要涉及与收入、年龄、健康、婚姻、信仰和政见等相关的话题，这些都属于隐私的范畴。比如说年龄，大家都知道女孩子特别忌讳，其实，不仅仅女孩子如此，西方国家的老年人也特别忌讳，因为"老"在西方是"没用"的意思，是被社会淘汰的意思，这与我们中国人尊老敬老，老年人喜欢说自己"老"的习惯完全相反。

5. 注意细节原则

俗话说"细节决定成败"。在国际商务谈判中，一定要时刻注意自己的言行，有时候由于自己的不良生活习惯而引起客户的反感，从而导致谈判失败，这就很可惜了。

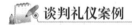 **谈判礼仪案例**

谈判礼仪之沟通

有一位英国青年，他很有经商头脑。年轻时便初露锋芒，所以被一家跨国公司录用，在短短的三个月里，这位青年便坐上了公司经理的交椅，他的确很幸运。但人无完人，他目中无人，桀骜不驯，以至于最能容忍属下犯错的公司董事长也无法再容忍，最后不得不将他解雇。

洛克菲勒曾说过："沟通是什么？沟通是人们掌握自己命运的必要手段。"由此可见，沟通在我们的生存竞争中占有举足轻重的地位。

资料来源：经典商务谈判案例分析。https://www.haoword.com/syfanwen/qitafanwen/1579140.htm

4.2　着装礼仪

着装礼仪在商务谈判中非常重要，得体的着装，不仅体现着个人的仪表美，而且还是对他人的尊重，直接影响着谈判的成败。在商务谈判中，一般要求谈判人员着装传统、庄重、高雅。

4.2.1　着装的原则

"人靠衣裳马靠鞍。"与人交往，我们首先注重的是人的着装。一件漂亮的衣服，穿在不同的人身上，其效果和感觉并不相同。得体的着装与仪表是有着紧密联系的。商务人士在着装时应遵循以下几个原则。

1. 不盲目追求潮流或模仿

现代人容易受潮流的影响，经常为了追求时尚而忽视了自己的职业与身份。时装设计师们为了刺激大众的购买欲望，每年都推出各式新款时装，这些时装或许是很出色的晚装、舞台装，却未必是合适的职业装。再者，一个人的身材、五官、气质不同，着装风格也不会相同，穿在别人身上漂亮得体的服装，穿在自己身上可能不合适。有的人发现自己的同事、朋友买了一件衣服穿着很漂亮，也马上效仿买一件。有的人发现某歌星、影星穿了一件衣服很新颖，也马上效仿买一件，但穿在自己身上未必好看。

2. 着装应与自身条件相适应

选择服装首先应该与自己的年龄、身份、体形、五官、性格和谐统一。就形体条件而言，一般来说，身材矮胖、颈粗圆脸的人，宜穿深色低"V"字形或大"U"字形领服装；而身材瘦长、颈细长、长脸形的人宜穿浅色、高领或圆形领服装；方脸形者则宜穿小圆领或双翻领服装；身材匀称，形体条件好的人，着装范围则较广。

3. 着装应与职业、场合、交往目的和对象相协调

着装要与职业、场合相宜，这是不可忽视的原则。在正式社交场合中，着装宜庄重大方，不宜过于浮华；参加晚会或喜庆场合，服饰则可明亮、艳丽些；节假日休闲时间着装则可以随意、轻便些。

4.2.2　女士着装

裙式套装被公认为是职业女性最恰当的职业装，这几乎成了一项不成文规定。裙式套装既不失女性本色，又能切合庄重与大方的原则。一般来说，在国际商务谈判中，女士着装要注意以下几点。

1. 避免过分前卫的服饰

在国际商务谈判中，女士要显得稳重大方，不能穿花哨、夸张的服装，也不要过于追求流行的服饰，尤其是怪异的装扮。

2. 避免极端保守的服饰

太过保守的着装会使人显得呆板，因此，可以在套装上配饰、点缀一些小饰物，使其免于呆板之感；也可以将几组套装进行巧妙的搭配，这样既不显得呆板，又符合经济节约的原则。

3. 坚持"品质第一"的原则

"品质第一"就是说职业女性在选择套装时要讲究质料，所谓质料是指服装采用的面料、裁剪、做工和外形轮廓等是否精良。

4. 忌穿过分性感或暴露的服装

过分性感或暴露的服装可能会给人以轻浮、不稳重的感觉，给人留下"花瓶"的印象。

5. 注意"整体美"

职业女性还必须注意，除了穿着注意考究以外，从头至脚的整体装扮也应强调"整体美"，比如发型、佩饰、鞋袜、挎包等要与服装相协调，颜色要搭配。一般来说，着装配色和谐要注意三点：一是上下装同色，即套装，以饰物点缀；二是同色系配色，运用同色系中深浅、明暗度不同的颜色搭配，整体效果比较协调；三是对比色搭配，即运用明亮度对比或相互排斥的颜色对比，会产生相映生辉、令人耳目一新的效果。

4.2.3　男士着装

在国际商务谈判中，西装是男士最理想的职业装，它美观大方，穿起来稳重、潇洒，因此，男士在国际商务谈判中一般应穿西装。

1. 西装的选择

（1）面料。

西装属于礼服，一般要求在正式场合穿，因此，对西装面料的要求也比较高。高档西装应选用纯毛料或含毛量较高的面料，这类面料厚重、舒软、有弹性。

（2）颜色。

世界公认的商界人士西装的颜色是藏蓝色。另外，也可以选择浅灰色（适合年轻人穿）和深灰色（适合年长的人穿）。

（3）图案。

西装面料一般宜选择无图案面料，有时也可选择带隐形细竖条的面料。花点、方格等图案不宜选择，只适合用于休闲西装。

（4）款式。

西装款式有欧式、英式、美式、日式四种。在我国商界，则习惯将西装款式分为双排扣和单排扣两种。双排扣又分为四粒扣和六粒扣，单排扣又分为两粒扣和三粒扣等。

2. 西装的穿着

西装是一种国际性服装，在穿着上有一套约定俗成的规范和要求，若穿着不当，不仅影响自己的形象，对别人也是一种失礼行为。男士穿西装时必须注意以下问题。

（1）西装的长度。

西装的上衣长度包括衣长和袖长。衣长应该在垂下手臂时衣服下沿与虎口处相齐，袖长应在距手腕处 1~2 cm 为宜。西装穿着后，其前襟和后背下面不能吊起，应与地面平行。裤子长度以裤脚接触脚背为宜。

（2）西装的领子。

西装的领子有枪驳头和平驳头之分，应根据脸型和西装款式选择。穿着后西装的领子应紧贴衬衣领，并低于衬衣领约 1 cm。这样，一是可起到保护西装领子的作用，二是可显示出穿着的层次。

（3）西装的扣子。

双排扣西装应将扣子全部扣上；两粒扣西装扣上边的一粒，三粒扣西装扣中间的一粒；休闲西装一般不扣扣子。

（4）西装的口袋。

西装上衣胸部的口袋是放折叠好的装饰手帕的，其他东西不宜装入。两侧的衣袋也只作装饰用，不宜装物品。物品可装在上衣内侧衣袋里。裤子两边的口袋也不宜装东西，以求裤型美观。

（5）巧配衬衣。

在正式场合穿西装，内应穿单色衬衣，最好是白色衬衣。衬衣的领子大小要合适，领头要挺括、洁净，衬衣的下摆要塞在裤子里。领口的扣子要扣好，若不系领带时应不扣。衬衣内一般不穿内衣，若要穿，也应注意从衬衣外看不出穿了内衣。

（6）选配领带。

在正式场合穿西装一定要打领带，选择领带除了要注意质地、款式、色彩、图案外，还要注意系法。领带系好后，领带结大小要适中，造型要漂亮。领带的长短要得当，其最佳长度是领带的大箭头应正好抵达腰带扣，过短、过长都不雅观。另外，领带的颜色不宜太跳，应尽量与衬衣和西服颜色协调。如是多色领带，尽量不要超过三种颜色。

（7）袜子和鞋。

袜子的颜色应以深色为主，也可与裤子或鞋的颜色相同，不宜穿白袜子，最好穿纯棉黑袜，无光感，不宜穿尼龙丝袜。鞋子要穿皮鞋，最好是牛皮鞋，而且光感、硬度要好，不宜变形。休闲鞋不适合与西装配套。皮鞋的颜色最好为黑色。在正式场合穿的皮鞋，应当没有任何图案和装饰。打孔皮鞋、拼图皮鞋、带有文字或金属扣的皮鞋均不应考虑。

（8）配备公文包。

公文包被称为"移动式办公桌"，是男士外出办公不可离身之物。对穿西装的男士而言，外出办事时如果不带公文包，会使其神采和风度大受损害。公文包多以牛皮、羊皮为佳，其颜色以黑色或深色为主，最好与皮鞋的颜色一致。最标准的公文包是手提式的长方形公文包，箱式、夹式、挎式、背式等都不太适合。

（9）其他注意事项。

男士着装除了上述基本要求之外，还要注意：购买西装后要拆除衣袖上的商标；穿后要熨烫平整再挂起来；穿时不要挽起袖子；尽可能不穿羊毛衫，即使穿，也不要穿带图案的羊毛衫，而且羊毛衫颜色要与西装协调。

谈判礼仪案例

着装随便导致商务谈判失败

中国某企业与德国一公司洽谈割草机出口事宜。按礼节，中方提前五分钟到达了公司会议室。客人到后，中方人员全体起立，鼓掌欢迎。不料，德方人员脸上不但没有出现期待的笑容，反而均表现出一丝不快的表情。更令人不解的是，按计划一上午的谈判日程，德方半小时便草草结束，匆匆离去。事后我方了解到，德方之所以提前离开，是因为中方谈判人员的穿着。德方谈判人员中男士个个西装革履，女士个个都穿职业套装，而中方谈判人员除经理和翻译穿西装外，其他人有穿夹克衫的，有穿牛仔服的，有一位工程师甚至穿着工作服。德国是个重礼仪的国家，在德国人眼里，商务谈判是一件极其正式和重大的活动，认为中国人穿着太随便说明了两个问题：一是不尊重他人；二是不重视此活动。所以觉得既然你既不尊重人，又不重视事，那就没有必要谈了。

资料来源：白远，国际商务谈判——理论案例分析与实践 [M]. 北京：中国人民大学出版社，2017.

4.3　接待礼仪

4.3.1　迎接礼仪

迎来送往是商务接待活动中的重要环节，是表达主人情谊、体现主人礼貌素养的重要方面。尤其是迎接，是给客人留下良好第一印象的重要工作。迎接客人要有周密的布署，应注意以下事项。

1. 接待规格要恰当

对前来访问、洽谈业务、参加会议的外国、外地客人，应首先了解对方到达的车次、航班，安排与客人身份、职务相当的人员前去迎接。若因某种原因，相应身份的主人不能前去迎接，前去代为迎接的人应向客人作出礼貌的解释。

2. 礼貌待人

主人到车站、机场去迎接客人，应提前到达，恭候客人的到来，决不能迟到让客人久等。接到客人后，应首先问候"一路辛苦了""欢迎您到我们公司"等。然后向对方做自我介绍，如果有名片，可递给对方。

3. 服务周到

迎接客人应提前为客人准备好交通工具，不要等客人到了才匆忙准备。主人应提前为客人准备好住宿，帮客人办理好手续并将客人领进房间，同时向客人介绍住处的服务、设施，将活动的计划、日程安排交给客人，并把准备好的地图或旅游图、名胜古迹介绍材料等送给客人。将客人送到住地后，主人不要立即离去，应陪客人稍作停留，热情交谈，谈话内容要让客人感到满意，比如客人参与活动的背景材料、当地风土人情、有特点的自然景观等。考虑到客人一路旅途劳累，主人不宜久留，让客人早些休息。分别时将下次联系的时间、地点、方式等告诉客人。

4.3.2　介绍礼仪

介绍一般是双方主谈人各自介绍自己小组的成员。顺序是女士优先，职位高的优先。称呼通常为"女士""小姐""先生"，对一般男子用"先生"，对未婚女子用"小姐"，对已婚女子用"女士"，对有头衔的则应冠以头衔，也可用职称或职务替代。

中国人有一个称呼叫"同志"，翻译成英语是"comrade"，在西方的某些国家，这个词的意思是"同性恋"，所以为避免误会，在商务谈判中应禁用此词。

4.3.3　握手礼仪

握手是中国人最常用的一种见面礼，也是国际上通用的礼节。握手貌似简单，但这个小小的动作却可能关系着个人及公司的形象，影响谈判的成功。

1. 正确的握手方式

在问候前，双方各自伸出右手，彼此之间保持一步左右的距离，手略向前下方伸直，双手平行相握，同时注意上身稍向前倾，头略低，面带微笑地注视对方的眼睛，以示认真和恭敬。握手时不可东张西望或面无表情。东张西望显示心不在焉，面无表情显示不友好，二者都缺乏对别人的尊重。

📖 **知识链接**

> 伸手的先后顺序：职位高者优先；长辈优先；女士优先；主人优先。

2. 握手的禁忌

（1）不能用左手。在很多国家，用左手握手或递给别人名片被认为是不礼貌的行为。

（2）一般不戴手套握手。按国际惯例，身穿军服的军人可以戴手套与人握手，地位高的人或女士可以戴手套与人握手。

（3）握手时眼睛要注视对方，不可东张西望。

（4）握手的力度要适中。如果是一般关系或初次见面，只需稍用力握一下即可，如果关系密切，双方握手时则可略用力，并上下轻摇几下。

（5）握手的时间以 2~3 秒为宜，男士与女士握手时，注意时间不宜过长。

（6）当别人伸出手来时，切忌迟迟不伸手。

当然，在有些国家见面时并不握手，譬如日本常采用鞠躬的方式，泰国采用双手合十的方式，法国人常用亲吻的方式，拉丁人不仅亲吻而且拥抱，男士亲吻女士，女士亲吻女士，但男士不能亲吻男士。而在大多数非洲国家中，习惯用身体打招呼，即长时间地把手放在客人的肩上。至于选择采用何种见面礼仪，应视不同文化而定，要入乡随俗。

📝 **谈判礼仪案例**

左手引起的麻烦

国内某厂长去广交会考察，恰巧碰上出口经理和阿联酋客户在洽谈。见厂长来了，出口经理忙向客户介绍，厂长因右手拿着公文包，便伸出左手握住对方伸出的右手。谁知刚才还笑容满面的客人忽然笑容全无，就座后也失去了先前讨价还价的热情，随后便声称有其他约会，匆匆地离开了。因为，在伊斯兰国家，左手是不能用来做签字、握手、拿食物等事情的，否则会被看作是粗鲁的表现。这次商务谈判失败，就是因为厂长不了解这一文化差异导致的。

资料来源：瑞文网，商务礼仪在商务谈判中的重要性。2022 年 4 月 21 日，https://www.ruiwen.com/liyichangshi/4976218.html

4.3.4　乘车礼仪

在涉外接待中，如遇乘车，则必须明白上下车的先后顺序和座位的尊卑。一般来说，座位的尊卑以座位的舒适性和上下车的方便性为标准。各种车辆座位的尊卑如下。

1. 小轿车

（1）如有司机驾驶时，以后排右侧为首位，左侧次之，中间座位再次之，前排右侧为末席。

（2）如果由主人亲自驾驶，以驾驶座右侧为首位，后排右侧次之，后排左侧再次之，后排中间座为末席。

（3）主人夫妇驾车时，则主人夫妇坐前座，客人坐后座，男士宜开车门让女士先上车，然后自己再上。

2. 越野吉普车

越野吉普车功率大，底盘高，安全性也较高，但通常后排比较颠簸，而前排副驾驶的视野和舒适性最佳，因此越野吉普车无论是主人驾驶还是司机驾驶，都应以前排右座为尊，后排右侧次之，后排左侧为末席。上车时，后排位低者先上车，前排尊者后上。下车时前排客人先下，后排客人再下。

3. 商务旅行车

在接待团体客人时，多采用商务旅行车。此类汽车上座位的确定，一般考虑乘客的乘坐舒适性和上下车的便利性。因此，商务旅行车以司机座后第一排靠近车门的位置即前排为尊，后排依次为小。其座位的尊卑，依每排右侧往左侧递减。

4.3.5 谈判座次礼仪

1. 座次排序的基本原则

在国际商务谈判中，座次的排序非常重要，一般情况下，座次排序的基本原则如下。
（1）以右为上，遵循国际惯例。
（2）居中为上，中央高于两侧。
（3）前排为上，适用所有场合。
（4）以远为上，远离房门为上。
（5）面门为上，良好视野为上。

2. 商务谈判的座次安排

下面分别就双边谈判和多边谈判两种情况作以下介绍。
（1）双边谈判的座次安排。
①使用长桌或椭圆形桌，宾主分坐于桌子两侧。
②若谈判桌横放，面门位置属于客方，背门位置属于主方。
③若谈判桌竖放，以进门方向为准，右侧为客方，左侧属主方。
④谈判时，主谈人应在自己一方居中而坐，其他谈判人员遵循右高左低的原则，按照职位的高低自近而远地在主谈人两侧就坐。
⑤翻译人员就坐于仅次于主谈人的右边位置。

按谈判桌横放、竖放的不同，商务谈判座次安排如图4-1、图4-2所示。

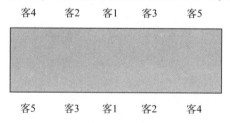

图4-1　谈判桌横放座次安排

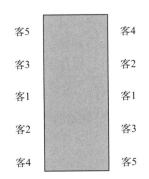

客5	客4
客3	客2
客1	客1
客2	客3
客4	客5

图 4-2　谈判桌竖放座次安排

（2）多边谈判的座次安排。

参加谈判的各方自由落座。面对正门设主位，发言者都去主位发言，其他人面对主位，背门而坐。

4.4　交谈礼仪

交谈是国际商务谈判中的主要活动，要想圆满完成谈判活动，遵守交谈礼仪具有十分重要的作用。

4.4.1　基本原则

一般来说，在国际商务谈判中，要遵守以下交谈礼仪的原则。

1. 态度诚恳，尊重对方

诚恳是做人的美德，也是交谈的原则。谈判双方态度诚恳、坦诚相见，才有融洽的谈判气氛，才能奠定良好的谈判基础。双方只有用自己的真情激起对方感情的共鸣，谈判才能取得满意的结果。

在谈判活动中，只有尊重对方、理解对方，才能获得对方的尊重和信任。因此，谈判人员在谈判之前，应当调查研究对方的心理状态，考虑和选择对方容易接受的方法和态度；了解对方讲话的习惯、文化程度、生活阅历等因素对谈判可能造成的种种影响，多手准备，有的放矢。此外，谈判时应当注意，说和听是相互的、平等的，双方发言时都要掌握各自所占有的时间，不能出现一方独霸的局面。

2. 谈吐自信，谦逊有礼

商务谈判时要自然，讲话要充满自信，对于拿不准的话不要说，不利于自己的话不要说，以免授人以柄。态度要和气，要谦逊有礼。讲话要与人为善，不要恶语伤人，内容一般不要涉及不愉快的事情，言谈用词要文雅，杜绝蔑视语、烦躁语、斗气语。有些话，意思差不多，换一种说法给人的感觉就会完全不一样。

3. 语言得体，注意技巧

语言表达要得体，手势不要过多，语速不要太快，声音大小要适当、语调应平和沉稳。一般来说，声音大小要让全场参与者听得见，声音有强弱变化；讲话速度快慢适中，重要地方应放慢语速；音调变化要根据内容调整，有高昂、有低沉，并配合面部表情；有时使用短暂的顿挫可促使听者期待或思考；措辞要通俗易懂，深入浅出，避免粗俗或咬文嚼字；逻辑顺序要合理，不要颠三倒四。

4.4.2 谈判艺术

1. 聆听的艺术

善言能赢得听众，善听能赢得朋友。谈判时，每个人既是言者，又是听者。耐心倾听对方的谈话、目光关注着对方，不轻易打断对方，必要时及时予以回应，不要烦躁。

2. 讲话的艺术

谈话要有幽默感，通过语言的反常组合可构造幽默意境，从而营造活跃的谈判气氛，调动对方的积极性；用委婉含蓄的方式提及令人不悦的内涵，在某些语境下可用模糊语言传递信息，回避一些棘手问题；谈判出现僵局时，要善于提出诱导性和启发性的话题，打破沉默，继续谈判。

3. 拒绝的艺术

商务谈判中，经常会出现拒绝对方的建议或提案的情况，最佳处理方式是不直接说"不"，而是通过倾听+沉默、诱导否定、委婉拒绝等方法加以否定。

（1）倾听+沉默。

倾听是对对方的尊重，沉默作为面部表情的一种，往往包含着许多令人难以琢磨的信息和情感。在商务谈判中，沉默是一种艺术，并不一定是一种消极行为，正所谓"此时无声胜有声"。有一个典型案例是：一个美国公司的人员和一个日本公司的人员在谈判，美国公司的人首先报出了产品的价格，日本公司按照自己国的习惯沉默了半分钟。美国公司对这种沉默感到不安，以为日本公司觉得报价太高，于是就主动降低了价格。日本公司对此既高兴又迷惑不解，因为他们本来是准备接受原来的报价的。由此可见，沉默作为一种非语言交际形式，在商务谈判中有时会达到意想不到的效果。

（2）诱导否定。

在商务谈判中，对于对方的提议不要马上否定，而是先讲一些理由，提出一些条件或反问一些问题，诱使对方自我否定，从而达到了拒绝对方的目的。同时也使对方认识到自己提议的不成熟，接下来往往会使对方按照自己的思路来思考问题，进而接受我方的提议。

（3）委婉拒绝。

委婉拒绝的艺术在于把由于拒绝而带来的不快和失望，控制在最小限度以内。有时候，我们可以采用"是，然而……"的方式委婉地拒绝对方。这样做表面看起来没有直接拒绝对方，给对方留足了面子，而我方又提出了一些限制性条件，看起来更像是有条件的接受，这样，既表明了我方谈判的诚意，又迫使对方作出更大的让步。

4.5 宴请礼仪

在正式的商务谈判中，往往中间会涉及商务宴请，应该注意一些宴请的礼仪问题。

4.5.1 宴会的种类

商务用餐的形式分成两大类，一类是比较自由的自助餐或自助酒会；另一类是比较正式的宴会，就是商务宴会。

1. 自助餐和酒会

自助餐和酒会有自己的特点，它不像中餐或者西餐的宴会，大家分宾主入席，直接就开始用餐，而是一般会有嘉宾或者主办方即席发言。在嘉宾发言的时候，我们应该尽量暂停手中的一切活动，如果正在取餐或进餐，应该暂停。

📖 **知识链接**

> 通常自助餐和酒会不涉及座次的安排，大家可以在餐厅内来回走动。在和他人进行交谈时，应该注意尽量停止咀嚼口中的食物。公司采用商务自助餐或酒会这种宴请形式，体现了公司的勤俭节约，在用餐时，要注意避免浪费。

2. 商务宴会

商务宴会一般分为中式宴会和西式宴会两种形式。

在国际商务谈判中，两种形式的宴会都会遇到，都是比较正式的宴会形式，是我们要重点掌握的礼仪，下面就以商务宴会为例来介绍宴请礼仪的基本常识。

4.5.2 座位的礼仪

商务宴会，主人必须安排客人的座位，不能以随便就座。下面分别就中餐和西餐宴会的座位礼仪进行介绍。

1. 中式宴会的座位礼仪

具体来说，座位的礼仪包括桌次顺序和每桌座次的安排。

（1）排序基本原则。

①面门为上，以远为上。即以正对门，远离门为上座。

②居中为上，居右为上。即中间最尊，右边次之，左边再次之。

③靠墙为上，开阔为上。即以背靠后墙和视野开阔为尊。

（2）桌次顺序。

一般的小型宴会，如果只有一张圆桌，自然无桌次顺序的区分，但如果宴会规模较大，有两桌或两桌以上时，则要定位，定位的原则如下。

①以背对饭厅或礼堂为正位，以右旁为尊，左旁为卑。

②如果有三桌，则以中间为尊，右旁次之，左旁为卑。

③如果有三桌以上，以主桌位置作为基准，同等距离，右高左低，同一方向，近高远低。

（3）座次排序。

①面门居中位置为主位，由主人中地位最高者即主陪入座。

②越接近首席，一般位次越高。

③其他宾客按照同等距离，按右高左低的顺序入座。

（4）主客座次。

①一位主人作陪。宴请时主要是照顾好主宾。主人坐主位，主宾坐主位右手位置。其他的随行人员和宾客可以对面坐也可以交错坐，如图4-3所示。

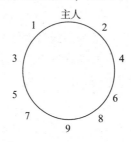

图4-3　一位主人作陪的座次

②两位主人作陪。此时主位为面门位置，副主位为背对入口位置。1号、3号客人分别坐在主位右手和左手，2号、4号客人分别坐在副主位右手和左手，其他客人位置类推，如图4-4所示。

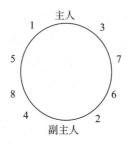

图4-4　两位主人作陪的座次

2. 西餐宴会的座位礼仪

（1）西餐座次原则。

①女士优先，女主人坐第一主位，男主人坐第二主位。

②恭敬主宾，主宾靠近主人，副主宾靠近副主人。

③以右为尊，男主宾坐于女主人右侧，女主宾坐于男主人右侧。

④距离定位，其他客人距主位越近，地位越高。

⑤面门为上，面对门口座位高于背对门口座位。

⑥交叉排列，男与女交叉落座，生人与熟人交叉落座。

（2）西餐座次排序。

①餐桌横放时的座次排序，如图4-5所示。

图 4-5　餐桌横放的座次

②餐桌竖放时的座次排序，如图 4-6 所示。

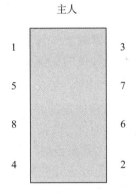

图 4-6　餐桌竖放的座次

知识链接

餐桌礼仪

在商务宴会中，餐桌上有许多应注意的礼仪，必须谨记。

（一）就座和离席

1. 应等长者坐定后，方可入座。

2. 应等女士坐定后，方可入座。

3. 坐姿端正，与餐桌保持适当的距离，脚踏在自己座位下，不可任意伸直，不得将手放在邻座椅背上。

4. 用餐后，须等男女主人离席后，其他宾客方可离席。

5. 离席时，应帮助长者或女士拖拉座椅。

（二）餐桌上的一般礼仪

1. 用餐时要温文尔雅，从容安静。

2. 餐巾打开后，放在双膝和大腿上，不要系入腰间或挂在衣领下。

3. 在餐桌上不能只顾自己，也要关心别人，尤其要招呼两侧的女宾。

4. 口内有食物时应避免说话。

5. 自用餐具不可伸入公用餐盘夹取菜肴，取菜舀汤应使用公筷公匙。

6. 进餐时不宜抽烟。

7. 进餐的速度宜与男女主人同步，不宜太快或太慢。

8. 餐桌上不要谈悲伤、恐惧的事情，否则会破坏欢愉的气氛。

9. 用餐后，餐具摆放整齐。

4.6 信函与电话礼仪

4.6.1 信函礼仪

在国际商务谈判中，信函的往来非常频繁，为了促成交易，必须掌握一定的商业信函的写作技巧。一般来说，国际商务信函写作的礼仪要求如下。

1. 称谓要有礼貌

称谓是对收信人的尊称语，总是写在信笺的左边，大约在信头下面 1.5 cm 左右的地方。在撰写商务信函时，要注意称谓必须符合收信人所在国家的风俗习惯与收信人的实际情况，用语要礼貌。例如，在英国，用"我亲爱的"（My dear）要比用"亲爱的"（Dear）更亲切；在美国则相反，"我亲爱的"是较正式的称谓，而"亲爱的"则是亲密友好的称谓。此外，英国人习惯在书信的称谓后加逗号；而美国人则习惯在称谓后加冒号，这同中文信函称谓的用法一致。此外，收信人姓名前一般需加尊称，对男子一般用"先生"，对未婚女子用"小姐"，对已婚女子用"女士"，对有头衔的则应冠以头衔；如不知收信人姓名，可用职称或职务替代。

2. 正文要通俗易懂

正文是信函的核心部分，包含发信人要告诉收信人的话。信的正文应该在称谓下面一行开始，信纸的左边要留有 2.5 cm 左右的空白。商务信函要严谨、规范，段落清楚，意思明确、恰当，通俗易懂。切忌词不达意、生硬无礼。

3. 结束语和谦称要妥当

信的正文写完后，应有致敬的结束语和谦称。结束语通常为几个常用的词或词组，接在信的正文下面。谦称有尊卑亲疏之分，要与收信人的称谓相配合。确切的措词应取决于发信人与收信人友谊的深浅程度。由于现代商务信函一般都由电脑打印，但即使是打印的信函，结束语也最好用手书写，这样可以给人一种亲切、郑重的感觉。

4. 信函格式要正确

涉外交往中的信函除了称谓礼貌、正文通俗易懂、结束语和谦称运用妥帖外，还要注意格式的正确以及外在形式的美观。

4.6.2 电话礼仪

1. 接听电话的礼仪

（1）听到铃响，迅速接听。

听到电话铃声后应迅速拿起听筒，最好在三声之内接听。若很长时间才接听，会给对

方留下不好的印象，在接听后最好先道歉。

（2）先要问好，再报家门。

一般接听后的第一句话是"您好"或"Hello"，然后再报出自己的名字，让对方知道接听的对象是谁，这也是体现了对对方的尊重。

（3）礼貌待人，微笑说话。

假设当我们打电话给客户时，一接通就听到对方亲切、优美的招呼声，一定会很愉快，这会使双方对话能顺利展开，对该客户也会有较好的印象。因此，接电话时要有礼貌，一开始就给客户留下良好的印象。此外，打电话时要保持良好的心情，因为即使对方看不见你，但是从欢快的语调中也会感受到你的态度。

（4）姿态端正、声音清晰。

打电话过程中绝对不能吸烟、喝茶、吃零食，即使是懒散的姿势对方也能够"听"得出来。因此，打电话时，即使对方看不见，也要当作对方就在眼前，尽可能注意自己的姿态。同时，在说话时语调要稍高一些，吐字要清楚，便于对方听清。

（5）礼貌应答，认真记录。

回答对方要有礼貌，讲话应尽量简练，只要把意思说清楚即可。如遇到需要记录的内容，应一边拿话筒一边记录。认真听取并记录对方的谈话内容也体现了对对方的一种尊重。

（6）礼告结束，后挂轻放。

挂电话前为了避免错误，应重复一下电话中的重要事项，再次明确对方的目的之后，向对方说一声谢谢。另外，要等对方挂下电话后，再轻轻放下听筒。

接听电话的顺序、基本用语和注意事项如表4-1所示。

表4-1 接听电话的顺序、基本用语和注意事项

顺序	基本用语	注意事项
1. 拿起听筒，并告知自己的姓名	"您好，我是××公司×××" 铃响3声以上时："让您久等了，我是××公司×××"	电话铃响3声之内接起 电话机旁准备好记录用的纸笔 音量适度，不要过高 告知对方自己的姓名
2. 确认对方	"×先生，您好！"	必须对对方进行确认
3. 听取对方来电用意	用"是""好的""明白"等回答	必要时应进行记录 谈话时不要离题
4. 进行确认	"请您再重复一遍"	确认时间、地点、对象和事由
5. 结束语	"清楚了""请放心""我一定转达""谢谢""再见"等	
6. 挂机		等对方放下电话后再轻轻挂机

2. 拨打电话的礼仪

拨打电话的基本礼仪与接听电话的基本礼仪差不多，就不再赘述了。拨打电话的顺序、基本用语和注意事项如表4-2所示。

表 4-2　拨打电话的顺序、基本用语和注意事项

顺序	基本用语	注意事项
1. 准备		确认对方的姓名、电话号码 准备好要讲的内容、说话的顺序 明确通话所要达到的目的
2. 问候、告知自己的姓名	"您好！我是××公司××"	一定要报出自己的姓名 讲话时要有礼貌
3. 确认对象	"请问××部的×××先生在吗?"	必须要确认电话的对方 与要找的人通话后，应重新问候
4. 电话内容	"今天打电话是想……"	应先将想要说的结果告诉对方 时间、地点、数字等传达准确
5. 结束语	"谢谢""麻烦您了""那就拜托您了"等	语气诚恳、态度和蔼
6. 放下电话		等对方放下电话后再轻轻放下

注意：拨打电话时，如果发生掉线、中断等情况，一般应由打电话方重新拨打。

实践训练

1. 模拟商务着装礼仪，分组展示。

2. 分角色扮演来自不同企业的人员，模拟商务接待活动。

3. 分组展示中式宴会礼仪，突出文化自信。

4. 创设情境，扮演不同国家的代表，模拟一场商务谈判活动，并讨论由于文化差异导致谈判中断时应如何处理。

巩固练习

一、单选题

1. 商务礼仪的基本原则不包括（　　）。

A. 相互尊敬　　　　　　　　　　B. 入乡随俗

C. 有效沟通　　　　　　　　　　D. 注意细节

2. 以下女士着装礼仪不正确的是（　　）。

A. 坚持"品质第一"　　　　　　　B. 注意"个性美"

C. 忌穿过分性感或暴露的服装　　D. 避免极端保守的服饰

3. 以下关于西装扣子的扣法不正确的是（　　）。

A. 双排扣西装，应将扣子全部扣上

B. 单排扣西装，两粒扣西装扣上边的一粒

C. 单排扣西装，三粒扣西装扣上边的一粒

D. 休闲西装一般不扣扣子

4. 以下关于握手时伸手的先后顺序不正确的是（　　）。

A. 职位高者优先 B. 长辈优先

C. 男士优先 D. 主人优先

5. 在国际商务谈判中，座次的排序非常重要，以下关于座次排序的基本原则不正确的是（　　）。

A. 以右为上，遵循国际惯例 B. 居中为上，中央高于两侧

C. 前排为上，适用所有场合 D. 以近为上，近距房门为上

二、简答题

1. 什么是商务礼仪？国际商务礼仪的基本原则是什么？

2. 女士着装应注意什么问题？男士着装应注意什么问题？

3. 商务活动中，介绍他人时有哪些礼仪？

4. 商务活动中，握手时应注意什么礼仪？

5. 商务活动中，乘车时应注意什么礼仪？

6. 商务谈判中，座次如何排序？

7. 撰写商务信函有哪些礼仪？

8. 接听和拨打电话有哪些礼仪？

9. 商务交谈中有哪些礼仪？

10. 商务宴请中，中餐宴会的座位礼仪是什么？

11. 商务宴请中，西餐宴会的座位礼仪是什么？

学以致用

艾丽是一位热情而敏感的女士，在中国某著名房地产公司担任副总裁。一日，她接待了来访的建筑材料公司主管销售的韦经理。韦经理被秘书领进了艾丽的办公室，秘书对艾丽说："艾总，这是××公司的韦经理。"艾丽离开办公桌，面带笑容，走向韦经理。韦经理先伸出手来，让艾丽握了握。艾丽客气地对他说："很高兴你来为我们公司介绍这些产品。这样吧，让我看一看这些材料，我再和你联系。"韦经理在几分钟内就被艾丽送出了办公室。之后几天内，韦经理多次打电话，但得到的都是秘书的回答："艾总不在。"

到底是什么让艾丽这么反感一个只说了两句话的人呢？艾丽在一次讨论形象的课上提到这件事："首次见面，他留给我的印象不但是不懂基本的商业礼仪，而且他还没有绅士风度。他是一个男人，位置又低于我，怎么能像个王子一样先伸出手让我来握呢？他伸给我的手不但看起来毫无生机，握起来更是冰冷、松软、毫无热情。当我握他的手时，他的手掌也没有任何反应，握手的这几秒钟，他留给我一个极坏的印象，他的心可能和他的手一样冰冷。他的握手没有让我感到对我的尊重，他对我们的会面也并不重视。作为一个公司的销售经理，居然不懂得基本的握手礼仪，他显然不是那种经过高度职业训练的人。而公司能够雇用这样素质的人做销售经理，可见公司管理人员的基本素质和层次也不会高。这种素质低下的人组成的管理层，怎么会严格遵守商业道德，提供优质、价格合理的建筑材料呢？我们这样的大房地产公司，怎么能够与这样的小公司合作，怎么会让他们为我们提供建材呢？"

问题：

试分析艾丽在商务活动中礼仪运用的技巧。

拓展阅读

穿着汉服走上谈判桌，让传统服饰传递文化自信

联合国《生物多样性公约》缔约方大会第十五次会议第二阶段会议正在加拿大蒙特利尔举行。会场中，一位身着明制汉服出现在不同场合的青年参会者引起了记者注意。他叫高翔，是这次大会中国代表团的谈判人员之一。高翔表示，自己穿上汉服参会，既可对外展示中国传统文化，也有助于拉近与各方谈判代表之间的亲近感，而且这样做的反响"非常好"。

如今，在城市公园、热门景区以及大学校园，穿汉服拍照的年轻游客，成为一道道亮丽的风景。汉服丰富的文化内涵，与年轻一代的文化诉求相契合，由此催生了从汉服制造，到以汉服为中心的古风文旅活动，这些都使汉服不再是干巴巴的历史资源，也不再是与现代生活相脱节的古代传统服饰，而是鲜活地展现在我们生活中，并被赋予现代生活理念的流行时尚，是在继承基础上的创新再造。

统计数据显示，2020 年上半年，在天猫购买汉服的消费者达到 2 000 万人，未来汉服的潜在消费者将超过 4 亿人。近年来，从专家学者，到普通市民，均在不遗余力地推进汉服文化的复兴。与此同时，汉服爱好者们自发形成的社团，也在日渐壮大。比如，北京汉服协会 2009 年成立时，参加活动的只有几十个人，目前注册会员已有 1 000 多人。越来越多的年轻人发自内心热爱中国传统文化。在他们眼里，每一件精美的汉服背后，都蕴含着中华传统文化积淀千年的美学内涵。

汉服走进百姓生活，实为传统文化的回归。汉服从一个鲜为人知的模糊概念，变成了如今有严谨定义、有典籍研究、有理论支撑、有实践队伍、有媒体关注、有较为广泛的人参与的一种文化现象，迅速融入社会文化生活之中，与现代生活日渐和谐共存，并开始给人们的社会生活方式提供了新的选择。特别是从大视野来看，重建民族自尊、弘扬华夏文化、重塑中华文明，成为人们参与推广汉服文化的初衷，表现出了人们对民族、对国家、对祖先流传下来的传统文化的真诚敬意和复兴的坚定决心。

资料来源：人民融媒体，2022 年 12 月 15 日，https://baijiahao.baidu.com/s?id=175233 7578428515263&wfr=spider&for=pc

第5章 商务谈判策略

学习目标

知识目标：

通过本章教学，学生能够准确掌握开局阶段、报价阶段、磋商阶段和成交阶段各阶段的谈判策略与技巧。

能力目标：

通过本章的技能训练，学生能在课堂模拟训练，在未来实际谈判工作中灵活运用策略与技巧达到谈判目标，获得谈判成功。

素质目标：

通过本章教学，学生能够养成谈判中所需的职业素养，坚持正确的谈判价值取向、理想信念、政治信仰以及社会责任感。

导入案例

我国某冶金公司要向美国购买一套先进的组合炉，派一高级工程师与美商谈判，为了不负使命，这位工程师进行了充分的准备，他查找了大量有关冶炼组合炉的资料，花了很大的精力调查国际市场上组合炉的行情及美国这家公司的历史、现状、经营情况等，对其了解得一清二楚。谈判开始，美商一开口要价150万美元。这位工程师列举各国成交价格，使美商目瞪口呆，最后以80万美元达成协议。当谈判购买冶炼自动设备时，美商报价230万美元，经过讨价还价压到130万美元，中方仍然不同意，坚持出价100万美元。美商表示不愿继续谈下去了，把合同往这位工程师面前一扔，说："我们已经做了这么大的让步，贵公司仍不能合作，看来你们没有诚意，这笔生意就算了，明天我们回国了"，这位工程师闻言轻轻一笑，把手一伸，做了一个优雅的请的动作。美商真的走了，冶金公司的其他人有些着急，甚至埋怨工程师不该抠得这么紧。工程师说："放心吧，他们会回来的。同样的设备，去年他们卖给法国只有95万美元，国际市场上这种设备的价格为100万美元是正常的。"果然不出所料，一个星期后美方又回来继续谈了。工程师向美商点明了他们与法国的成交价格，美商又愣住了，没有想到眼前这位中国工程师如此精明，于是不敢再报虚价，只得说："现在物价上涨得厉害，比不了去年。"工程师说："每年物价上涨指数没有超过6%。一年时间，你们算算，该涨多少?"美商被问得哑口无言，在事实面前，不得不让步，最终以101万美元达成了这笔交易。

问：分析中方在谈判中取得成功的原因及美方处于不利地位的原因?

5.1 开局策略

正式的商务谈判是一个循序渐进的过程。从双方谈判人员第一次接触开始，到最后交易的达成，要经历复杂而充满冲突的过程。具体来说，商务谈判可以划分为开局阶段、报价和磋商阶段、成交阶段三个阶段。商务谈判人员要想在全局上把握整个谈判进程，有效地处理谈判中出现的各种问题，就必须能够掌握和熟练运用不同阶段的策略和技巧。

谈判双方首次见面后，在进入正式的交易内容讨论前，一般都要相互介绍、寒暄以及对谈判内容以外的话题进行交谈，一般称其为谈判的开局阶段。开局阶段是主要就谈判的目标、计划、进度和参加人员之类的讨论，是双方相互熟悉和了解的过程，为正式的谈判进行铺垫。"好的开始是成功的一半"，商务谈判的开局对整个商务谈判过程起着重要的作用，往往关系着谈判双方的态度、诚意，奠定了谈判的基调，引导着谈判的走向。一般来说，在谈判的开局阶段应该注意建立适宜的谈判气氛，掌握正确的开局方式，同时根据具体情况选择开局策略。

5.1.1 建立适宜的谈判气氛

谈判气氛是双方表现出来的态度、谈判所在的环境等。谈判气氛影响着双方谈判者的态度、情绪，也影响着整个谈判进程。一般情况下，谈判双方都需要和谐、轻松、合作、真诚的谈判气氛。良好的气氛是洽谈的基础，是平等互利、友好合作的前提。建立良好的谈判气氛首先要做好准备工作，事前掌握相关信息，制订详细的计划，以平等互利的原则找出双方利益结合点；其次要注意个人形象，包括仪表、言谈、语言、行为等，要尊重对手，行为合理，态度诚恳；再次要注意沟通，通过轻松愉悦的话题展开商谈，加深双方的了解和友谊；最后要研究对方的行为，分析对方的态度和意图，引导其与己方合作。

但是，并非所有谈判都适合在轻松和谐的气氛下进行，有时候严肃、紧张、冷淡的谈判气氛也是存在的，并且在某些特殊情况下也是有益的。比如说当一方需要给对方施加压力时，可以在一开始就采取冷漠的态度，让对方觉得我方并非一定要与其合作，感到压力而不得不妥协。或者当一方明显有理向另一方兴师问罪时，就可以一开始就咄咄逼人、寸步不让，使对方因理亏而退步。但是这样的情况比较少见，毕竟商务谈判更多的是为了长期的合作，如果谈判气氛过分紧张就可能陷入僵局或使双方撕破脸而两败俱伤。

谈判策略案例

愉快的谈判氛围是促成合作的助推器

某市文化单位计划新建一座影剧院。一天，单位领导正在办公，家具公司李经理上门推销座椅。一进门便说："哇！好气派。我很少看见这么漂亮的办公室。如果我也有一间这样的办公室，那我这一生的心愿就满足了。"李经理就这样开始了他的谈话。然后他又摸了摸办公椅扶手说："这不是香山红木吗？难得一见的上等木料呀。""是吗？"领导的自豪感油然而生，接着说："我这整个办公室是请深圳市的装潢厂家装修的。"于是带着李经理参观了整个办公室，介绍了空间比例、装修材料、色彩调配。后来，李经理谈下了座椅订购合同。

资料来源：张国良. 商务谈判与沟通 [M]. 北京：机械工业出版社，2021.

5.1.2 选择正确的开局方式和策略

1. 正确的开局方式

开局阶段一般要建立在轻松、愉悦的气氛基础上，一定要在实际谈判前就谈判意图、态度、基调等达成一致意见，巩固和谐的气氛。除了相互介绍和寒暄外，开局阶段主要进行交换意见和开场陈述。交换意见是在双方入座以后，就谈判目标、计划、进度和人员等情况取得一致意见，主要是探索双方的共同利益，提出一些问题达成原则协议等。开场陈述是双方分别阐述己方对一些问题的意见和看法，陈述的内容一般包括己方对问题的理解、己方利益、己方要向对方作出的让步和商谈事项、己方的立场等。开场陈述要以轻松、真诚的方式表达，能够加强和谐的气氛，主要是为了让对方明白己方的原则和意图，而不能向对方的挑衅和施加压力。对方的陈述己方要注意倾听，理解对方陈述内容，通过倾听和分析摸清对方的原则和态度。

开局阶段需要通过双方的寒暄、介绍、商谈等达成一致，但是需要注意以下三个问题：一是开局时间不能过长；二是尽管开局阶段商谈大多数与主题无关，但是也不要离题太远，切忌过分闲聊；三是开局议题应该采取先易后难的策略，也就是说首先谈些轻松愉快的话题、谈论双方容易达成一致意见的问题，如"我们先确定一下今天的议题如何？""我们先互相介绍一下基本情况怎样？""今天我们先讨论一下时间安排好吗？"等。

2. 开局策略选择依据

首先是谈判的目标和基调。不同的谈判目标需要采取不同的策略，如果是为了长期合作，就要尽量建立和维持友好、和谐的气氛，在平等互利的基础上提出问题和条件，在一些问题上做些让步也是可以考虑的；如果是为了要给对方警告、施压，对对方进行打击，就要态度坚决，可以吹毛求疵，建立紧张、严肃或是冷淡的气氛。

其次是谈判双方的实力。当双方实力相当时，为了达成协议、建立长期的合作关系、避免双方对立，就需要尽力创造友好、和谐、轻松、愉悦的气氛，避免两败俱伤；当己方处于强势时，为了威慑对方，就要在基本的礼貌友好的同时，展现出己方的自信和气势，使对方清醒认识双方差距而不得不作些妥协；当己方明显弱于对方时，为了弱化对方的优势，就要一方面礼貌友好，表现出积极合作的态度，另一方面要充满自信，自尊自爱，尽量弱化己方的不足，强化己方的优势。

再次是双方企业间的关系。如果是与长期合作的伙伴谈判，应该在热烈、友好、真诚、愉悦的气氛下进行，尽力维持双方的友谊，可以作些适当的让步；如果是与有过业务往来但关系一般的企业谈判，那么开局也应该争取建立友好、轻松、自然的气氛，但是己方在热情程度上应有所控制；如果与有过业务往来，但是以往合作并不愉快的企业谈判，那么开局就应该是严肃、凝重的气氛，在保持基本礼貌礼仪的同时也要给对方施加一定压力，表示出对以往交易的不满和遗憾，希望通过这次交易改善对对方的印象；如果是与陌生的企业谈判，那么也应该首先建立真诚、友好的气氛，尽量通过沟通加深相互的了解，消除双方的陌生感，要礼貌友好、不卑不亢，争取为以后的合作打下良好的基础。

最后是双方谈判者的个人关系。商务谈判是由谈判人员来实现的，双方谈判者的个人关系对谈判也会产生重要的影响。如果双方是比较熟悉的朋友关系，谈判开局可以畅谈双方的感情，谈判气氛必定是友好、热烈的，双方商谈也是本着友好合作的目的；如果双方是有过交往的一般关系，那么双方可以通过谈判开局的寒暄加深了解，尽量在友好、真诚、和谐的气氛中完成交易，并发展双方友谊；如果双方是陌生人，那么开局前应该尽量了解对方，开局时也应该尽量寻找一些共同话题；如果双方是有过一些恩怨的关系，那么尽量保持清醒和冷静，避免把个人感情带入商业交易中。

5.1.3　谈判开局策略

在谈判双方的首次交涉中，主要有以下几种开局策略。

1. 挑剔式开局

多数谈判的开局都是在热烈友好的气氛下进行的，不过有时挑剔式开局也能达到意想不到的效果。挑剔式开局就是抓住对方的一时失误或不足，以此为基础进行攻击，使对方因愧疚或自卑而妥协。

挑剔式开局适用于谈判双方过去有过商务往来，但对方曾有过不太令人满意的表现，或者为了在谈判中争取主动，占据有利地位，己方要通过严谨、挑剔的态度，引起对方对某些问题的重视的情况。例如，可以对过去双方业务关系中对方的不妥之处表示遗憾，或抓住对方的失误不放。但这种策略要注意掌握尺度，挑剔时要有理有据，依据客观事实，不能夸大事实甚至捏造事实。

谈判策略案例

巴西一家公司到美国去采购成套设备。巴西谈判小组成员因为上街购物而耽误了时间。当他们到达谈判地点时，比预定时间晚了45分钟。美方代表对此极为不满，花了很长时间来指责巴西代表不遵守时间，没有信用，表示如果这样以后工作很难合作，浪费时间就是浪费资源、浪费金钱。对此巴西代表感到理亏，只好不停地向美方代表道歉。谈判开始以后美方代表似乎还对巴西代表迟到一事耿耿于怀，一时间弄得巴西代表手足无措，说话处处被动，无心与美方代表讨价还价，对美方代表提出的许多要求也没有静下心来认真考虑，匆匆忙忙就签订了合同。等到合同签订以后，巴西代表平静下来，头脑不再发热时才发现自己吃了大亏，上了美方的当，但已经晚了。

资料来源：搜狐网，经典的商务谈判案例。2019年2月25日，https://www.sohu.com/a/297407300_120045009

2. 协商式开局

协商式开局策略是指以协商、肯定的语言进行陈述，使对方对己方产生好感，创造双方对谈判的理解充满"一致性"的感觉，从而使谈判双方在友好、愉快的气氛中展开谈判工作。

从交际心理学的角度看，商务谈判人员虽然有着不同的身份地位、社会经历、受教育程度、个性和心理情绪，但在谈判过程中，都有一种出于上述特定境况的心理上的亲和需求。因此，开局时应该从当时的背景环境、客观情势，以及谈判对手的性别、年龄、个性、爱好、社会地位、心理等情况出发，力求使己方的表达从方式到内容都符合客观情势和对方心理上的主观需要，以相互商量、商谈的口吻，婉转、友好地表达己方的目标和意图。通常这一方法容易被对方接受，可以促使对方忘掉彼此间曾经有过的争执，在友好、愉快、轻松的气氛中将商务谈判引向深入。

协商式开局比较适用于谈判双方实力接近，双方以往没有商务往来的经历的情况。由于双方第一次接触，都希望有个良好的开端，给对方留下好的印象，以建立长期合作的关系。因此，协商式开局多采用礼节性、中性的话题，使双方在平等、合作的气氛中开局。

3. 开门见山式开局

开门见山式开局也称坦诚式开局。商务谈判双方已有多次交易往来，双方谈判人员彼此很熟悉，过去合作很愉快，就可以采取开门见山的办法，以坦诚、直率的交谈方式直截了当地陈述己方的开局目标，全盘托出己方的判断及意图，力争赢得对方的信赖和支持。同时，还可以站在对方的立场上设想并提出己方的看法，推动对方回应我方的提议，争取双方形成共同的开局目标。

一般情况下，坦诚、直率的表达方式可以更好地获得对方理解和信赖，还能满足听者的自我意识和充分的权威感，缩短与对方的心理距离。有时候，开门见山式开局也适用于己方实力弱，或者对方对自己的身份及能力表示怀疑，有强烈的戒备心理的情况，时此可以坦诚表明己方弱点，让对方加以考虑，并表明己方的信心和能力，以真诚打动对方。

4. 针锋相对式开局

在商务谈判中，绝大多数谈判者在开局阶段都是以礼貌、友好的方式表达意见，极其傲慢、百般刁难、蛮横无理的谈判者是极个别的。但是一旦出现了这种谈判者，面对对手的过分要求和行为，己方一味退让妥协只能适得其反，助长对方的嚣张气焰。因此，己方需要坚持立场，针锋相对、直言不讳地批驳对方的言行，阐述己方的意见。此时，对方就会手足无措、锐气大减或自我反省。只要双方合作存在共同利益，对方必然会降低姿态，重新考虑条件，用真诚、平等的态度来实现双方合作。

谈判策略案例

日本一家著名汽车公司刚刚在美国"登陆"，急需找一个美国代理商来为其推销产品，以弥补他们不了解美国市场的缺陷。当日本公司准备同一家美国公司谈判时，日本谈判代表因为堵车迟到了，美国谈判代表抓住这件事紧紧不放，想以此为手段来获取更多的优惠条件，日本谈判代表发现无路可退，于是站起来说："我们十分抱歉耽误了您的时间，但是这绝非我们的本意，我们对美国的交通状况了解不足，导致了这个不愉快的结果，我希望我们不要再因为这个无所谓的问题耽误宝贵的时间了，如果贵公司因为这件事怀疑我们合作的诚意，那么我们只好结束这次谈判，我认为，我们所提出的优惠条件是不会在美国找不到合作伙伴的。"日本谈判代表一席话让美国谈判代表哑口无言，美国谈判代表也不想失去一次赚钱的机会，于是谈判顺利进行。

资料来源：友商网，从经典案例学习商务谈判开局技巧。2022 年 3 月 11 日，https://www.youshang.com/content/2010/08/04/34815.html

5.2 报价和磋商策略

在谈判过程中，双方报价以及以后的讨价还价（也就是磋商）是最核心也是最关键的环节。报价和磋商中所涉及的交易条件直接关系到企业利益，而产品的报价和磋商策略直接影响着最后是否能成交以及最后成交给企业带来的利益大小。

5.2.1 报价策略

一般报价都是从己方最大利益出发，有以下几种的策略和技巧。

1. 先发制人

谈判进入报价阶段以后，谈判人员面临的第一个问题就是由哪方首先提出报价。孰先孰后的问题，不仅仅是形式上的次序问题，也会对谈判的发展过程产生巨大的影响。一方面，先报价可以先发制人，率先出击，掌握主动，为谈判规定了一个框架，使最终协议围绕着这个范围达成。另一方面，先报价有时候会出乎对方的意料和设想，打乱对方的阵脚，动摇对方的期望。

如果己方处于优势地位，而对方却不大了解行情，那么率先报价就可以为谈判确定一个基准，牵着对方的鼻子走。当双方实力相当时，先报价也会使己方掌握主动，一定程度上影响对手，免得对方在价格上过于争论，拖延谈判时间。但是先报价也有一定的弊端：一方面，对方了解己方报价后会对原有的交易条件进行调整，由于己方先报价，对方可以了解己方的交易起点，修改原先报价，以获得本来得不到的好处，如卖方先报的价格低于买方预备出的价格，或者高出程度不高，此时买方就会降低原来的报价，获得更多利益；另一方面，先报价会给对方攻击的理由，让对方集中力量攻击己方报价，迫使己方一步步降低价格。如果双方有着长期友好的合作关系，对产品价格状况相当了解，或者双方都是谈判的行家，此时报价的先后对谈判影响不大，可以采取先发制人的策略。

2. 后发制人

优先报价的一方总会暴露出自己的意图和底线，使对方能够进行相应调整，或者使对方在磋商中迫使己方按照他们的路子走。尤其是己方处于劣势或不了解行情时，先报价是很不利的，这时后发制人是一种有效的策略。采取后报价的策略，通过听取对方的报价来了解行情，扩大己方思路和视野。

3. 吊筑高台

罗杰·道森说："优势谈判最主要的法则之一就是，在开始和对手谈判时，你所开出的条件一定要高出你的期望。"亨利·基辛格甚至说："谈判桌前的结果完全取决于你能在多大程度上抬高自己的要求。"吊筑高台策略也就是高报价，又叫欧式报价，指卖方提出一个高于己方实际要求的谈判起点，是含有较大虚头的高价，然后根据买卖双方的实力对比和具体的外部竞争状况与对手讨价还价，给予各种优惠，在此基础上做出一定的让步，使对方感觉占了便宜。

一般情况下，卖方的起始报价应该是防御性的最高报价，后续在此基础上逐步降低价格。美国一位谈判专家表示，如果买方报价较低，往往能以较低的价格成交；如果卖方报价较高，则往往以较高的价格成交；如果卖方报价出乎意料地高，只要能坚持到底，在谈判不破裂的情况下，往往会有很好的收获。采用这种策略时，报价要狠，让步要慢。凭借这种方法，谈判者一开始便可削弱对方的信心，同时还能乘机考验对方的实力并确定对方的立场。

📝 谈判策略案例

一位来自得克萨斯州阿马里洛的律师约翰·布罗德富代表自己的客户谈判购买一处不动产，虽然一切都很顺利，可是他想："我试试看我的这个方法是否有效。"于是他拟出了一份文件，向卖方提出了 23 条要求，其中的一些要求十分荒唐。他相信，只要卖方一看到这份文件，立刻就会拒绝其中至少一半的条件。可是让他大为吃惊的是，他发现对方居然只对其中的一个要求表示出了强烈反对。即便如此，约翰还是没有欣然答应，他坚持了几天时间，直到最后才不情愿地答应了。虽然约翰只是放弃了这 23 个条件中的一个，卖方还是觉得自己赢得了这场谈判。有时候我们不知道对手对报价的接受程度，高报价一方面可以试探对手的底线，为我们争取更多的利益，另一方面还可以在一定程度上影响对手心理，使其降低要求。

资料来源：刘蓉，商务谈判与推销技巧［M］. 北京：机械工业出版社，2023.

4. 抛放低球

抛放低球是一种低报价的策略，又叫日式报价，是指事先提出一个低于己方实际要求的谈判起点，以让利来吸引对方，通过低价击败同类竞争对手，引诱对方与己方谈判。这种低报价策略有时候是由买方给出，买方提出自己所能接受的价格底线，或者通过给出较高的价格率先得到谈判的机会，避免竞争对手的加入，但一般情况下最后的成交价格往往高于买方的最低价格。

有时候卖方也会给出最低报价，将最低价格列在价格表上，引起买主的兴趣。由于这种价格一般是以卖方最有利的结算条件为前提，但往往不能满足买方的需要，如果买方要求改变有关条件，卖方就会相应地提高价格。低报价一方面可以排斥竞争对手，吸引买方，另一方面，当其他卖方败下阵时，这时买方原有的优势不复存在，想要达到一定的需求，只好任卖方一点点把价格抬高才能实现。

较低的价格并不意味着卖方放弃对高利润的追求，而是引鱼上钩的诱饵，是诱惑对方、引起对方注意和兴趣的手段。抛放低球实际上与吊筑高台殊途同归，两者只是形式不同，没有实质的区别。一般而言，抛放低球有利于竞争，吊筑高台则比较符合人们的价格心理。多数人习惯价格由高到低，逐步下降，而不是相反的变动趋势。

5. 化整为零

化整为零是把一个整体分成许多零散部分。商务谈判中化整为零报价法是指谈判的一方在整体项目不好谈的情况下，将其项目分成若干块分块议价的方法。

化整为零有时候采取加法报价法，在报价的时候有时怕报高价会吓跑客户，于是不一次性提出所有要求或说出总的价格，而是把要求分几次提出，或把产品进行分解，说出每个产品的价格。经分解的要求往往容易被接受。有时候采取减法报价法，在提出总的价格后把总体进行分解，一一说明。有时候也可以采取除法报价法，也就是报出自己的总要求，然后再根据某种参数（时间、用途等），将价格分解成最小单价的价格，使买方觉得报价不高，可以接受。如保险公司为动员用户参加保险，宣传说：参加保险，每天只交保险费 1 元，若遇到事故，则可得到高达 1 万元的保险赔偿金。

5.2.2　讨价还价策略

一般情况下，讨价还价是一个多次重复的概念和过程。讨价还价一般有以下策略和技巧。

1. 吹毛求疵

吹毛求疵就是在商务谈判中针对对方的产品或相关问题，再三故意挑剔毛病使对方的信心降低，从而做出让步的策略。"吹毛求疵"就是故意挑剔，是"鸡蛋里挑骨头"。这是在价格磋商中，还价者为给自己找理由，也为了向对方表明自己不是容易被蒙骗的外行，而是精明的内行而采取的策略。

该策略使用的关键点在于提出的挑剔问题应恰到好处，把握分寸，对提出的问题和要求要实事求是，不能过于苛刻。如果把针眼大的毛病说成比鸡蛋还大，很容易引起对方的反感，认为己方没有合作的诚意。同时，提出的问题一定是对方产品中确实存在的，而不能无中生有。吹毛求疵策略将使谈判者在交易时充分争取讨价还价的余地。这种技巧往往被买方用来压低卖方的报价，通过故意找碴儿、百般挑剔、夸大其辞、虚张声势，提出一大堆问题及要求，甚至言不由衷地故意制造问题。国外谈判学家的实验表明，假如其中一方用这种"吹毛求疵"的策略向对方讨价还价，提出的要求越多，得到的也就越多；提出的要求越高，结果也就越好。商务交易中的大量事实表明，"吹毛求疵"不仅是可行的，而且是富有成效的，它可以动摇卖方信心，迫使其接受买方还价。

谈判策略案例

美国谈判学家罗伯斯去买冰箱。营业员指着罗伯斯要的那种冰箱说："259.5 美元一台。"罗："这种型号的冰箱一共有多少种颜色？"营："32 种颜色。"罗："能看看样品本吗？"营："当然可以！"（说着立即拿来了样品本。）罗（边看边问）："你们店里的现货中有多少种颜色？"营："22 种。请问您要哪一种？"罗（指着样品本上有但店里没有的颜色）："这种颜色同我家厨房的墙壁颜色相配！"营："很抱歉，这种颜色现在没有。"罗："其他颜色与我家厨房的颜色都不协调。颜色不好，价钱还这么高，要是不便宜一点，我就要去其他的商店了，我想别的商店会有我要的颜色。"营："好吧，便宜一点就是了。"罗："可这台冰箱有些小毛病！你看这里。"营："我看不出什么。"罗："什么？这一点毛病尽管小，可是冰箱外表有毛病通常不都要打点儿折吗？"罗（又打开冰箱门，看了一会儿）："这冰箱带有制冰器吗？"营："有！这个制冰器每天 24 小时为您制冰块，一小时才 3 美分电费。"（他认为罗伯斯对这制冰器感兴趣）罗："这可太糟糕了！我的孩子有轻微哮喘病，医生说他绝对不可以吃冰块。你能帮我把它拆下来吗？"营："制冰器没办法拆下来，它和整个制冷系统连在一起。"罗："可是这个制冰器对我根本没用！现在我要花钱把它买下来，将来还要为它付电费，这太不合理了！……当然，假如价格可以再降低一点的话……"结果，罗伯斯以相当低的价格——不到 200 美元买下了他十分中意的冰箱。实际上，罗伯斯对这台冰箱非常满意，颜色他很喜欢，他孩子也没有哮喘病，但是通过他的吹毛求疵却为他争取到了最低的价格。

资料来源：潘肖珏，谢承志. 商务谈判与沟通技巧［M］. 上海：复旦大学出版社，2016.

2. 沉默是金

沉默是金一般是指不言不语、惜字如金，但是，沉默并不等于无言，它是一种积蓄、酝酿，蓄势待发。

任何谈判都要注意时效，能够在有限的时间内取得各自的利益。有时候谈判者口若悬河、妙语连珠，以绝对优势压倒对方，但谈判结果却不一定令人满意；有时候往往说话最少的一方会取得最多的收益。言多必失，说话多了可能让对方找出己方谈话的漏洞予以攻击，或者无意中透露出不该透露的信息，过早显示己方的底牌。

在谈判中，如果遇到难缠的对手，可以适当运用沉默是金的策略。如果对方提出过分的条件或价格时，沉默可以给对方施加压力，让对方会感觉到己方对其报价的不满，为了不至于谈判破裂而反思自己的条件，从而做出一些让步。在谈判僵局中，往往先开口的一方是做出让步的一方。

🖊 谈判策略案例

汤姆律师的"沉默是金"

医生的房屋遭受飓风的袭击，他想要保险公司多赔一些钱，于是去请大律师汤姆帮忙。汤姆问医生希望得到多少赔偿，以便有个最低的标准。医生希望赔偿 1 000 美元，汤姆又问："这场飓风究竟使你损失了多少钱？"医生回答："大约在 1 000 美元以上，不过，我知道保险公司是不可能给那么多的！"

不久，保险公司的理赔调查员来找汤姆，对他说："汤姆先生，我知道像你这样的大律师是专门谈判大数目的，不过，恐怕我们不能赔太大的数目。如果只能赔 300 美元，你觉得怎么样？"多年的经验告诉汤姆，对方的口气是说他"只能"赔多少，显然他自己也觉得这个数目太少，不好意思开口；而且，第一次出价后必然还有第二次、第三次。所以他故意沉默了半晌，然后反问对方："你觉得怎么样？"对方愣了一会儿，又说："好吧！真对不起，请你别将刚才的价钱放在心上，多一点儿，比方说 600 美元怎么样？"汤姆又从对方回答的口气里获得了情报，判断出对方的信心不足，于是又反问道："能多一点儿吗？""好吧，1 000 美元如何？"最后这次赔偿以 3 000 美元了结，是医生希望的三倍。

资料来源：莫群俐. 商务谈判［M］. 北京：人民邮电出版社，2023.

3. 浑水摸鱼

一般情况下，事情越是简单就越容易处理。但在谈判过程中，有些人反其道而行之，故意将简单的事情复杂化，把许多不相干的事情混杂在一起，使对方穷于应对、疲于奔命，从而迫使对方不得不屈服，这就是浑水摸鱼策略。浑水摸鱼策略是指在谈判中，故意搅乱正常的谈判秩序，将许多问题一股脑儿地摊到桌面上，使人难以应付，借以达到使对方慌乱失误的目的，这也是在业务谈判中比较流行的一种策略。

实施浑水摸鱼策略要选好时机，一般在对方身体或精神处于薄弱状态下使用。深夜时的洽谈，当谈判者经历一整天激烈的谈判后，身体和精神都十分疲劳。一旦一方故意扰乱正常谈判秩序，把许多问题一股脑提出来，实行疲劳轰炸，对方此时就会无法集中精力，不能保持头脑清醒，很容易在昏昏沉沉的状态下接受不太合理的条件。情绪爆发时也是实施浑水摸鱼策略的好时机。心理学表明，当有人突然发怒时，他人很可能出现恐惧、反思等心理。所以谈判时，有人会在突然发怒时扯出很多问题使对方迷惑、妥协，或者故意发怒而使对方反思是不是己方做得太过分了，使对方由于怕局势失控而作出让步。

4. 穷追不舍

谈判是一项艰巨的工作，双方都会尽力为己方争取利益，但是一方利益的获取意味着另一方利益的丢失，所以在讨价还价中一定要有耐心、有恒心、有自信，要有顽强、穷追不舍和不达目的誓不罢休的精神。只有迎难而上，才能在充满竞争性和对抗性的谈判中获取更多的利益。

5. 最后通牒

最后通牒策略是向对方施加压力的手段，在商务谈判中一般指谈判一方锁定一个最后条件，给对方一个最后价格或期限，如果对方不同意就一拍两散，结束谈判。谈判中的最后通牒策略有两种情况：一是利用最后期限，也就是指谈判的结束时间。为了逼迫对方让步，己方可以向对方发出"最后通牒"，即如果对方在这个期限内不接受己方的交易条件并达成协议，则己方就宣布谈判破裂而退出谈判；二是面对态度顽固或暧昧不明的谈判对手时，以强硬的口头语言或书面语言向对方提出最后一次必须回答的条件，如果对方再不回答，则己方将退出谈判或取消谈判。

实施最后通牒策略必须注意谈判者一定是处于一个强有力的地位，要出其不意、攻其不备，在最后阶段或最后关键时刻才使用。另外，提出的最后价格、条件在对方的接受范围之内，而且具体明确、毫不含糊、坚定有力、不露声色，不让对方存有任何幻想。这样，对方为谈判花费了大量人力、物力、财力和时间，如果不接受不但不能获取合作利益，谈判的成本也将付诸东流，所以不得不妥协。

5.2.3 让步策略

让步必须恰到好处，在分析谈判形势后决定哪些是可以让步的，哪些是不能让步的，尽可能预测让步程度，在和谐愉悦的气氛中确定一个双方都同意的磋商方案。让步时一般可以采取以下几种策略和技巧。

1. 以退为进

"退一步海阔天空"，不过于计较一时之得失。有些时候，一时的退让可能带来意想不到的结果。以退为进策略就是指在谈判中作出一些实际的退让来达成进一步的目的。所谓"失之东隅收之桑榆"，当一方在某一方面作出退让后，另一方也就不好意思在其他方面咄咄逼人了。暂时的退是为了长远的进，一方面的退是为了其他方面的进。退是手段，进才是目的。以退为进的要点在于全局的观念，不能因小失大，不能鼠目寸光。在商务谈判中，经验丰富的谈判者往往可以把握大局，规划长远。

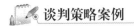 **谈判策略案例**

最后一幅画

比利时某画廊曾经发生过这样一件事：美国画商看中了印度人带来的 3 幅画，标价是 25 万美元，美国画商不愿意出此价格，双方谈判陷入僵局。印度人被惹火了，怒气冲冲地跑出去，当着这位画商的面把其中一幅画烧了。美国画商看到这样一幅好画被烧掉了，感到十分可惜，问印度人剩下的两幅画卖多少钱，印度人的回答还是 25 万美元。美国画商又拒绝了这个报价。这位印度人横下一条心，又烧掉了其中一幅画，美国画商当下就乞求他千万不要再烧最后一幅画了，他再次询问这位印度人最后一幅画卖多少钱，印度人说："最后一幅画能与 3 幅画卖一样的价吗？"最后这幅画以 60 万美元成交。

资料来源：陈文汉. 商务谈判实务［M］. 北京：人民邮电出版社，2021.

2. 投石问路

投石问路策略是指在谈判的过程中，谈判者有意提出一些假设条件，通过对方的反应和回答，来琢磨和探测对方的意向，抓住有利时机达成交易的策略。在谈判中要掌握主动权就需要尽可能多地了解对方信息，预测己方采取某一对策时对方的反应、意图或打算。投石问路就是掌握对方虚实的一种战术，是指一方在谈判中为了摸清对方虚实，掌握对方心理，通过不断地旁敲侧击、直接探听等方法尽可能多地了解对方的信息，以便在谈判中作出正确的决策。

运用投石问路的策略可以通过"投石"来看看对方的反应，发现和揭露对方的底牌，这样就可以掌握谈判的主动权。有时报价时也可以投石问路，看看对方的接受能力。如买方可以问一些诸如"如果订货数量加倍呢？""假如签订一年或更长时期的合同呢？""假如我们供给你工具或其他机器设备呢？""假如我们买下你们的全部商品呢？"的问题。

投石问路策略可以通过一种迂回的方式试探对方的价格等交易条件，从而在攻防中做到知己知彼。此策略一般是在市场价格行情不稳定、无把握，或是对对方不太了解的情形下使用。实施时要注意多多提问，而且要做到虚虚实实、煞有其事，要让对方难以摸清你的真实意图，同时注意不要使双方陷入"捉迷藏"的困境，使问题复杂化。

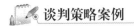 **谈判策略案例**

服装公司的智谈

杭州一家服装公司的设计人员设计了一款冬装，这款冬装款式很漂亮，价格也挺合理，各个消费层的人都很喜欢，所以销路特别好，公司根据这一情况决定扩大生产，抓紧占领冬装市场。这时需要购进大批量的面料来生产这款冬装，由于面料的需求量相当大，面料很小的价格差异就可能造成十分可观的费用差异，所以公司在选择面料生产厂家合作时很谨慎。

本地和外地的多家面料生产厂家主动上门来进行销售谈判，想和服装公司达成供货协议。为了选择一家合理的厂家并保证公司购买面料所花费用合理，服装公司的高层先派采购部的人员同前来洽谈业务的销售人员进行接触进而获得一些有利的情报。

在谈判的初期，服装公司谈判人员和面料生产厂家销售人员进行了详细的谈判，一方面尽可能多地了解对方公司的情况，如产品质量、生产规模、公司实力、公司信誉以及初步报价等，另一方面却不进行最后拍板，而是以"贵公司的情况和报价我们已经清楚了，一定会如实转告公司的领导，只要你们的质量可靠，价格合理，我们领导一定会考虑贵公司的"等话来答复对方的销售人员。然后公司将各个面料生产厂家的情况和报价进行对比和分析，基本上掌握了各个生产厂家的真实情况和各方面的优势，最后选中了其中一家面料生产厂家作为合作对象。在谈判中服装公司一直占据着谈判的主导位置，经过双方的进一步谈判，最终达成了协议，服装公司因此买到了质量好且价格低的面料，进而取得了可观的经济效益。

资料来源：第一范文网，投石问路谈判案例. 2022 年 11 月 2 日，https://www.diyifanwen.com/fanwen/tanpanjiqiao/9259904.html

3. 红脸白脸

红白脸策略又称软硬兼施策略，是指在商务谈判过程中，利用谈判者既想与你合作，但又不愿与有恶意的对方人员打交道的心理，以两个人分别扮演"红脸"和"白脸"的角色，诱导谈判对手妥协的一种策略。在实施红脸白脸策略时，谈判中两个人一个扮演"红脸"，是温和派，从中协调，做和事佬，负责收场；一个扮演"白脸"，是强硬派，态度坚决、咄咄逼人。有时候也可能是同一个人时而红脸时而白脸，"打个巴掌给个甜枣"。

通常，在让步时负责"白脸"的辅谈要价狠、言辞犀利，不断强调己方的难处，提出有利于己方的建议，并且寸步不让；负责"红脸"的主谈把握火候，安抚对手，作出一定的让步，尽力撮合双方的合作。这样一方面对手了解了己方的难处，认为己方已经作出了很大的让步，不至于提出过分的要求，另一方面还会担心"白脸"再次提出新的要求影响合作的达成。

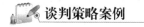 **谈判策略案例**

休斯买飞机

有一回，传奇人物——亿万富翁休斯想购买大批飞机。他计划购买三十四架飞机，而其中的十一架，更是非到手不可。起先，休斯亲自出马与飞机制造厂商谈判，但却怎么谈都谈不拢，最后搞得这位大富翁勃然大怒，拂袖而去。不过，休斯仍旧不死心，便找了一位代理人，帮他出面继续谈判。休斯告诉代理人，只要能买到他最中意的那十一架飞机，他便满意了。而谈判的最后，这位代理人居然把三十四架飞机全部买到手了。休斯十分佩服代理人的本事，便问他是怎么做到的。代理人回答："很简单，每次谈判一度陷入僵局，我便问他们你们到底是希望和我谈呢？还是希望再请休斯本人出面来谈？经我这么一问，对方只好乖乖地说算了算了，一切就照你的意思办吧！"

资料来源：张国良. 商务谈判与沟通 [M]. 北京：机械工业出版社，2021.

4. 情绪爆发

人们总是希望在和谐、轻松、没有对立的环境中工作和生活，当面临突然的冲突时就会惊慌失措，不知如何是好。多数情况下人们会选择妥协、退却，尽量回避矛盾和冲突。情绪爆发策略正是对上述情景的利用。情绪爆发就是谈判者突然爆发出激烈的情绪，威慑和影响对手，从而迫使对方让步。

情绪爆发一般有情不自禁的爆发和有意识的爆发两种：当对方行为或态度引起己方愤

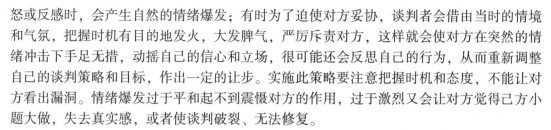

怒或反感时，会产生自然的情绪爆发；有时为了迫使对方妥协，谈判者会借由当时的情境和气氛，把握时机有目的地发火，大发脾气，严厉斥责对方，这样就会使对方在突然的情绪冲击下手足无措，动摇自己的信心和立场，很可能还会反思自己的行为，从而重新调整自己的谈判策略和目标，作出一定的让步。实施此策略要注意把握时机和态度，不能让对方看出漏洞。情绪爆发过于平和起不到震慑对方的作用，过于激烈又会让对方觉得己方小题大做，失去真实感，或者使谈判破裂、无法修复。

5. 欲擒故纵

欲擒故纵策略是一种常用的策略和技巧，是指在谈判中的一方虽然想做成某笔交易，却装出满不在乎的样子，将自己的急切心情掩盖起来，似乎只是为了满足对方的需求而来谈判，使对方急于谈判，主动让步，从而实现先"纵"后"擒"的目的的策略。"纵"是假，是手段，"擒"是真，是目的。

当对方拒绝合作或提出苛刻的条件时，双方很容易陷入僵局。这时己方可以表现得不慌不忙，不予回应，或者主动放弃进一步谈判或者合作的意图。这样对方由于怕失去合作的机会，就会降低姿态、妥协和让步。

这一策略中，要注意使自己的态度保持不冷不热、不紧不慢。比如在日程安排上，不急迫，不附和对方。在对方态度强硬时，让其表演，不慌不忙，不给对方回应，让对方摸不着头脑，制造心理战术。策略实施的关键在于掌握好"纵"的度，"纵"不是"消极"的纵，而是"积极、有序"的纵；通过"纵"激起对方迫切成交的欲望而降低其谈判的筹码，达到"擒"的目的。

5.3　成交阶段的策略

谈判的最后阶段就是成交和签约的过程，也就是交易的达成，也称为收尾阶段或终结阶段。随着磋商的深入，双方意见逐步趋向一致，开始进入成交阶段。通常，谈判结果无外乎三种：成交、终止和破裂。而只有成交才可能表示谈判的成功，也是谈判双方所期望的结果。

5.3.1　谈判成交的判断技巧

商务谈判何时进入成交阶段是商务谈判中极为重要的策略。谈判者必须正确判定谈判成交的时机，才能实施好成交阶段的策略。如果判断错误可能会使前期大量劳动付诸东流，也可能毫无意义地拖延谈判，丧失成交机遇。一般情况下，谈判成交阶段可以从以下四个方面判定。

1. 从交易条件上看

谈判的中心任务是交易条件的商谈，在磋商阶段双方经过激烈的讨价还价，各种交易条件逐步趋于一致，形成更多的共识，一些矛盾也得到了很好的解决，那么此时交易就进入了成交阶段。这里的交易条件不仅指价格，而且包括对产品数量、产品质量、交易方式等其他相关的问题所持的观点、态度、做法、原则等。

2. 从谈判时间上看

谈判过程必须在一定时间内终结，当谈判时间即将结束，谈判自然就进入终结阶段。一般情况下，商务谈判不可能无休止地进行下去，都会有一个最后期限。这个期限可能是双方约定好的，可能是一方限定的，也可能是由于突发状况而产生的时间变化。到最后时间，谈判者应该调整各自的战术方针，抓紧最后的时间有效地行动。

3. 从谈判策略上看

谈判过程中有些策略的实施可以暗示或明示谈判的最后时间。如最后通牒策略，一方声明最后的立场或时间，如果对方不同意则中止谈判，如其同意就进入成交阶段。

4. 从谈判者发出的信号看

在谈判过程中，有时候谈判者会故意或不经意地发出要终结谈判的信号，这时谈判就开始进入成交阶段。谈判者使用的成交信号不同，但一般有以下几种：用最少的言辞阐明立场，表达出一定的承诺意愿；用最后决定的语调阐述自己的立场；提出完整、绝对的建议；简单明了，没有讨价还价的余地；向对方保证结束谈判对其有利；其他一些暗示性语言或行为。

5.3.2 最后让步的技巧

通常，在磋商阶段会遗留一两个有分歧的问题，需要经过最后的让步才能达成一致、签订协议。成交阶段谈判双方还要进行最后一次报价和让步，以确定成交条件，达成交易。

1. 最后让步的时机和幅度

在最终报价时，谈判者应该更加小心谨慎，因为这次报价将直接决定最后的成交价格。最终报价首先要掌握时间，让步的时间过早会被认为是前一阶段讨价还价的结果，是另一个让步，而不是为达成协议所作的最后让步，这会使对方提出新的条件。让步的时间过晚会削弱对对方的影响和刺激，会对局面起不了作用或影响微弱。所以，最终报价一定要选好时机。

最终报价还要注意让步的幅度，确定合适的价格。最后让步的幅度需要考虑对方在企业中的级别和地位。一般最后关头会由双方高级管理人员出面参与，所以让步的幅度既要满足对方主要谈判人员维持地位和自尊的需要，又要不至于由于让步幅度过大使对方主管认为谈判人员没有尽力争取最佳交易条件。

最后报价需要注意两个方面：一方面要判断谈判是否进入成交阶段，在最后期限之前提出最后的报价，能够给对方留下一定的时间回顾和考虑；另一方面要考虑对方的接受能力，最终价格不能超过对方底线，否则就会引起新的争论，甚至前功尽弃。一个优秀的谈判者往往能够在最后阶段抓住时机，出奇制胜，为整个谈判锦上添花。

2. 最后让步需要注意的问题

商务谈判的最后阶段，当双方意见存在不大的差距时，需要最后让步以达成交易。有时也可以在对方认同的条件下适当给出一些让步，一些无关紧要的、次要条件的小小让步往往会达到意想不到的效果。

最后让步需要注意以下几点。

（1）要严格把握最后让步的幅度，不能损害己方利益。

（2）最后让步幅度大小必须足以成为预示最后成交的标志。在决定最后让步幅度时，主要看对方接受让步的这个人在其组织中的级别：对较高职位的人，刚好满足维护其地位和尊严；对较低职位的人，刚好使其不至于受到上司的指责。

（3）让步和要求并存。己方在做出某些让步时一定要让对方知道，希望对方也作出相应的让步，除非己方全面接受对方的最后要求。如谈判者让步时示意对方这是他本人意思，这个让步很可能使其受到上级的批评，所以要求对方予以相应的回报，或者不直接给予让步，而是指出他愿意这样做，但要以对方的让步作为交换。

谈判策略案例

1952 年，为了引进飞利浦公司的先进技术，松下电器公司和飞利浦公司进行了一次谈判。当时松下电器公司的创始人——松下幸之助克服了很多困难，经过努力将飞利浦公司要求的技术援助费从销售额的 7% 压到销售额的 4.5%。接下来，飞利浦公司要求松下电器公司一次性付清 2 亿日元的专利转让费，并且在草拟的合同上还规定，如果违反合同，或在履行合同时出现偏差的话，松下电器公司将要接受处罚、被没收机器，这令松下电器公司伤透了脑筋。当时松下电器公司的资本总额不过 5 亿日元，飞利浦公司要求的 2 亿日元的专利转让费用几乎占松下电器公司全部资产的一半。假如答应了飞利浦公司提出的条件，松下电器公司就会承担极大的风险。如果不答应对方提出的条件，松下电器公司就会失去与之合作的机会。经过再三思考，松下幸之助认为，飞利浦公司在机械研发上实力十分雄厚，这一技术资源是 2 亿日元买不到的。一旦签约，松下电器公司就能够利用这一技术资源获取长期利益，尽管风险非常大，但值得冒险。经过调查，松下幸之助决定妥协，在合同上签字。

资料来源：莫群俐. 商务谈判［M］. 北京：人民邮电出版社，2023.

5.3.3　最后成交的策略与技巧

在最后成交阶段，经历了最后的报价与让步以后，谈判进入了终结阶段。但这时并不能认为谈判已经结束了，这个阶段也需要采取一定的策略和技巧来给整个谈判画上完美的休止符。

1. 感情攻势

一般在谈判开始双方都会有相互寒暄、酒宴、舞会等感情交流活动，尤其是异地商家。当一方到另一方所在地进行谈判时，主方一般都会安排住宿、酒宴、娱乐等活动，有时谈判双方也会在这些活动中就一些问题达成共识。当谈判进入最后的收尾阶段，双方基本上达成一致意见，此时经历了长时间的交锋，双方可能都比较疲劳，此时把谈判桌转移到场外，如酒桌、宴会、娱乐场所等就会缓解针锋相对的情绪，使双方建立一种友好、融洽的气氛。在这样的气氛下，双方不但会加深理解，强化对谈判结果的满足感，还会增进友谊，为以后的合作打下良好的基础。哪怕谈判最后未能达成协议，也不能与对方对立、讥讽、嘲弄或冷淡对方。"买卖不成仁义在"，从长远来说，维系情感远远重要于一次谈判的成败。

2. 庆祝与赞美

商务谈判是一项劳心劳力的活动，当谈判结果确定，签订协议，谈判双方都付出了巨大的体力和脑力的代价。成功完成交易对双方来说都是一项成就，双方都可以从交易中获得一定的利益。此时，如果真诚地赞美对方谈判人员的才干，强调交易给双方带来的好处，庆祝谈判的成功，就会使对方心里获得平衡和安慰，哪怕对方获得的利益少于我方。通过庆祝和赞美就可以强化双方谈判者的成就感，提高对方对谈判结果的满足感，有利于促进双方以后的进一步交易。如果只顾自己沾沾自喜，或者讥笑对方谈判的失利，就可能遭受意想不到的损失。

3. 慎重对待协议

谈判的最后阶段就是签订协议，而后续就是协议的履行。协议是以法律形式对谈判结果的记录和确认，受法律保护。谈判的成果需要严密的协议来确认和保证，双方的交易关系也要以协议内容为准。因此，最后签订的协议内容必须和谈判结果完全一致，不能有半点误差。否则，一旦有人故意在协议的价格、数量、日期以及一些关键性的条款或概念上作文章，就可能完全扭转谈判结果。一旦因为疏忽而在被恶意更改过的协议上签字，就会使之前的谈判成果付诸东流，给企业带来巨大的无法挽回的损失。所以，在签订协议前，一定要就双方所有谈判内容与最后协议仔细对照查看，确认无误后才能签字。

5.4　价格谈判策略

5.4.1　价格决定因素

影响价格的因素很多，在商务谈判中主要有以下几方面。

1. 技术要求的确定

谈判者要注意，有时同样的产品由于对某项指标提出了过高的要求，价格就可能上涨很多。有些技术人员常常会盲目追求一个过高的技术指标，这看来是为了加大保险系数或为以后的技术发展打基础，结果却导致价格上涨。其实并不是所有的高技术指标在实际经济活动上都是必需的，有不少是可以通过我们的努力解决的，可是一旦要求外方提供就必须承担额外的费用，结果造成价格上涨是必然的。

谈判策略案例

上海某公司成套引进一条流水线，前几轮谈判都很成功，最后却在一台测试仪的价格上，双方争执不下。我方认为对方在故意抬价，感到很不满，而对方则认为这台测试仪是根据采购方的要求提供的，这台仪器的价格并不贵。在回顾谈判过程中的各项细节时，才发现这种情况完全是我方自己造成的。原来，这台测试仪按引进生产线的要求，测试的精度达到B级就可以了，而我方技术人员却认为精度越高越好，硬要对方提供测试精度为A级的测试仪。测试精度提高了，测试仪的价格自然要提高，而这个精度又不是必要的，是过高的技术要求。所以，经过调整后，这个争执就很快得到了解决。总之，我方提出的要求应该在满足我方基本要求的前提下，力求采用外方现有系列的产品。就比如我们想买一套西服，去服装公司挑选，试穿合身后就购买，是最经济的，因为这是批量生产的产品。如果你去定制并提出一些特别的要求，如一些特别的标志、专门的面料、新颖的设计等，这些都是需要支付额外费用的，势必会使价格上涨。

资料来源：董丽丽. 国际商务谈判［M］. 北京：机械工业出版社，2023.

2. 交货期的长短

在价格谈判时，交货期长短会影响价格的高低。要货越急，对方要的价也就越高，因为生产厂根据订单已经安排了生产计划，若要中间插入新的订单，就要调整生产计划，改变生产流程，这必然会增加对方的额外成本。有的项目，我方一味追求到货越快越好，以为对方交货越早，我们的工程就越有保证，工程按期完成的保险系数就越高，以为只有这样才是正确的。然而整个工程中尚有别的部分没有就绪，光有其中一部分提前交货，这本来就是不必要的和没意义的，还可能带来经营方面费用上升，对于整个工程来说非但没有增加保险系数，反而会由于一味追求交货期，而使对方趁机抬价，这让我方吃亏。

另外，有些企业只注意价格上的高低，而不考虑交货期的长短，这样做也是会吃亏的。

 **谈判策略案例**

某远洋运输公司向外商购买一条旧船，外商开价 1 000 万美元，该公司要求降低到 800 万美元，外商十分干脆地同意了这个价格，但提出交船期要推迟三个月。远洋运输公司以为在价格上占了便宜，就很高兴地答应了对方的要求。哪知外商利用这三个月的时间跑运输，营运收入大大超过了 200 万美元。显然，我方并没有在这场谈判中获得价格优势。所以在价格谈判时要注意交货期的长短，不要追求不必要的提前。同时，在发现对方用延长交货期战术来提高价格时，也要予以警惕。

资料来源：刘向丽. 国际商务谈判［M］. 北京：机械工业出版社，2022.

3. 融资成本的高低

在国际商务活动中，资金来源多种多样。在国际交往中，大宗货物买卖尤其是大型建设项目，完全用自己的钱来购买是很少见的。常见的资金来源是：向银行申请贷款；由国家拨给；外国政府的贷款或赠款；国际金融组织的贷款等。这里面除了国家拨给与国际赠款以外，其他都有一个融资成本的问题。一般来说，国际金融组织与外国政府贷款的融资成本要低于商业贷款，达到 AAA+资信程度的金融机构出面筹资比其他金融机构的融资成本要低。良好的担保条件也会使融资成本降低，所以在进行价格谈判时要考虑资金来源的问题。从严格意义上说，外国政府贷款及赠款，只是体现了两国政府之间的关系，与外商是无关的。但是实际在谈判过程中，要完全排除外商的影响是很难的。因为这些贷款或赠款往往都附有必须购买该国商品或技术等条款。于是不同的资金来源就可能会导致不同外商的介入，进而会对价格谈判带来重大影响。因此，我们在进行价格谈判时，必须把价格的高低与资金来源联系起来进行综合考虑。在资金来源可选择的情况下，可以选择较低的资金成本，来抵冲价格谈判中的不利因素，选择在综合平衡后的优化方案。

4. 采购渠道的选择

许多谈判者都认为，直接向制造商采购是最经济、最便宜的，认为这样做可以减少中间环节的费用，而通过中间商购买，则要支付额外的费用，是不合算的。其实这种观点是有失偏颇的。比如一位著名船王就从来不直接向制造商买船，而是通过中间商来购买。难道这个船王不精明，甘愿受中间商盘剥，白白多支出一笔费用吗？要不要通过中间商是很有学问的。向制造商购买自然有许多优势，比如，对商品的性能、技术的功能有直接明白的了解；有的制造商出于长期经营的需要，有时会主动让价；向制造商购买在技术服务方面更为方便一些等。然而，通过中间商购买也有许多意想不到的好处：第一，中间商信息来源畅通，可以提供最优化的选择；第二，谈判本身是有成本的，有时直接向制造商购买谈判成本很高，然而，向中间商购买谈判成本就会较低；第三，谈判是要花费时间的，在一定情况下，时间本身就是金钱，而通过中间商购买可以尽快成交，争得时间；第四，往往中间商与卖方、买方都有良好的合作关系，在需求和供给的结合上可以提供最佳方案。尤其是大型的贸易机构，它们的触角遍布全球，拥有高水平的技术、谈判、融资等方面的专家，并有广泛与各行业的合作关系，通过他们的综合研究，往往可提出有关交易的最佳方案，相对来说，所花费成本也较低。特别是在一些复杂的贸易方面，其优势更显突出。这就是日本大多数企业一般通过综合商社来进行进出口贸易的重要原因。所以，在谈判中，对采购渠道也要进行比较和选择，有时通过中间商购买要比直接向制造商购买价格便宜，手续简便，时间快捷。

5.4.2 正确处理价格谈判的各种关系

在对影响价格的因素进行了一系列分析后，还要正确处理价格谈判的几个主要关系。

1. 积极价格与消极价格

不少谈判者在参加谈判时，常常会觉得对方的价格太高了，自己无法接受；或认为对方的价格正中下怀，欣然签约。其实价格高与低的含义是极难予以科学界定的，它常带有浓厚的主观色彩。对于这两个概念，不同的人在不同的情况下会有不同的看法。如果你的条件越能满足对方的要求或愿望，对方就越会觉得你的价格便宜，就会欣然接受；反之，如果对方认为你所提供的条件与自己的要求相距甚远，那么你的价格在他的眼中就一定是太高了。这就是积极价格与消极价格的关系问题。

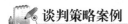 **谈判策略案例**

消极价格向积极价格转化

有人不愿意花 20 万元买一辆新汽车，却愿意花 10 万元修复一辆汽车；一个教授花 20 元买一件衬衫可能就觉得很贵，而他买两本书花 30 元却不在乎；有的人很舍不得出 40 元去乘一次出租车，可是他却舍得拿 100 元请客吃饭。在上述例子中，前面的感觉是"消极价格"的反应，后面的行动是"积极价格"的反应。商务谈判时应注意，对方所迫切需要的东西，其价格大多数属于"积极价格"；而其不喜欢的东西，其价格往往属于"消极价格"。如果汽车经销商能够向顾客证明新车比维修后的汽车更有价值，并且能够为对方节省大量费用，那么，顾客就会消除疑虑，欣然成交；如果百货商店的营业员对顾客宣传穿上一件挺括的衬衫会改善形象，可以扩大社交范围，获得书本上所学不到的东西，顾客受其感染，或许会买下原来不想买的那件衬衫；如果一位出门从不坐出租车的人要赶去参加一个重要的会议，时间紧急时在朋友的劝说下，或许会叫出租车以解燃眉之急。在这些例子中，经销商的介绍、营业员的宣传、友人的劝说都是使消极价格向积极价格转化的重要因素。

这种使消极价格向积极价格转化的情况，在商务谈判中也同样存在。使用积极价格因素进行商务谈判，是一种十分高明的谈判技术。对于同一产品，有些客户认为太贵，而另一些客户则可能认为很便宜，通过将消极价格转化为积极价格就能促成交易。

资料来源：搜狐网，采购谈判技巧：价格谈判中的价格关系. 2021 年 11 月 30 日，https://www.sohu.com/a/503676017_131909

在谈判中常常会有这种情况，如果谈判的一方迫切需要某种产品，他就会把价格因素放在次要的位置上，他着重考虑的往往是交货期的长短、数量的多少、质量的优劣，而不是价格的高低。

2. 实际价格与相对价格

价格是有实际价格与相对价格之分的。由商品生产、流通和服务成本为基础确定的价格是实际价格，而与商品或服务的有用性相关联的价格是相对价格。由于相对价格与谈判双方所获得的利益联系最密切，因此，相对价格是价格谈判中不可忽视的组成部分。谈判者应努力做到不让对方的注意力集中在实际价格上，而要将对方的注意力吸引到相对价格上来，也就是说不应该与对方单纯地讨论价格，而应该强调对方所购买的是会满足其需求的某种价值。

如果谈判者难以将对方的注意力从实际价格上引开，那么就应该把价格连同价值一并提出。谈判者当然应该十分重视价格，否则就不叫商务谈判了。但是谈判者在表面上不应该显露出对价格的过分重视。谈判者应该表现出对价格问题的超脱态度，避免有意无意地提及价格，否则会自找麻烦。有时候，谈判者抱怨对方过分关心价格的细节问题，而实际上问题的症结恰恰出在谈判者自己的身上。正是因为谈判者对价格的敏感，引起了对方的注意，从而使对方对价格也敏感起来，而且会抓住不放。所以，为了引导对方正确地看待价格问题，必须强调产品将给对方带来的益处，这容易使整个谈判取得成功。

运用相对价格进行谈判，不仅对输出方有意义，对接受方来说同样有意义。在商务谈判中，作为接受方，把产品的有用性与对应的价格相联系，有时就可在对方提出的价格基础上呈现出一种姿态，向对方表示可以接受这个价格，但希望增加一系列的附加条款，如帮助安装、调试、维修，进行技术培训、技术服务等。应尽力在提高相对价格上提出具体要求，不与对方单纯地讨价还价，而是利用相对价格的优势，增加自己一方的利益。总之，运用相对价格进行谈判，对卖方和买方来说都是十分重要的，成功的关键在于掌握全部情况，熟练运用区分实际价格与相对价格的谈判技巧。

3. 硬件价格与软件价格

硬件价格的谈判通常构成了价格谈判的主体，是关系到价格谈判能否成功的主要因素。软件价格虽然不是价格的主体，但如果不注意的话，一旦失手，也会造成很大的损失，使在硬件价格得到的好处在软件价格方面损失。

人们常常十分精于对硬件价格的分析。谈判者会把对方的报价与供应商店的品质、数量、技术性能、交货时间等逐项分析，分清哪些是合理的，哪些是不合理的。然后在谈判桌上与对手进行一场轮番式的谈判，使价格变得合理精确。这样做是有一定道理的。不这样做是可能会在硬件价格上让对手浑水摸鱼而吃大亏的。然而，在注意这一方面的同时，人们常常会忽视软件价格的谈判。其实，在谈判中软件价格与硬件价格同样重要。作为谈判者万万不可对软件价格掉以轻心。通常，软件价格是指与产品、工程、设备等有关的专利、专有技术、商标品牌、服务标记、版权等的价格。以往我们对软件方面的投资不够重视，其实进行一定的软件投资对于发展中国家来说很重要，也很有必要。

决定软件价格的因素很多，因为软件的价格往往有很大的弹性，我们一方面要注意软件价格本身的要求，另一方面可以通过 WIPO（世界知识产权组织）或专利事务所等机构来查询有关资料，对价格予以公正的确认。曾经有一家比较有名的外国公司来中国投资创建合资企业，在谈判中提出要将其专利折成股份，我方谈判代表认真一查，结果发现那项专利的保护期限已过，可以自由使用，从而避免了我方可能的损失。所以既要重视硬件的价格，在谈判中把硬件价格作为一个重要的方面来对待，同时又要善于进行软件价格的谈判，要注意影响软件价格的各种因素，在自己经验不足的情况下，要虚心请教专家，或向国际著名的咨询公司寻求帮助，力求正确地进行软件价格的谈判。

4. 固定价格与浮动价格

国际商务活动中进行的价格谈判，多数是按固定价格来计算的。固定价格明确、简便、直观，便于谈判，但并不是所有的价格谈判都是围绕固定价格进行的，尤其是对于大型项目，采用固定价格与浮动价格相结合的方式进行谈判就很有必要。对于大型项目而言，由于项目延续时间很长，有些设备要很晚才能供货，所以在项目开始时就要确定这些设备的价格不太合适，因为若干时间后，各种原材料价格、工资、利率、汇率等因素都难以预料，要求即刻定下这些价格势必风险很大。大型项目工程的工期短则一二年，长则六七年，有不少设备到工程快结束时才需要使用，如果单纯用固定价格就显得不太合理，而谈判者如果正确地选择固定价格与浮动价格相结合的计价方式，这对中外双方来说，可以避免工期过长所带来的不确定因素带来的风险。因此在项目投资额比较大、建设周期比较长的情况下，要分清哪些设备可以用固定价格来计算，哪些设备需要用浮动价格计算。如果为了图方便，一味要求对方一定要用固定价格报价，就会使外商片面扩大那些不确定因素带来的风险，并把它们全部转移到固定价格中去，使整个价格上涨。

5. 综合价格与单项价格

在进行商务谈判时，还有一个问题需要引起注意，就是进行引进项目谈判时，由于较多地注意引进的技术是否先进，以及较多地从承受能力的角度去分析价格能不能接受，并据此与对方进行整体的价格谈判，因此常常会出现谈判双方互不让步的相持局面，甚至使谈判破裂。其实，引进技术的先进程度有个相对性的问题。有时从整体上看，技术并不是很先进，但从局部上看技术很先进，并且是十分迫切需要的，这就需要把整个项目进行分解，进行逐一分析，不在总体上讨价还价，而与对方进行逐项的分析，指出哪些价格是合理的，哪些价格是不合理的，从而达到综合价格的合理化，这种灵活的谈判策略常常很有用。

 实践训练

1. 分小组模拟开局阶段、报价阶段、磋商阶段和成交阶段的谈判情景，并运用所学知识进行分角色演练。

2. 创设中国广东格兰仕（集团）公司与法国家乐福公司关于微波炉（V 尚系列）买卖的谈判情境，将学生按每组 3~4 人分组，一组扮演广东格兰仕公司谈判小组，另外一组扮演家乐福公司谈判小组，进行开局营造良好谈判气氛的模拟演练，收集整理所有关于谈判对手的信息，为谈判开局做准备，建立恰当的谈判气氛，掌握开局主动权，要求如下：双方在开局阶段一般不进行实质性谈判，只是见面、介绍、寒暄以及谈一些非关键的问题，请各小组进行开局建立良好谈判气氛的对话设计。

3. 宁波牛奶集团有限公司与沃尔玛超市是长期的合作伙伴，是沃尔玛超市比较稳定的乳品供应商之一。在新的一年，沃尔玛超市准备与乳品供应商宁波牛奶集团有限公司就价格、入场、维护、促销、结款等问题展开新一轮的讨论，重新制定政策。宁波牛奶集团有限公司销售部与沃尔玛超市采购部已预约好商谈时间。

作为宁波牛奶集团有限公司销售部的经理，你将率领你方的谈判小组如约而至进行谈判。你需要完成以下任务。

任务 1：了解谈判对手并建立好谈判的开局气氛，使谈判能顺利进行。

任务 2：制定商务谈判开局策略。

任务 3：进行商务谈判的询价、报价和报价解释评述。

巩固练习

一、单选题

1. 在一方报完价之后，另一方比较适合的做法是（　　　）。

A. 马上还价 　　　　　　　　　　B. 置之不理、转移话题

C. 请对方作出价格解释 　　　　　D. 亮出己方的价格条件

2. （　　　）是指在商务谈判过程中，以两个人分别扮演"红脸"和"白脸"的角色，或一个人同时扮演这两种角色，使谈判进退更有节奏，效果更好的策略。

A. 红脸白脸策略 　　　　　　　　B. 欲擒故纵策略

C. 抛放低球策略 　　　　　　　　D. 旁敲侧击策略

3. 当今世界各国当事人普遍选择的解决争议的基本方式是诉讼和（　　　）。

A. 行政复议 　　　B. 调解 　　　　C. 仲裁 　　　　D. 谈判

4. 一件事接一件事、一个问题接一个问题地讨论直至最终完成整个协定的逐项议价方式被称为（　　　）。

A. 美式谈判 　　　B. 日式谈判 　　　C. 欧式谈判 　　　D. 华式谈判

二、简答题

1. 正确运用商务谈判策略应该满足哪些条件？

2. 简述制定商务谈判策略的六个步骤的内容及意义。

3. 请制订一个运用以退为进策略的方案。

4. 简述投石问路策略的适用范围及其实施时应该注意的问题。

5. 在什么情况下可以实施声东击西策略？

学以致用

福建省嘉贝斯智能家居有限公司（以下简称嘉贝斯）是一家集生产加工、经销批发于一体的工贸型企业，福建锐思软件开发有限公司（以下简称锐思软件）是一家新兴的软件开发公司，专注于智能家居系统的开发。嘉贝斯计划进入智能家居市场，并寻求与锐思软件的合作。双方约定在嘉贝斯的总部进行谈判。

在谈判开始之前，嘉贝斯进行了深入的市场调研，了解了智能家居市场的现状和未来趋势。同时，嘉贝斯还分析了锐思软件的技术实力、市场占有率和潜在增长点。基于这些信息，嘉贝斯制定了详细的谈判策略和预案。

谈判一开始，嘉贝斯的代表首先发言，详细介绍了嘉贝斯的市场地位、技术实力和未来发展规划。同时，嘉贝斯还强调了与锐思软件合作的重要性和意义，为谈判奠定了基调。在了解了锐思软件的基本情况后，嘉贝斯主动提出了合作的具体方案。嘉贝斯表示愿意提供资金和技术支持，与锐思软件共同开发智能家居系统。同时，嘉贝斯还提出了具体的市场推广计划和预期收益分配方案。面对嘉贝斯的提议，锐思软件表现出了浓厚的兴趣。但锐思软件也提出了一些担忧，如担心技术泄露、市场份额分配等。针对这些担忧，嘉贝斯迅速给出了解决方案，如签订保密协议、设立联合研发团队等。在接下来的谈判中，双方就合作的具体细节进行了深入的讨论，包括产品开发周期、市场推广策略、利润分配比例等。经过多轮磋商，双方最终达成了一致意见。

在谈判的最后阶段，双方代表正式签署了合作协议，协议中明确规定了双方的权利和义务、合作期限、利润分配等关键条款。

请回答：

嘉贝斯运用了什么样的谈判策略？为什么谈判会成功？

拓展阅读

近期，一则医保谈判的视频刷屏，"70万元一针的天价药进医保"登上了热搜，成为社会关注的热点。近几年来许多价格昂贵的药物纷纷降价，这实际上与医保谈判是分不开关系的，那么医保谈判是怎么一回事呢？

医保谈判是指国家医保局的专家与药企进行谈判，以协商药物价格，从而使药物价格降低，降低患者的经济压力。国家医保局自从2018年成立以来，进行了多次谈判。通过准入谈判降低新药价格，坚持对独家药品"凡进必谈"。通过谈判，广大参保患者以全球最低的价格享受到了国内新上市药品，包括一些国际主流新药。三年来，谈判药品平均降幅分别为56.7%、60.7%、53.8%。初步估算，与谈判前市场价格相比，谈判降价和医保报销累计为患者减负近1 700亿元，受益患者达1亿人次。可见医保局砍价能力之强。

有人提出疑问：为什么不直接亮出底价，看企业能不能接受？根据现行谈判规则，医药谈判由企业方、医保方共同参加，企业方由授权谈判代表、医保方由谈判组组长主谈，现场决定谈判结果。首先由企业方报价，企业方有两次机会报价并确认。如企业第二次确认后的价格高于医保方谈判底价的115%（不含），则谈判失败，自动终止。如企业第二次确认后的价格不高于医保方谈判底价的 115%，则进入双方磋商环节。谈判过程中，企业授权代表可通过电话等方式请示，但应现场给出明确意见。双方最终达成一致的价格必须不高于医保方谈判底价。

谈判价格并不是越低越好，如果突破企业的底线，亏本运营，将不利于市场的长远发展。谈判最终能否成功取决于医保方和企业方的底线是否存在交集。医保方谈判专家的职责是利用谈判机制，引导企业报出其能够接受的最低价。也就是说，谈判专家在基金能够承受并且企业可以接受的范围内，努力为群众争取更为优惠的价格，这就是"灵魂砍价"的魅力所在。

其实关于特效药，国家医保局不是第一次谈判，过去两年，医保局和药企方谈过一次，那次，价格从近 70 万降到约 55 万，但价格过高进不了医保。今年，国家医保局和药企双方都表达了更恳切的诚意，最终促成了这件事。脊髓性肌肉萎缩症（SMA）是罕见病，药的研发成本很高。2020 年 3 月，《美国医学会杂志》发表了一篇论文，统计 2009 年到 2018 年，一种新药从研发到上市的平均成本为 13 亿美元（约人民币 90 亿）。花这么多钱开发，后期是要靠售药收回成本的。厂商如果不能收回成本，拿到一定利润，很可能导致没有企业愿意投资研制罕见病特效药的境况，这对患病家庭来说无疑更可怕。

一场"灵魂砍价"再次刷屏，温柔又坚定的话语背后，不仅为医保基金"减压"，更为千万家庭撑开了"生命之伞"。国家医保局谈判代表的锱铢必较看似不顾"风度"，实则最是彰显"风度"。我国参保人数世界最多，但我国仍是发展中国家，人均筹资水平有限。要用有限的医保资源满足最多人口的基本需求，不仅是一道世界难题，同时也考验着医保人的勇气决心和责任担当。唯有怀着人民至上的信念，秉持为民谋取最大利益的坚定立场，把好药、管用药纳入医保，达到让药价降下来，让药企、医保、患者都获益的大好局面，医保谈判才能构筑一个三方共赢之局。

党的二十大报告深刻指出，要深刻领会以人民为中心的发展思想，始终坚守为民初心，为民谋利，越是锱铢必较，越显责任担当。每一次博弈、每一分优惠不仅是为医保基金"减压"，更是为千万家庭纾困。"每个小群体都不应该被放弃"，彰显出国家对患罕见病等群体的关怀。国家医保局谈判代表们倾尽全力作为的表现，既体现出医保药品谈判的不易，也体现了国家推动解决老百姓用药难题的力度和决心，生动诠释了"人民至上、生命至上"的理念。

第6章 商务谈判技巧

🎯 学习目标

知识目标：

通过本章教学，使学生了解谈判语言的特点；熟悉谈判语言运用的条件；掌握商务谈判的语言表达的技巧；掌握谈判观察技巧；掌握谈判提问技巧；掌握谈判倾听技巧；掌握谈判辩论与说服技巧。

能力目标：

通过本章的技能训练使学生能够准确把握"听""说""看""问""答""叙""辩"以及"劝"和"拒绝"的基本技巧，还要学会如何在谈判中贯彻创新、协调、绿色、开放、共享的发展理念，确保谈判结果符合国家宏观调控政策，促进社会经济可持续发展。

素养目标：

培养学生高效沟通、快速协调的职业能力；培养学生以合法渠道获取信息并高效处理信息的核心素养；培养学生在商务谈判中的文化自信和国际视野，使其能够在维护国家利益和参与全球治理中发挥积极作用。

导入案例

"妙语连珠"龙永图

龙永图是中国加入世界贸易组织谈判的首席谈判代表，在谈判桌上，他口若悬河、针锋相对；在私下，他非常幽默，经常妙语连珠。龙永图认为，中国加入世界贸易组织最重要的一点就是按照国际规则办事，为此他做了三个形象的比喻。

（1）农贸市场论。世界贸易组织犹如一个农贸市场，中国没有加入时，就像是在市场外的小贩。现在，我们在市场中有固定的摊位了，我们做生意更名正言顺了。

（2）大块头和小块头打架论。一个大块头和小块头发生矛盾时，大块头总喜欢把小块头拉到阴暗角落里单挑，小块头则希望到人多的地方找人主持公道。目前我国经济比较弱，而美国等西方国家经济比较强，一对一解决，我们肯定处于不利地位，我们当然希望把问题拿到世界贸易组织多边机制中去解决。

（3）篮球赛论。要参加奥运会篮球赛首先就必须承诺遵守篮球赛的规则，不能一进球场就说："篮筐太高，是按照西方人的标准设定的，得把那篮筐降下一些来适应我们，否则就是不公平竞争。"想加入世界主流，首先就得遵守国际通行的规则，然后才能谈改变规则的问题。

龙永图用形象生动的比喻说出了中国加入世贸组织的必要性。

资料来源：杜海玲，许彩霞，杨娜. 商务谈判实务 [M]. 北京：清华大学出版社，2019.

6.1　谈判语言技巧

"谈判之士，资在于口。"谈判中的语言措辞是非常重要的，要想成为一名优秀的谈判人员，没有语言学修养是不行的。"言为心声，行为心形。"因为叙事清晰、论点明确、证据充分的语言表达能够有力地说服对方，取得相互之间的谅解，协调双方的目的利益，保证谈判的成功。所谓谈判就是既要"谈"又要"判"。"谈"主要就是运用语言表达自己的立场、观点及交易条件等，而"判"就是判断。由谈判双方对各种信息进行分析综合，通过讨价还价，经过衡量、比较，最后作出判断，以决定最终的谈判结果，并通过语言表达出双方判断的结果。如果交易不成功，则需要用口头语言告诉对方；如果交易成功，则既需要用口头语言通知对方，又需要以契约的形式用书面语言确定下来，作为谈判双方权利和义务的法律依据。应该说，商务谈判的整个过程也就是语言技巧运用的过程。

在商务谈判中，如何把己方的思想及意愿用语言准确地表示出来，并传达给对方知道，反映了一个谈判者的语言能力。语言在商务谈判中就像联结谈判双方思想的桥梁，具有重要的作用。

党的二十大精神强调了全面建设社会主义现代化国家的目标，其中对商务活动提出了新的要求和期望。在商务谈判中运用技巧时，应结合这些精神指示，确保商业行为不仅追求经济效益，同时也有益于社会和谐与可持续发展。谈判语言技巧的运用要注意以下几点。

1. 坚持以人民为中心的发展思想

在商务谈判中，这意味着要充分考虑对方的需求和利益，寻求共赢的结果。为此，谈判者应展现出同理心，深入了解对方业务和市场状况，建立信任关系，从而达成有利于双方的协议。例如，可以通过提供定制化的解决方案来满足客户需求，同时为己方争取合理的利润空间。

2. 贯彻新发展理念，即创新、协调、绿色、开放和共享的理念

在谈判中运用创新思维，比如采用新型商业模式或引入技术创新，可以提升企业竞争力。协调理念则体现在尊重行业规则和伙伴利益，力求达成各方都能接受的合作方案。绿

色理念要求企业在谈判时考虑环保因素，推广可持续产品和服务。开放理念意味着愿意接纳外来合作伙伴，拓宽市场渠道。共享理念则鼓励公平交易，让各方共享发展成果。

3. 坚持全面深化改革

这意味着商务谈判要顺应市场化、法治化的趋势，利用国际规则和专业法律知识保护自身权益。在此过程中，谈判者需要具备深厚的专业知识，能够灵活运用多种策略，如积极倾听、有效提问、适时让步等，以确保谈判的效率和成功。

4. 坚持中国特色社会主义道路自信、理论自信、制度自信、文化自信

在国际商务谈判中，要求谈判者展现中国文化的魅力和中国企业的实力，传播正面形象，增强己方话语权。通过展示中华文明的深厚底蕴和现代中国的创新发展，提升合作伙伴对中国的认知和尊敬。

5. 坚持党的领导

在商务谈判中，这意味着坚守诚信原则和商业伦理，保证谈判行为的透明性和公正性。企业内部应加强党的建设，确保决策符合国家宏观调控政策和社会主义市场经济要求。

将党的二十大精神融入商务谈判活动中，不仅是提升个人和企业能力的要求，也是履行社会责任的表现。通过在谈判技巧中体现党的二十大精神，我们能够在促成商业成功的同时，推动经济和社会的全面发展。

6.1.1 谈判语言的特点

谈判语言和一般的语言表达有着明显的区别。谈判是双方意见、观点的交流，谈判者既要清晰明了地表达己方的观点，又要认真倾听对方的观点，然后找出突破口，说服对方，协调双方的目标，争取双方达成一致。谈判语言的特点如下。

1. 谈判语言具有针对性

谈判语言的针对性是指根据谈判的对手、目的、阶段的不同，使用不同的语言谈判。简单来说，就是谈判语言要有的放矢、对症下药。

现实生活中，谈判无处不在，谈判的对象也各有不同。要想成功谈判，谈判人员必须要遵循针对性原则。针对不同的谈判对象，采用不同的谈话对策，即因人施语。谈判对象由于在性别、年龄、职业、性格、文化程度、兴趣等方面存在差异，则习惯使用的谈话方式和接受谈判语言的能力也有很大的不同。经过语言工作者的研究发现：男士习惯运用理性的语言，喜欢理性思辨的表达方式，女士则倾向于情感方面的说法，使用情感性表达的效果明显；性格内向且敏感的人，在与别人交流时喜欢寻思弦外之音，可能曲解别人的意思，或品出别人话里没有的意思，而性格直爽的人则喜欢说话时直截了当，显然对他们来说拐弯抹角、旁敲侧击之类的语言并不能产生理想的效果。总而言之，如果在谈判中忽视谈判对象的这些差异，说话之前欠缺思考，想怎么说就怎么说，就很难取得理想的效果，甚至会影响谈判的继续开展。

2. 谈判语言具有客观性

客观性是指在谈判过程中的语言表述要反映实际情况，尊重事实。谈判语言只有具有客观性，才能使谈判双方对彼此产生以诚相待的好印象，进而促使双方的立场、观点相互

靠拢，为进一步开展谈判奠定基础。

就货物买卖谈判而言，对买方来说，语言的客观性体现在三个方面：第一，如实介绍自己的购买能力，不夸大事实；第二，还价时要有诚意，并能提出合理的压价的理由；第三，对对方的产品的质量进行评价时要客观、中肯、不带任何偏见。对卖方来说，语言的客观性体现在四个方面：第一，真实地介绍己方公司的经营管理情况，不提供虚假信息；第二，介绍自己的产品质量、功能时要恰如其分，可以通过其他客户的评价来说明，也可以向买方展示产品样本或提供试用；第三，报价要切实可行，切忌漫天要价；第四，确定支付方式时要征求对方的意见，以寻求双方都能接受的支付方式。

如果谈判双方均能遵循客观性原则，就能给对方留下真实可信和以诚相待的印象，从而缩小双方立场的差距，使谈判成功的可能性增加，并为今后长期合作奠定良好的基础。

3. 谈判语言具有准确性

推动谈判进行下去的动力是双方的利益和需求。谈判双方通过谈判来说服对方理解己方的观点，直至接受，最终使双方在利益和需求方面达成一致，这关系到个人和所在组织的集体利益，这就要求谈判的语言在表述上一定要确保准确性。谈判双方必须把己方的立场、观点和要求准确地告知对方，帮助对方理解己方的态度和立场。如果谈判人员向对方传达的信息是错误的，而对方又没有发现，将错就错地达成了协议，那么就会造成巨大的利益损失。如果谈判人员向对方传达的信息不准确，那么对方就不能准确理解己方的态度，这样势必会影响谈判双方的沟通和交流，导致谈判朝着不利的方向发展，最终谈判双方的利益和需求都不能得到满足。

4. 谈判语言具有规范性

规范性是指谈判语言在表述时要精确、文明、清晰、严谨，主要体现在以下几个方面。

（1）谈判语言要准确规范，特别是在还价等关键环节，更要注意一言一语的准确性。在谈判过程中，由于一语不慎导致谈判走向歧途，甚至谈判失败的案例屡见不鲜。因此，必须认真思索，谨慎发言，用严谨、精练的语言准确地表述己方的观点、意见。

（2）语言要文明礼貌，符合商界的职业道德要求，不能使用粗鲁的语言。

（3）避免使用意识形态分歧大的词语，如"霸权主义"等。

（4）语言要清晰易懂，语音符合标准，切忌用方言、俗语与对方进行交流。

（5）注意说话时的停顿，分清轻重缓急，避免声音过小或大吼大叫等行为。

5. 谈判语言具有适应性

俗话说"到什么山上唱什么歌""什么时候说什么话"，就是告诉人们，说话一定要适应特定的言语环境。所谓言语环境是指言语活动赖以进行的时间和场合、地点等因素，也包括说话时的前言后语。言语环境是言语表达和领会的重要背景因素，它影响了语言表达的效果。掌握谈判语言艺术就一定要重视言语环境因素，如果谈判时不看场合，随心所欲地想说什么就说什么，不仅语言不能发挥效果，甚至还会引人反感，产生副作用。要根据不同的场合随时调整语言表达的策略，采用与环境最为契合的表达方式。如果发现环境根本就不适合谈判，就要及时换个环境或者改变谈判计划，以免谈判失败。

言语环境在某种特定的条件下，还可以作为谈资，谈判者可以利用它，突出主题的表达。比如，如果谈判在某一个具有纪念意义的日子和具有特殊意义的地点进行，谈判者就可以将其和谈判内容联系起来，让环境帮助自己"说话"。

6. 谈判语言具有技巧性

谈判语言也具有技巧性，尤其注重幽默。因为在谈判到激烈争辩、互不相让的时候，几句幽默的话可以使紧张、弥漫着火药味的气氛缓和下来。例如，有一次，中外双方就一笔交易进行谈判，双方在某一问题上讨价还价了两个多星期仍然相持不下。这时，中方主谈人就说了一句话："瞧，我们双方至今还没有谈出结果，如果奥运会设立拔河比赛项目，我想我们肯定是并列冠军，而且可以载入《吉尼斯世界纪录大全》。我敢保证，谁也打破不了这一纪录。"这句话一说出来，双方谈判人员全都哈哈大笑，气氛一下子就缓和了下来，随即双方都作出了让步，很快就达成了协议。

6.1.2 谈判语言的运用

要想在谈判中取得主动权并达到既定的谈判目标，谈判人员需要在语言的运用方面下工夫，主要表现在以下几个方面。

1. 言语要简洁、明晰

这一点要求谈判人员在谈判过程中要用最简练的语言来表达自己的观点，不说多余的话，用简练的语言表达丰富的内容，说话干脆利索，同时要吐字清晰，准确流畅，语音纯正，避免说话含糊不清、吞吞吐吐、逻辑混乱。此外，要避免说容易产生歧义的模棱两可的话。

2. 说话要有针对性

这一点要求谈判人员要弄清楚自己发言的目的，明确所想要达到的目标或效果。在针对实质性问题展开叙述前，要做到心中有数。

3. 学会有效提问

在谈判过程中，通过有效的提问可以引导对方不断进行深入思考，从而积极地参与到谈判中，为实现共赢的目标而共同努力。在提问题时，可以提一些对方可能不想回答的问题或者你已经知道答案的问题，从中得到启发，以便了解对方是否有诚意。这里应该注意的是，所提出的问题要经过充分的考虑和准备，提问时的语气要温和、客气，切忌大声叫嚷，影响双方的感情。

4. 谨慎回答对方的问题

以卖方为例，如果买方通过"假如"等语句来投石问路时，必须深入考虑后再回答。这要求卖方，一方面，不要立即对"假如"的要求进行估价；另一方面，在回答问题之前，应该要求对方提出保证条件，把"假如"语句的询问变成交易机会。

6.1.3 谈判语言的分类

商务谈判的语言多种多样，从不同的角度或者按照不同的标准，可以分为不同的类型。

1. 按照语言的表达方式

按照语言的表达方式，谈判语言可以分为有声语言和无声语言。

有声语言是最直接、运用最广泛的谈判语言，是指通过人的发音器官来表达的语言，

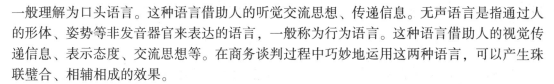

一般理解为口头语言。这种语言借助人的听觉交流思想、传递信息。无声语言是指通过人的形体、姿势等非发音器官来表达的语言，一般称为行为语言。这种语言借助人的视觉传递信息、表示态度、交流思想等。在商务谈判过程中巧妙地运用这两种语言，可以产生珠联璧合、相辅相成的效果。

2. 按语言的表达特征

按语言的表达特征，谈判语言可以分为专业语言、外交语言、军事语言、法律语言、文学语言等。

（1）专业语言。

专业语言是指与商务谈判业务内容有关的一些专业术语，不同的谈判业务，有不同的专业语言。例如，在工程建筑谈判中的关于造价、工期、开工、竣工、交付使用等专业术语；在产品购销谈判中的关于供求市场价格、数量、质量、包装、装运、保险等专业术语，这些专业术语具有简单明了、针对性强等特征。

（2）外交语言。

外交语言是一种弹性较大的语言，具有模糊性、缓冲性和幽默性等特征。在商务谈判中，适当运用外交语言既可以满足对方自尊的需要，又可以避免失去礼节；既可以说明问题，还能为进退留有余地。但过度使用外交语言，反而会使对方感到缺乏合作诚意。

（3）军事语言。

军事语言是一种带有命令性的语言，具有简洁、自信、干脆利落等特征。在商务谈判中，适时运用军事语言可以起到坚定信心、稳住阵脚、加速谈判进程的作用。

（4）法律语言。

法律语言是指商务谈判业务所涉及的有关法律规定的用语，法律语言具有规范性、强制性和通用性等特征。不同的商务谈判业务要运用不同的法律语言。每种法律语言及其术语都有特定的含义，不能随意解释使用。通过法律语言的运用，可以明确谈判双方享有的权利和应承担的责任等。

（5）文学语言。

文学语言是一种富有想象力的语言，其特点是生动活泼、优雅诙谐、适用面宽、有情调。在商务谈判中，恰如其分地运用文学语言，既可以生动地说明问题，还可以缓解谈判的紧张气氛。在具体使用时，可以采用一些修辞手法（如比喻、夸张等）来营造一种轻松愉快的谈判气氛，增强语言的说服力和感染力。

3. 按说话者的态度、目的和语言本身的作用

按说话者的态度、目的和语言本身的作用，谈判语言可以分为礼节性的交际语言、留有余地的弹性语言、幽默诙谐的语言、劝诱威胁性的语言。

（1）礼节性的交际语言。

在商务谈判中，礼节性的交际语言具有礼貌、温和、中性、圆滑等鲜明的特点，一般情况下这类语言不涉及实质性的问题，带有很强的装饰性。它的作用是创造一种轻松、和谐、友好、自然的谈判气氛，缓和与消除谈判各方的陌生感及戒心，以及敌对的心理，联络各方的感情。

常用的礼节性的交际语言包括"很高兴能跟您进行交流""热烈欢迎远道而来的朋友""希望我们的交往能为我们各自的公司以后的发展和合作奠定良好的基础"等。当然，在说这些话时，也可以稍微润色一下遣词用句，适当地加入一些文字色彩，效果会大大提升。

（2）留有余地的弹性语言。

商务谈判的形势经常发生变化，对于某些复杂的或意料之外的事情，我们往往无法提前预知，此时可以运用一些模糊性的语言，作出有弹性的回答，以避开其锋芒，争取时间进行必要的研究，同时制定出相应的对策。使用弹性语言的作用是避免因为盲目作出反应而令己方陷入被动的局面。

常用的留有余地的弹性语言有"再过几天就给你答复""我们会在适当的时候给你回信"等，这类语言的词眼一般有"尽快""近几天"等，具有一定的灵活性，留有余地。应用时应注意掌握好度，谈话的余地留得不够或弹性不足容易过早地暴露己方的底，被对方抓住把柄。

（3）幽默诙谐的语言。

幽默诙谐的语言是用一种愉悦的方式让谈判各方获得精神上的快感，从而消除紧张、焦虑的情绪，拉近彼此的关系。幽默诙谐的语言是思想学识、智慧和灵感在语言运用中的产物，它具有诙谐、生动、感染力强等特点，能引起听者的共鸣。幽默语言是谈判中的一种高级艺术，在双方争论不休、互不相让、充满火药味的情况下，一句幽默的话会使紧张的气氛松缓下来。心理学家凯瑟琳曾说过："如果你能使一个人对你有好感，那么也就可能使你周围的每一个人甚至全世界的人都对你有好感。只要你不只是到处与人握手，而是以你的友善、机智、幽默去传播你的信息，那么时空距离就会消失。"

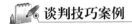 **谈判技巧案例**

丘吉尔的幽默

1941 年，丘吉尔就任首相后不久，为了了解美国的外交政策亲自赴美会见当时美国的总统罗斯福。

在丘吉尔抵达美国的第二天早上，罗斯福来拜访住在白宫客房部的丘吉尔。正巧，丘吉尔刚刚洗完澡，全身赤裸裸地走出浴室。罗斯福一看情况不对，立即困窘地要转头离去。此时，丘吉尔叫住了罗斯福，神情自若地对他说："你看！英国首相对美国总统的'坦诚相见'，是绝对没有任何一丝隐瞒啊！"罗斯福频频点头，笑着说："你说得好！你说得好！"

资料来源：潘肖珏，谢承志．商务谈判与沟通技巧［M］．上海：复旦大学出版社，2019.

丘吉尔通过机智幽默的语言，当场化解了双方的尴尬，而且一语双关，充分表达了英国人对美国人的那份坦诚以待的尊敬和诚意。

（4）劝诱威胁性的语言。

商务谈判始终是围绕着谈判各方在利益上的得与失而开展的。如果在谈判的过程中，其中的一方明显感到己方的利益受损时，就可能会不可避免地产生急躁情绪，甚至表现出某些粗暴的行为，说出如"如果不这样的话，我拒绝签约""最迟必须在 9 日前签约，否则我方将终止谈判"这种话。这种带有威胁性的强硬语言很容易伤害对方的自尊心，也容易伤害双方的感情。其实，对方使用这种语言主要的目的就是给己方造成心理上的压力，从心理上进行打击。使用这种语言时要注意，如果过多，很容易使对方产生敌对心理，使谈判的局势更加紧张，甚至有可能导致谈判破裂。

因此，为了使己方尽可能在对自己有利的情况下达成协议，除了运用威胁性语言外，还可以采用劝诱的方法。劝诱也是一种能使谈判者掌握主动权、主导谈判走势、控制谈判进程的策略，它的目的是把对方的注意力吸引过来，引导其沿着己方的思路去思考问题，逐步接近己方的观点，进而达成己方希望得到的结果。如果说威胁性语言具有干脆、简明、坚定、冷酷无情的特点，劝诱性的语言就如同和风细雨，使对方在轻松、愉快、舒心、自由的气氛中，改变自己的立场，向己方的观点靠拢。

6.1.4　谈判语言运用的条件

1. 谈判内容

谈判内容也就是谈判过程中的谈判议题。在谈判的不同阶段，针对不同的议题需要运用不同的语言，这也就是所谓的"言辞切题"。例如，在谈判双方初次见面寒暄、相互介绍、进行场下交易或针对某些题外话进行闲聊时，一般使用礼节性交际语言、幽默诙谐性的语言、文学语言等，这样就会给对方一种轻松亲切而又不失尊重的感觉。而在谈判洽谈与磋商阶段，当谈话涉及合同的条款、价格等内容时，一般均使用专业性的交易语言，以求准确且严谨地表达己方的意思和期望目标。当谈判遇到阻碍，双方争论不休，不分上下时，一般可以用威胁劝诱的语言来迫使对方作出让步，同时可以辅以幽默诙谐的语言和文学语言来缓解紧张的谈判气氛，降低双方对立的程度，然后再适时地运用商业法律语言来阐明己方的立场和观点。总之，应根据谈判过程中的议题的差异选择合适的谈判语言。

2. 谈判对手

谈判对手的不同，所运用的语言也应不同。在谈判中，必须考虑三个方面的因素，即谈判对手的特征、谈判双方的关系、谈判双方的实力对比。

（1）谈判对手的特征。

谈判对手的特征主要是指谈判对象所具有的社会的、文化的、心理的与个性的特征，如谈判对象的性别、年龄、职位、态度等特征。谈判人员要根据谈判对手的这些特征选择合适的谈判语言。例如，对于女性谈判者，用语要做到文雅、礼貌，任何有损对方面子和情感的语言都将使谈判气氛变得紧张，甚至导致谈判走向破裂。对于年长者，切忌使用威胁性的语言，因为冒犯年长者有悖于传统道德，容易失去人心，而劝诱性的语言也不适合对年长者使用，因为年长者一般经验丰富，有自己的看法，因此，使用专业交易性语言以坦陈事实比较合适。

（2）谈判双方的关系。

谈判双方的关系是指谈判双方的商务关系是合作已久比较熟悉，还是初次合作，商务关系的不同，对谈判语言的选择与运用也有所不同。当谈判双方是初次接触或很少接触，或以前虽有过谈判交锋但是未获成功时，应以礼节性交际语言、外交语言为主，以使对方感到可信，从而缩短与对方的心理、利益距离，提高双方的谈判兴趣与热情，促使双方由不熟悉向熟悉并进而向友好过渡；当双方互相已经比较了解、熟悉时，在谈判中就会少一些戒备、对抗心理，一般情况下，可以选择以文学语言和商业法律语言为主，幽默诙谐性的语言为辅，以使谈判双方关系更加融洽、和谐。在谈判中以专业性的语言来明确双方的权利和义务关系，用留有余地的弹性语言来维持和进一步发展双方合作的关系。

（3）谈判双方的实力对比。

谈判双方的实力对比状况既影响着双方在特定谈判气氛中所表现出来的行为与心理状态，也制约着一方对另一方所用语言的反应。当谈判双方实力悬殊或存在差距时，实力弱的一方在选择己方谈判语言时，必须要考虑实力强的对手可能做出的语言反应，这样就导致谈判双方不能自由选择谈判的语言；当双方实力相当时，谈判一方对所用语言的反应对另一方谈判语言的选择影响比较小，双方能自由选择语言进行谈判。

3. 谈判目标

商务谈判总是围绕着谈判双方所制定的目标展开的。对于不同的谈判目标，只有运用与之相适应的语言，才能保证目标的实现。商务谈判的直接目标分为两种：一种是成交，另一种是比较选择。例如，对于以成交为目标的谈判，应以使用礼节性语言、交际性语言、专业交易性语言、商业法律语言为主，以穿插文学性语言、幽默诙谐性语言为辅，以维持好良好的谈判氛围，从而达成最终的合作；而对于以比较选择为目标的谈判，一般应使用礼节性语言、交际性语言、外交性语言、专业交易性语言，有时可以使用军事性语言、威胁性语言和劝诱性语言，以求得最佳效果，但不可滥用，以免伤害对方的感情。

4. 谈判气氛

谈判结果对于谈判各方来说，在本质上并没有输赢之分，但是谈判各方为了使自己的期望目标最大化，必然会设法在谈判过程中争取优势，这就不可避免地导致产生不同的谈判气氛，有和谐友好的，也有紧张的。谈判人员应该准确把握不同的谈判气氛所能产生的后果，正确运用谈判语言争取主动权。例如，在谈判气氛相对来说比较轻松、自然时，可以使用礼节性交际语言、幽默诙谐的语言、文学性语言等；而在双方针对价格问题争论不休时，可考虑使用威胁劝诱性语言，辅以幽默诙谐性语言。

5. 谈判进程

在商务谈判从开局到最终达成协议的整个过程中，谈判要大致经历准备阶段、开局阶段、洽谈与磋商阶段、结束阶段。在谈判过程的不同阶段，谈判的议题与所要达到的目标是不同的，因此，谈判的语言也有所差异。在谈判的准备阶段，应以使用一些礼节性交际语言、专业性交易语言和法律语言为主；在谈判的开局阶段，为创造良好的谈判氛围，应主要使用文学语言、幽默诙谐性语言；在洽谈与磋商阶段，应以使用专业性交易语言、商业法律语言为主，配合一些情感色彩较重的语言，或适时地使用一些威胁劝诱性语言，以促成谈判；在谈判的结束阶段，可根据谈判的结局情况选择使用不同的语言，如果结局圆满，可使用文学语言、幽默诙谐性语言等，以示庆贺；如果结局未达到目标或谈判中断、破裂，可使用礼节性交际语言，以示诚意，从而为未来的谈判创造条件。

6. 时机

这主要体现在三个方面：第一，当对方提出的问题出乎己方的意料，使己方一时间难以准确作出回答时，可以选择使留有余地的弹性语言；第二，当双方争论激烈，有可能形成僵局甚至导致谈判破裂时，可以选择使用幽默诙谐性语言；第三，当涉及规定双方权利义务、责任关系的问题时，则可以选择使用专业的交易语言。谈判语言使用的时机是否恰当，将直接影响谈判的效果，因此，谈判人员应审时度势，恰当地运用各种谈判语言。

6.1.5　语言表达的技巧

说话总要表达某种内容、某种观点，在这个前提下，语言表达技巧就是关键因素。小则可能影响谈判者个人之间的关系，大则关系到谈判的气氛及谈判的成功。语言表达是非常灵活、非常有创造性的，这里主要介绍以下几种技巧。

1. 语言表达的技巧

（1）协商表达法。

协商表达法是指以婉转、友好、间接的交谈方式表达开局目标的策略方法。协商表达法要求谈判的一方以相互商量、商谈的口吻，而不是陈述甚至是命令的口吻，婉转、友好地表达己方的开局目标，以处理谈判后续阶段的种种分歧。通常这一方法容易被对方接受，促使对方点头称是，忘掉彼此间曾经有过的争执，并使双方在友好、愉快、轻松的气氛中将商务谈判引向深入，达到意想不到的良好效果。

在运用协商表达法时要注意以下几点。

①注意表达的用语、语气，把握好语言的分寸感。在语言表达上，一般多用礼貌用语、寒暄用语、设问用语；同时，尽量做到发音清晰、语气适当、音量适中、音调高低快慢适宜。例如"我想先和您商量一下这次会谈的总体安排，您觉得怎么样？""我们先交流一下彼此的情况，您看好吗？"等。切忌使用命令的、冒犯的、冷淡的语言。

②淡化表达语言的主观色彩。"我提出""我认为"这种表达方式即使其意不在排"他"扬"我"，也是不可取的。为此，要讲究语言表达技巧，或谈己不言己，或变抽象为具体，或引用他人之语等，以淡化表达语言的主观色彩，增强开局表达效果。

（2）正话反说（反问）。

在商务谈判过程中，运用反语可以掩饰己方真实的意图或者达到以问代答的目的。例如，对方在谈判中一直斤斤计较，这时己方谈判人员可以用反语提醒对方，"贵方对事业高度负责的态度真令人佩服，也值得我们学习。"又如，在一次商务谈判中，购货方对供货方的产品质量质疑。于是，购货方的谈判代表就问道："听说，贵方的产品最近销售不是很好，这是否说明贵方的产品质量存在问题？"供货方没有直接回答对方的提问，反而说："听说贵方在向银行申请贷款，这是否说明贵方的资金周转出现问题？"这样就巧妙地以反问的形式间接地回答了对方的提问。

（3）不愠不火。

这种方法主要用于谈判对方的态度强硬、以强者身份自居、傲慢无礼时，可以打乱对方的如意算盘，使对方在心理上突然没了底气，以迫使对方露出破绽。

谈判技巧案例

美日航空贸易谈判

美日航空贸易谈判中，美方人员一开始就忙于对自己公司产品作详细介绍，他们使用图表、图案和幻灯片来证明其产品性能优良、价格合理。介绍一直持续了两三个小时，而日方的三个代表则一直安静地坐着不发一言。

介绍结束后，美方主管信心十足地征求日方的意见，不料，一位日方代表很礼貌地说："我们不懂。"

美方主管顿时迷惑起来，说："你们不懂？什么意思，你们不懂什么？"

另一位日方代表礼貌地笑笑说："这一切。"

美方主管又问："从什么时候开始？"

对方答道："从一开始。"

美方主管气馁地问："那么……你们希望我们怎么办？"

日方代表说："你们可以重放一次吗？"

……

在这个案例中，美方谈判代表表现得自信满满，摆出强者的姿态，本来想争取谈判的主动权，结果反而被日方代表不愠不火的回答扰乱。日方躲过产品性能和技术水平上比美方差的劣势，摆出一种"什么也不懂"的弱者姿态，使美方在其优越的方面无从发挥，自信和优越感受挫，进而打乱其在谈判桌上的节奏。

资料来源：杨琴. 商务谈判 [M]. 成都：西南财经大学出版社，2022.

(4) 转移话题。

在商务谈判中，有时候会遇到这样三种情况：第一，对方提出了己方比较敏感，不便作出准确回答的问题；第二，先前交流的话题达不到交谈的目的；第三，先前谈论的话题已经充分展开，对方已经逐渐失去了兴趣。在这三种情况下，要想使谈判得以继续，需要谈判人员把握好时机转移话题。转移话题的方法有很多，如答非所问、打断对方的谈话等。在商务谈判中，转移话题的常用语主要有"现在我们转到下一个议题，如何赔偿损失""现在付款方式问题解决了，我很想知道你方能否 5 月份装运""很高兴我们各项条款讨论取得完全一致意见，剩下就只是包装问题了"等。

2. 语言表达的运用

(1) 缓冲语言的运用。

在谈判的过程中，谈判双方的观点难免产生冲突，双方的需求自然也会有矛盾。为了使己方的想法和观点更加容易被对方接受，或者改变对方的某一些看法，需要使用一些缓冲这种对立的语言技巧。例如，可以说："你的观点有一定的道理，但是我有另外一些想法，不知道对不对"这样既没有直接指出对方观点的错误之处，也没有拔高己方的观点，而是以一种商量的口气表达自己的看法。对方的观点得到一定程度上的肯定，就不会对你产生反感，也不会对你方观点产生抗拒，因而也更加容易接受你方观点，或者至少能够平心静气地跟你一起讨论。

(2) 解围语言的运用。

有一种情况是所有谈判者都不愿意看到的，那就是谈判似乎马上要破裂了，谈判双方出现了难以调和的矛盾和冲突，气氛也变得紧张起来，双方好像是站在了相互对立的一面，都陷入了尴尬的境地。这时候，就需要运用解围语言来处理。比如，可以说："我觉得我们这样做，可能对谁都不利。"这样就指出了谈判正朝着破裂的方向发展，对方也一定不愿意看到这样的情况出现，而你也表达了你愿意谈判圆满成功的诚意，因此，一般会使双方都平静下来，缓和紧张的气氛，双方也更加可能达成协议。

(3) 肯定语言的运用。

千万不要在谈判结束的时候说一些否定性的话，这样会使谈判以一种不愉快的方式结束，也对以后双方的交流产生很大的影响。要尽量发现对方正确的地方，予以肯定。因为

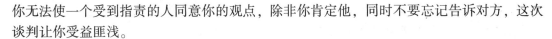

你无法使一个受到指责的人同意你的观点，除非你肯定他，同时不要忘记告诉对方，这次谈判让你受益匪浅。

3. 语言表达的注意事项

就商务谈判这一特定内容的交际活动来讲，语言表达应注意以下几点。

（1）准确、正确地运用语言。

谈判实质上是一个协商合同条款，明确双方各自的责任、义务的过程。在谈判中，运用准确的语言可以避免出现误会和不必要的纠纷。因此，在语言表达时不要使用模棱两可或概念模糊的语言。当然，有时出于某种策略需要使用这类语言则另当别论。例如，卖方介绍产品质量时，要具体说明质量、性能所达到的标准，不要笼统地讲性能很好、质量过硬。这一问题在产品广告中得到明确证实，人们在对广告语言使用的研究中发现，使用具体、准确并有数字证明的语言，比使用笼统、含糊、夸大的语言更能打动消费者，使人信服。

（2）不伤及对方的面子和自尊。

在谈判中，维护面子与自尊是一个极其敏感而又重要的问题。许多谈判高手指出，在谈判中，如果一方感到失了面子，即使是最好的交易，也会造成不良的影响。当一个人的自尊受到威胁时，他就会全力防卫自己，对外界充满敌意。有的人反击，有的人回避，有的人则会变得十分冷淡。这时，要想与他沟通、交往，则会变得十分困难。

在多数情况下，丢面子、伤自尊都是由于语言不慎造成的。最常出现的情况是由双方对问题的分歧，发展到对对方的成见，进而出现对个人的攻击与指责。这种由于没能很好地区别人与问题而给双方造成的隔阂或感情上的伤害，在谈判中屡见不鲜。因此，要避免上述问题，必须坚持区别人与问题的原则，对问题硬，而对人软，所以所运用的语言尤其要认真进行推敲。例如，当对方提出某种观点，而你并不同意时，你可以说："根据你的假设，我可以知道你的结论，但是你是否考虑到……"或者是"有些资料你可能还不知道。"这要比"你们的意见是建立在片面考虑自身利益的基础上，我们不能接受。"要好得多，也就是说，谈判时既要指出对方用意的偏颇，表明己方不能接受，又要避免与对方直接发生正面冲突，从而避免招致对方不满的可能。否则虽然维护了己方立场，但很可能激怒对方，使对方觉得有失面子，伤害了自己的自尊，从而产生敌对心理，使谈判陷入僵局。

（3）要避免使用的言辞。

在谈判中，语言的选择运用十分重要，有些语言应尽量少用或不用，主要有以下几种。

①极端性的语言。例如，"肯定如此""绝对不是那样"。在谈判中，即使己方的观点、看法是正确的，也不要使用这样的语言。

②针锋相对的语言。这类语言特别容易引起双方的争论、僵持，形成一种紧张的气氛。例如，"开价五万元，一点也不能少。""不用讲了，事情就这样定了。"

③涉及对方隐秘的语言。例如，"你们为什么不同意，是不是你的上司没点头？"这类语言在与国外客商进行谈判时尤其应该避免使用。

④有损对方自尊心的语言。例如，"价钱出的那么低，买不起就明讲。"

⑤催促对方的语言。例如，"请快点考虑。""请马上答复。"

⑥赌气的语言。这类语言往往言过其实，容易造成不良后果。例如，"上次交易你们已经赚了五万元，这次不能再占便宜了。"

⑦言之无物的语言。例如"我还想说……""正像我早些时候所说的……""是真的吗……"等。许多人有下意识的重复习惯，俗称口头禅，它不利于谈判，应尽量克服。

⑧以我为中心的语言。过多地使用这类语言，会引起对方的反感，起不到说服的效果。例如，"我的看法是……""如果我是你的话……"必要的情况下，应尽量把"我"变为"您"，一字之差，效果会大不相同。

⑨威胁性的语言。例如，"你这样做是不给自己留后路。""请你认真考虑这样做的后果。"

⑩模棱两可的语言。例如，"可能是……""大概如此""好像……""听说……""似乎……"等。

（4）及时肯定对方。

赞同、肯定的语言在谈判中往往会起到出人意料的作用，包括积极和消极两个方面。从积极方面来讲，当交谈中适时中肯地肯定对方的观点，会激发双方的谈判热情，使整个谈判气氛活跃起来，消除双方心理上的距离感，这样就可能在互惠互利的原则下达成双赢的协议；从消极方面来讲，对方虽然注意到了你的赞同和肯定，但觉得你多是为了讨好，就会引起对方的警惕和怀疑，甚至可能令对方反感，从而失去双方平等交流的地位。

（5）说话方式。

谈判过程中说话的一些细节问题，如停顿、重点、强调、说话的速度等往往容易被人们忽视，而这些方面都会不同程度影响谈判语言的效果。

一般来讲，如果说话者要强调谈话的某一重点时，停顿是非常有效的。实验表明，说话时应当每隔30秒钟停顿一次。这样做的目的一是加深对方的印象，二是给对方机会对提出的问题进行解答或加以评论。当然，适当的重复也可以加深对方的印象。有时，还可以使用加强语气、提高说话声音等方法以示强调，或显示说话的信心和决心。这样做要比使用一长串的形容词效果要好。

说话声音的改变，特别是如能恰到好处地抑扬顿挫，会使人消除枯燥无味的感觉，吸引听话者的兴趣。此外，清晰、准确的发音、圆润动听的嗓音，也有助于提高讲话的效果。

在商务洽谈中，应注意根据对方是否能理解你的讲话，以及对讲话重要性的理解程度，控制和调整说话的速度。在向对方介绍谈判要点或阐述主要议题的意见时，说话的速度应适当减慢，要让对方听清楚，并能记下来。同时，也要密切注意对方的反应。如果对方感到厌烦，那可能是因为你过于详尽地阐述了一些简单易懂的问题，说话啰唆或一句话表达了太多的意思。如果对方的注意力不集中，可能是你说话的速度太快，对方已经跟不上你的思维了。

此外，在语言表达过程中，还要注意赋予感情色彩，要注入说话者的感情因素，以情感人、以谐息怒。

6.1.6　陈述的技巧

商务谈判中的陈述是谈判者向对方介绍己方的情况、阐明己方对某一个观点和看法的基本途径，是谈判双方借以了解对方的想法、方案和需要的重要手段。这是一种主动的阐述，不受对方的提问制约。

谈判中的陈述技巧跟一般的陈述技巧有很多相似之处，又有其特殊的地方。它的特殊性在于谈判要求能够快速而准确地说明问题，因为谈判的针对性更强，它要求谈判双方能够直接解决某一个问题。众所周知，谈判可能是人们更加迫切想解决问题的时候采取的方法。正因为这个原因，陈述技巧对谈判者而言具有更高的要求。它要求谈判者不仅能够清晰明确、言简意赅地把自己的想法表达出来，而且需要能够吸引对方兴趣，满足对方的需求，并且具有一定的说服力。

很难想象一个没有掌握陈述技巧的谈判者能够在谈判中取得成功，这会导致两个后果：一个是谈判达成了对他不利的协议；另一个是无法获得谈判的成功。原因就在于，他甚至不能清晰地把自己的想法表达出来，更不能说服对方满足自己的需求了。

谈判陈述的技巧可以从三个方面来展开，即谈判入题陈述、谈判中阐述、谈判结束陈述。

1. 谈判入题陈述

（1）开门见山，直接入题。

这是最直接的一种方法，直接谈与谈判议题相关的内容，可以围绕正题介绍己方的有关情况，可先一般后具体（即先简要地谈一些表面上的问题，再逐步过渡到重点问题的探讨上），也可以先具体后一般。具体有以下几种方法。

①先谈原则性问题再谈细节问题。这种方法主要用于一些大型的涉外贸易谈判，由于需要洽谈的问题纷繁复杂，千头万绪，以至于双方的谈判人员不可能介入全部的谈判。在这种情况下，可以把谈判的议题分成若干个等级，进行多次谈判，这就需要采用先谈原则性问题，待双方就原则性的问题达成一致共识后，再来谈细节问题。

②先谈细节问题后谈原则性问题。这种方法是从一开始就针对细节问题进行层层分析，先就细节问题达成一致意见，再通过这些细节问题的回答来探测对方的底线，逐步摸清双方可能的合作范围，最后再来讨论双方的原则性问题。

③从具体的议题入手。一般而言，大型的涉外商务谈判总是由具体的一次次谈判组成，那么就可以在具体的谈判会议上，先从本次会议的谈判议题着手开始进行洽谈。这样可以提高谈判的效率，以免到真正开始原则性问题谈判时无从下手。

（2）迂回法间接入题。

这种间接的入题方法，可以避免谈判时过于直接、单刀直入，影响融洽轻松的谈判气氛。间接入题也有以下几种方法。

①从客套话入题。如果己方作为主场谈判一方，对方来到客场进行谈判，本身就可能因为旅途辛苦，以致兴致不高，这时作为东道主，可以谦虚地表示己方在很多方面照顾不周，希望对方谅解，或者谦称自己谈判经验尚待提高，才疏学浅，希望各位不要见怪，能多多指教，并通过这次谈判与对方建立友谊等。

②从题外话入题。这种方法是通过一些与谈判主题关系不大的话题入手，主要是一些中性话题。例如，社会上的热门话题，气候和季节的话题，有关新闻和文化娱乐方面的话题，有关个人爱好、兴趣方面的话题或有关旅途经历的话题等。这些中性话题通常很容易被人接受，有助于消除双方的戒备心理，创造一种轻松和谐的气氛。这些话题在陈述上多使用一些欣赏、鼓励、赞誉、寒暄关心和谦虚等方面的措辞，为进行下一步的谈判开好

头，打下良好的基础。

③从介绍己方的生产经营情况入题。这种入题方法可以起到先声夺人的作用，在表明己方的忠诚的同时还可以坚定对方合作的信心。主要是通过简要地陈述己方的生产经营情况、财务状况等，把一些客观的、必要的信息资料展现在对方面前，以强调己方的实力和信誉，从而给对方吃一颗"定心丸"，使其能积极地配合谈判。

④从介绍己方的谈判人员入题。这种入题方法主要是通过介绍己方谈判人员的职务、学历、经历等来显示己方谈判团队的实力，使对方暗中在心理上产生一定的压力，不敢轻举妄动。同时，通过这种方法也自然地打开了话题，缓解了紧张的情绪。

2. 谈判中阐述

谈判中的阐述是一个重要组成部分，主要有以下几个技巧。

（1）语言要简明扼要且有条理。

开场陈述阶段是决定对方能否对己方的问题感兴趣的重要阶段，也是人们注意力最集中的时候，所以不适合长篇大论，也不适合谈双方争议最大的问题。第一次陈述就要把主要问题说清楚讲明白，因为如果开始就错误，只会令自己陷入不利的境地。此外，陈述问题要注意条理明晰，层次清楚，分清楚陈述的主次，分层次进行，让人信服，尽量避免东拉西扯、语无伦次，使对方听得稀里糊涂，不知所云，以致产生厌烦的心理。

（2）语言要通俗易懂，切忌故意卖弄。

谈判中阐述己方的观点、立场时，所说的话应该通俗易懂，便于对方理解，尽量不要使用专业性强的术语和一些晦涩的语句，如果非用不可，起码要对其加以详细明了的解释，切忌故意卖弄学问，以免对方错误理解你的观点，进而产生争执，甚至导致谈判进入僵局。

（3）态度要诚恳。

在谈判中，坦诚相待可以让对方产生一种亲切的感觉，觉得你值得信赖。谈判者要坦诚相见，不仅要坦诚地陈述对方想知道的信息，而且要站在对方的立场上设想一些问题，再作出回答，并适当地透露己方的某些动机，注意这里所说的是"适当"，这就表示它有一个限度，超过这个限度，就可能过多信息透露，让对方掌握你方的底线，进而设法进行攻击。

（4）语气要平和。

陈述时的语气有高低强弱之分，对于意见的表述也有很大的影响。一般情况下，当双方就某些交易条件达成一致意见，谈判进行得相当顺利、气氛融洽时，可以提高声音表达你的兴奋。而在己方受到谈判对方的傲慢甚至侮辱性的对待时，提高声音只会让双方的关系更加紧张。以低声音说话，则可以表达诚恳、亲近的感情，在实际谈判中一定要把握好语气的高低强弱。

3. 谈判结束陈述

在商务谈判中，结束语在陈述中起着压轴的作用。出色得体的总结陈述，不仅可引发对方的深思，而且可引导对方陈述问题的态度与方向。具体用什么样的结束语，不能一概而论，还是要根据具体情况而定，既有刻板的公式化的结束语，也有幽默、友好的结束语。一般来说，结束语宜采用切题、稳健、中肯并富有启发式的语言，做到有肯定、有否定，并留有回旋余地，尽量避免下绝对性的结论，更不能以否定性的语言来结束谈判。例

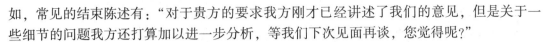

如，常见的结束陈述有："对于贵方的要求我方刚才已经讲述了我们的意见，但是关于一些细节的问题我方还打算加以进一步分析，等我们下次见面再谈，您觉得呢？"

在进行谈判结束陈述时，要注意以下几个方面。

（1）不宜使用否定性的语言。

要知道，结束陈述的目的是对前一个阶段所取得的谈判成果进行总结，从而增强各方进行后续谈判的信心。因此，此时不宜使用否定性的语言，以免在对方心目中留下消极的印象。例如，"关于我们在价格方面所进行的磋商，这次谈判没有实质性的进展，下次有机会我们再谈吧"这样的表述很容易打击对方的积极性和信心，更有甚者，对方可能直接终止谈判，那么前几个阶段谈判的所有努力都会白费，实在是得不偿失。

（2）观点要鲜明，言语要中肯。

在进行总结陈述时，一方面，要求观点表述要鲜明，才能确保对方更好地理解己方的立场与期望目标；另一方面，言语要中肯、得体，避免使用过于极端的语言，以免引起对方的反感甚至是仇视，而且会让对方怀疑你方是否有诚意进行谈判，如此不专业、不客观。

（3）紧扣主题。

陈述阶段不应该有与主题无关的问题出现，不应把与本次谈判无关的问题牵扯到谈判中来，否则只会浪费双方的时间，而且消磨了对方的耐心，所以陈述时要紧紧围绕主题进行。

6.2　谈判观察技巧

商务谈判不仅是有声语言的交流，同时也是无声语言（即身体语言、行为语言）的交流。在商务谈判中，谈判人员不仅要认真倾听对方的发言，而且也要观察对方的行为。有时候，有声语言说出的并不一定是对方的真实想法，但是身体语言却不会骗人，能反映说话者内心的真实想法。因此，谈判人员要善于观察对方的行为举止，总结出其要传达的真实信息，从而掌握其心理。身体语言的内容有很多，如握手、眼神、面部表情、手部、腿部等，不同的部位、不同的姿势，可以反映说话者不同的心理活动。

6.2.1　头部语言

头部语言主要是通过头部的活动来表现的。头部的活动主要有点头和摇头两种，两者传达的信息是有差别的。

1. 点头的动作

在大部分的文化中，点头的动作用来表示肯定或赞成的态度。点头的动作具有两个重要的作用：一是身体语言是人的内心情感或情绪在无意识的情况下做出的一种体现在身体之外的反应，因此，如果你内心坚持肯定或积极的态度，你就会无意识地频繁地点头。二是如果你有时候刻意地做出点头的动作，那么在你内心也能被一种积极的情绪所感染。也就是说，积极肯定的情绪能够引发人做出点头的动作，而点头的动作也能够激起人产生积极、肯定、合作的情绪。在商务谈判中，如果想要与谈判对方建立友善的合作关系，进而赢得对方的肯定意见和协作的态度，点头无疑是最有力、最具魅力的一种手段。在阐述己方的观点后，可以在最后加上一句反问的话，再次肯定己方的态度，同时也可以达到引发对方做出点头的动作的目的。例如，可以用这样的语言："难道不是吗？""您的想法大概也跟我方英雄所见略同吧？"这样就可以营造一种轻松、愉快、友好、合作、互动的谈判气氛，对方也抱着积极的情绪参与到谈判之中，那么达成一致意见就指日可待了。

在这里，应该注意以下两点：第一，在不同的国家表达肯定、同意的态度并不一定都是使用点头的动作。例如，在印度和保加利亚的某些地方，人们用头部左右摇摆，也就是摇头的动作来表示肯定和赞成。而在日本，点头的动作也未必表示"是，我同意你的观点"，往往只是表示"是，我听到了你所说的话"；第二，因为环境和文化上所存在的差异，点头的动作在不同的国家有着不同的表达方式。例如，在斯里兰卡，人们的表达方式是下巴低垂，朝下往左移。而在巴基斯坦，人们则是把头向后一扬，然后再靠近左肩。因此，在国际商务谈判中，谈判人员在判断点头动作所传达的信息时，要根据对方所在国的风俗习惯进行判断。

2. 摇头的动作

通常情况下，摇头的动作传达的信息是"不"，它反映了动作人消极、否定、对抗的态度。在商务谈判中，如果谈判对手在跟你的交谈中，不时做出这种动作，你就要注意了，那表示对方对你方的观点不置可否，此时你如果滔滔不绝地继续刚才的话题，就可能会引起对方的反感，甚至可能导致谈判陷入僵局。因此，谈判人员应该在与对方交流的同时细心观察对方的头部活动所传达的内心真实的想法，及时对谈判策略作出调整。应该注意的是，在土耳其等国家表示否定、消极时所用的头部动作不是左右摇摆，而是把头抬起，显示出一种强势、无所畏惧或者傲慢的态度。

除点头和摇头两种活动外，头部的活动还有抬头、头部倾斜和低头等。其中，抬头表示对谈话的内容保持一种中立的态度。在商务谈判中，如果对方在谈判开局一直保持这种姿势，但是随着谈判的继续，开始伴有用手触摸脸颊的姿势，就表示对方会认真思考你方所提出的观点，这个时候明智的谈判人员就会趁热打铁，进一步说服对方。头部倾斜所传达的是"顺从和毫无威胁"。低头意味着"否定、审慎或具有攻击性"。在谈判过程中，如果你发现对方不愿意把头抬起来或是把头歪向一侧，那么就需要调整策略，设法把对方吸引到交谈中来。

6.2.2 眼睛语言

达·芬奇曾经说过："眼睛是心灵的窗户。"意思是说，眼睛具有反映人们内心深处思想活动的功能。所以在谈判过程中，眼睛成为精神交流的重要工具。眼睛传达的一些信息往往是无意识的，是无法掩饰的，比语言更加真实地反映着讲话者的情绪、情感和态度的变化，而且眼睛能表达最细微、最精妙的差异。眼睛能够明确地表达人的情感世界，注视的方向、方位不同，会产生不同的眼神，从而传递和表达不同的信息。研究发现，眼睛的动作及其所传达的信息主要体现在以下几个方面。

1. 眼睛注视时间传达的信息

当人与人交谈时，说话的人可以通过观察自己注视对方的时间长短，来推测对方对自己所说内容的真实感受。如果注视的时间过长，可能会让对方觉得不舒服；但如果注视的时间太短，又可能无法有效地传达自己的意图或引起对方的注意。那么，眼神交流的时间长短如何控制才算合适呢？在正常情况下，眼睛注视对方的时间应占全部谈判时间的30%~60%。如果超过60%，就可以判定对方对谈话者本人比对谈话内容更感兴趣；低于30%，则表示对方对谈话者和谈话内容都不怎么感兴趣。因此，在商务谈判过程中，谈判人员要仔细留意对方的眼神，如果对方经常注视着你，这证明对方对你所阐述的内容很感兴趣，而且迫切地想进一步了解你的态度，那么谈判成功的可能性就比较大。

在国际商务谈判中，如果要利用眼神交流传达的信息，则需要注意因国别而异，应注意以下几点。

（1）美国人、加拿大人、英国人、法国人、意大利人等在谈判过程中可以接受目光接触或凝视对方。但是，对于日本人、印度人、柬埔寨人等来说，这样的眼神接触是不尊重他们的表现，因此应尽量避免与之进行眼神交流。

（2）在不同的国家，眼神接触的时间也所差异。在有些亚洲国家，仅偶尔看对方一眼才被认为是有礼貌的行为，接触时间一般为两三秒；在美国，接触时间可长达五六秒。

（3）在某些国家，保持直接的眼神接触也要综合考虑年龄、地位、性别等因素。例如，在西班牙、拉美等国家，年轻者或地位低者通常不直接注视年长者或地位高者。

2. 眼睛注视范围传达的信息

目光对目光的交流一般会让人感到不舒服，那我们的注视点应该在什么地方呢？一般以注视"谈判注视区"为宜，即以人的面部为两边，两眼连线为下底边，额头为上顶点形成的三角形区域。在谈判过程中，当一方以有力的目光注视对方的这块区域时，传达的是自信的信号。当与谈判对手进入最关键的价格谈判时，为了表示己方坚决不让步的态度，就可以用眼神注视对方的"谈判注视区"。

3. 眨眼频率和眨眼时间传达的信息

在商务谈判的交流中，眨眼频率和眨眼时间往往能够无声地传达出许多微妙的信息。当谈判者每分钟的眨眼频率超过正常的5~8次，并且每次眨眼的时间非常短暂，不超过1秒钟时，这通常被视为一个积极的信号。它表明谈判者正在全神贯注地倾听，并对所讨论的内容保持着浓厚的兴趣。这种频率的眨眼可能也反映出谈判者思维的敏捷性和决策的速度。然而，如果眨眼的时间过长，超过1秒，那可能就传递出不同的信息了。一方面，这可能是谈判者感到厌烦或不感兴趣的表现，他们可能不再愿意继续投入时间和精力。另一方面，这也可能表明谈判者自认为在交流中占据优势地位，对对方持有某种不屑一顾的态度。

4. 眼神闪烁不定所传达的信息

眼神闪烁通常被认为是掩饰的一种手段或是人格上不诚实的表现，说明对方对你所谈论的内容不感兴趣，但又碍于礼节不好意思打断你而产生烦躁的情绪，这时你就要适可而止，转移谈判议题。

5. 眼睛瞳孔所传达的信息

眼睛瞳孔放大，炯炯有神，表示此人处于欢喜与兴奋的状态；瞳孔缩小，神情呆滞，目光无神，则表示此人处于消极、戒备或愤怒的状态。实验证明，瞳孔所传达的信息是无法用人的意志控制的。在谈判桌上，如果谈判人员想掩饰自己瞳孔的变化，可以选择戴有色眼镜。

此外，如果对方的视线在说话时一直环顾四周，偶尔瞥一下你的脸便迅速移开，你就要小心了，因为这表示对方对合作的诚意不足或者只想占大便宜。如果对方视线向上注视你，表示对方可能有求于你，希望成交的欲望比你强，让步幅度也大，反之，则成交的欲望不强。

眼睛所传递的信息还远不止这些，有些是只能意会不能言传。这就需要谈判人员在实践中用心观察和思考，不断积累经验。

6.2.3 眉毛语言

眉毛和眼睛的动作经常配合使用，而且密不可分，然而仅眉毛的动作而言也能反映出许多情绪变化。眉毛所传达的信息体现在以下几个方面。

（1）眉毛上耸表示对方对谈判内容感到惊喜或极度惊讶，此时达成一致意见的可能性就会增加。

（2）眉宇舒展表示此时对方心情很好，谈判气氛愉快、友好，与之继续谈判往往能达到很好的效果。

（3）眉毛向上高挑表示此时对你所谈论的内容有所疑惑，需要获得一些提示或答案。谈判人员如能及时地传递出对方所需要的信息，往往会使谈判成功。

（4）眉头紧锁表示对方处于不赞同、不愉快的状态，此时谈判人员应该适时地选择别的话题，或采取休会的策略，以免出现争执不休的状况。

（5）眉毛下拉或者倒竖表示对方现在极其愤怒或异常气愤，这时候谈判人员就应该适可而止，以免谈判破裂。

6.2.4 嘴巴语言

人的嘴巴可以有许多动作，用来反映人的心理状态。例如，紧紧抿住嘴是意志坚决的表现，给人感觉很难动摇，但是从另一个角度来讲这样的人比较可靠，一旦做出承诺，将会是一个践行诺言、合作的好伙伴；噘起嘴则表示不满意或准备攻击对方；咬嘴唇则是人在遭受失败时自我惩罚的一种动作；嘴角稍稍张开，嘴角往两边拉开，这是一种友好亲切的表现，是脸部肌肉放松的呈现，传递出高兴、欣喜、赞许、尊敬的信息；嘴角向后微拉或向上翘起，表示对方正在认真思考你所讲的话；嘴角向下拉则表示不满和固执，此时谈判人员就要注意自己的言谈举止了，因为对方可能正在盘算怎么反驳你。

6.2.5 手势语言

手势语言是上肢的动作语言的其中一种，也是谈判中使用最多的一种语言，它不仅可以帮助我们判断对方的心理活动，而且也可以帮助我们传达某种信息。手势语言可以表达友好、欢迎、祝贺等多种含义，在运用时要大方自然，与语速、音调及谈话的内容保持协调。常见的手势语言及其所传达的信息体现在以下几个方面。

1. 握手

普通意义上的握手不仅表示问候，也是依赖和保证的表示。标准的握手姿势应该是用手指稍稍用力握住对方的手掌，同时对方也以同样的姿势用手指稍稍用力握住你的手掌，用力握手的时间在 1 秒到 3 秒。握手时还要注意身体其他部位姿势的协调性，如挺身站立，身体可微微前倾，注视对方，面带笑容，以表示热情。除此之外，握手时对方的回应有所不同，传达的信息也会存在一定的差异。

（1）如果握手时感觉对方力度很小，一方面可能是对方缺乏魄力，个性懦弱；另一方面也可能是对方傲慢无礼或爱摆架子的表示。如果握手时感觉对方力度很大，则表明对方具有好动、热情的性格，这类性格的人做事往往喜欢主动。

（2）如果在握手时感觉到对方手掌出汗，表示对方处于兴奋、紧张或情绪不稳定的心理状态。此时，有经验的谈判人员会用一些幽默诙谐的语言，来缓解对方的紧张情绪。

（3）如果是掌心向上伸出与对方握手，往往表明此人性格软弱，处于被动、劣势或受人支配的状态，有一种向对方投靠的意思，所以在说服这类人接受己方的观点时会相对容易一些，但是也要注意说话的方式，避免伤及对方的自尊心。如果是掌心向下伸出与对方握手，则表示此人想取得主动、优势或支配地位，也有一种居高临下、傲视一切的意思。面对这类人，谈判人员要表现得自信、有气势，谈判思路不要被对方所影响。

（4）握手前先凝视对方片刻，再伸手相握，在某种程度上表示这种人是想在心理上将对方置于劣势地位，先在心理上赢得先机并战胜对方。另一方面，这种行为又意味着对对方的一种审视，观察对方是否值得自己与其握手。

（5）用双手紧握对方一只手，并上下摆动，一方面表示热烈欢迎对方，另一方面也表示真诚感谢。

此外，手与手连接放在胸腹部的位置，表达了对方谦逊、不安的心理状态。

2. 招手

由于各国的文化背景存在的差异，招手所包含意思的也有所不同，同一种手势在不同的国家表示的意思也有很大的差异，如果混淆就可能造成失误。例如，在我国手心向下伸出向人招手的意思是请人过来，它是一种指示手势；而一个英国人见到这种手势会转身就走，因为按照英国人的习惯，这种手势表示"再见"。如果要招呼英国人过来，应是手心朝上招手；而这个动作在日本也许会遭人白眼，因为对于日本人来说，这种手势是用来召唤狗的。

3. 手指动作

（1）手指动作也是被人们广泛使用的手势语言之一。例如，人们常用食指和中指做"V"字形（掌心向外），表示对胜利的祝贺或预祝胜利的期盼，在欧洲的某些地区掌心向内也可以表示"胜利"，但是掌心向内的"V"字形手势美国人会理解为"2"，英国人则会理解为"去你的"。

（2）用拇指和食指合成一个圆圈，在美国表示"OK"，是赞扬和允许之意，但是在法国的一些地方则理解为"毫无价值"，在日本则代表金钱。

（3）双手摆成尖塔形并置于胸部的前上方，一方面表示此人信心十足、胸有成竹，另一方面也给人一种自鸣得意、狂妄自大的感觉，在谈判中要谨慎地选择此手势的使用时机和次数。

（4）如果某人在谈判中有双拳紧握的动作，传达的是向对方挑战的意思或紧张的情绪。

（5）如果对方身体前倾，手托腮部，双眼注视着你的脸，则表示对你的谈话内容很感兴趣；反之，若是对方身体后仰并托腮，则表示对你的谈话内容有疑虑，不以为然甚至厌烦。

6.2.6 胳膊和腿部语言

胳膊和腿部的动作以及所传达的信息体现在以下几个方面。

（1）双臂交叉于胸前，表示保守或防卫的意见，而双臂交叉于胸前并紧握拳头，则是怀有敌意的意思。

（2）耸肩表示此人内心不安、恐惧，如果在耸肩的同时再加上摇头，则表示了此人不理解或无可奈何的意思。

（3）在谈判过程中，如果与对方并排而坐时，发现对方跷起二郎腿并且保持上身向你倾斜，就表示对方此刻合作态度良好；如果与对方相对而坐，发现对方虽然跷起二郎腿，但上半身却保持正襟危坐的姿态，这可能反映出对方的性格较为拘谨，缺乏灵活性，并且自我感觉处于较低的位置。这样的姿态往往意味着他们对谈判成交的期望很大，同时也可能表现出一定的紧张或不安。如果对方经常保持并腿的姿势，同时上身直立或前倾，也表示对方有求于你，比较谦恭、尊敬，对谈判成交的期望值很高。

（4）双膝分开，上身后仰的动作表示对方是一个自信的人，愿意与你展开合作，自我感觉良好，但是要指望对方作出较大的让步是比较困难的。

6.3 谈判提问技巧

在日常生活中，问是很有艺术性的。比如某豆浆店服务员总是问顾客："豆浆里加鸡蛋吗？"老板发现很多顾客都是直接回答："不加。"后来他要求服务员换一种问法："请问豆浆里要一个鸡蛋还是两个鸡蛋？"多数顾客选择一个，还有一些顾客选择两个，结果豆浆店销售额大增，这充分体现了问话的艺术性。第一种问法容易得到否定回答，而后一种问法是选择式，大多数情况下，顾客会选一种。在商务谈判中常运用提问作为摸清对方的需要、掌握对方心理、表达己方感情的手段，提问要有技巧，回答要有艺术。

6.3.1 提问的时机

什么时候问话、怎样问话都是很有讲究的。掌握好提问的时机，有助于引起对方的注意，掌握主动权，使谈判按照己方的意图顺利进行。

1. 在谈判议程规定的辩论时间提问

这种提问主要适用于大型的国际贸易谈判，谈判双方一般要事先商定谈判议程，设定辩论时间（一般是在谈判双方各自完成自我介绍和观点陈述后）。在辩论的这段时间里，双方可以自由提问，并展开辩论。在这种情况下，要事先准备好提问的题目，否则会使己方在交锋中处于被动地位，被对方赢得先机。

2. 在对方陈述结束后提问

在对方陈述观点时，不要急于提问，因为打断别人说话是一种不礼貌的行为，容易引起对方的反感。因此，要认真倾听对方的陈述，即使你发现对方观点中存在问题，也不要打断

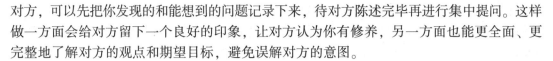

对方，可以先把你发现的和能想到的问题记录下来，待对方陈述完毕再进行集中提问。这样做一方面会给对方留下一个良好的印象，让对方认为你有修养，另一方面也能更全面、更完整地了解对方的观点和期望目标，避免误解对方的意图。

3. 在对方陈述停顿和间歇时提问

有时候，对方在谈判过程中进行陈述时内容冗长、不得要领、纠缠细节，甚至可能出现跑题的情况，任其陈述下去的话很可能会影响谈判进程。这时，己方为了掌握谈判进程、争取主动权，就可以在对方停顿和间歇时提问。这时提问的题目可以是："如果我没有理解错的话，您刚才的观点是……?"接着，就可以简单地阐述己方的观点，把对方重新拉回到谈判议题中。

4. 在己方发言前后提问

这种提问时机是指在轮到己方陈述时，在陈述己方的观点之前先对对方的发言进行提问，可以自问自答，如"您刚才说的意思是……，对吧? 我的理解是……，我想说说我的一些看法是……"，这样的提问是为了防止对方在己方陈述观点时接茬，影响己方的陈述，可以让己方赢得主动权。在全面、完整地陈述完己方的观点和立场后，为了使谈判沿着己方的思路进行，通常可以进一步提出一些引导性的问题，如"我方的基本观点就是这样的，您有什么其他看法吗?"

6.3.2　提问的方式

1. 封闭式提问

封闭式提问指在特定的范围内能用肯定或否定（如"是"或"否"）来予以答复的问句。使用这类提问，可以采用以下问句："您是否认为售后服务没有改进的可能?""您是否同意按照这个价格成交""你是否坚持这就是你方的最大让步了?"等。通过封闭式提问可以获得关于对方的一些特定的、在谈判之前难以收集到的信息资料，而答复这种提问的人并不需要太多的思索即能给予答复。在使用这种提问方式时，要注意掌握好所提问题的弹性，以避免让对方感受到压力，心里不快。

2. 选择式提问

选择式提问是指在一个特定的范围内（一般是指在己方的观点内）给对方提出两种或两种以上的答案，让对方从中进行选择的问句。如果在使用这种提问方式时注意语调柔和、措辞委婉得体，就能让对方感觉到你的诚意和尊重，有助于营造一种平等、友好、和谐的谈判气氛。使用这种提问方式的问句如下："您认为我们的协议是这周执行好，还是下周执行好呢?""您认为我们先从哪个条款开始谈比较好呢? 价格，质量还是付款方式?"然而，在使用这种方式提问时，不要让对方对你产生专横独断、强加于人的印象，否则很容易使谈判进入僵局，甚至破裂。

3. 澄清式提问

澄清式提问是指针对对方的答复，重新提出问题以使对方进一步证实或补充其原先的答复的一种问句，也称为证实式提问。使用这种提问方式，可以使用的问句有："您刚才说对交易条款中的某些细则有异议，具体是哪些，请您明示一下，可以吗?""对于您刚才陈述的问题，我的理解是……，是这样的吗?"此外，这种提问方式也适用于在没有听清对方的答复或对方采用含糊策略进行答复的情况。澄清式提问的作用在于能使对方给出直接的明确的答复，所以也称为直接式提问，这就确保了谈判各方能在叙述"同一语言"的基础上进行沟通。这种提问方式不仅可以节省谈判的时间，而且还是针对对方的答复进行信息反馈的有效方法。

4. 坦率式提问

坦率式提问是一种友好性的提问方式，是在对方不能给予明确答复时，为了得到明确的答案而直接提出问题的提问方式。采用的问句如："您能接受的最低价是多少？可以告诉我们吗？"此外，这种方式的提问也适用于对方陷入困境，己方基于友好合作的原则帮助其脱离困境的情况。例如，可以说："要改变您的处境，需要做出那些努力呢？"这就给对方留下一种你坦诚、可以信赖的良好印象，促使谈判顺利进行下去。

5. 探索式提问

探索式提问也称启发思维式提问，是针对双方所讨论的问题和对方的答复，要求其引申或举例说明，以便己方探索新问题、找出新方法的提问方式。可以使用的问句有："我方负责运输，贵方在价格上是否可以再考虑一下？""您说可以如期履约，有什么事实可以证明吗？""假设我们采用这种方案，您觉得会怎样？"探索式发问不但可以进一步发掘更充分的信息，而且还可以显示提问者对对方答复的重视。

6. 借助式提问

借助式提问是指借助第三方的权威力量来影响或改变对方的观点的一种发问方式。例如："张先生对你方能否如期履约关注吗？""我们生产的化妆品是全国首创，经过了北京某大学化学工程系的华教授的专业鉴定。现在我们就对该化妆品的价格和采购数量进行谈判吧。"采取这种提问方式时，应当注意的是，提出意见的第三方必须是对方所熟悉而且是对方十分尊重的，能对其产生积极影响的人或机构，那么这种问句就能达到很好的效果，否则，使一个对方不甚了解更谈不上尊重的人作为第三方，则很可能会引起对方的反感。因此，这种提问方式应当慎重使用。

7. 引导式提问

引导式提问具有强烈的暗示性，使对方在思考与回答时受到引导和启发，从而理解并赞同己方的观点。这种方式的提问可以令对方按照提问者设计的答案进行回答，是一种反义疑问句。可以采用的问句有："交付货物不符合协议的约定是要承担违约责任的，您说对吗？""在交接货物时，我们难道不需要考虑入境的问题吗？"

8. 多层次式提问

多层次式提问是指提问时，在一个问句中含有多种主题、多种层次的内容。例如："您是否把我们所拟定的协议产生的背景、履约情况、违约责任，以及我们各自的看法和态度作出了说明？"这类问句为了能让对方全面了解问题，并给出完整的回答，一般要求一个问句不超过三个主题，否则很难确保对方的回答是全面的。

9. 协商式提问

协商式提问是指用商量的口吻进行提问，以使对方同意并接受己方的观点。采用的问

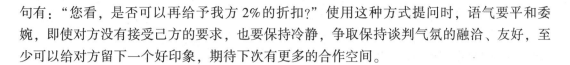

句有："您看，是否可以再给予我方 2% 的折扣？"使用这种方式提问时，语气要平和委婉，即使对方没有接受己方的要求，也要保持冷静，争取保持谈判气氛的融洽、友好，至少可以给对方留下一个好印象，期待下次有更多的合作空间。

6.3.3　应该避免提问的问题

1. 不应提出涉及个人工作和生活方面比较隐私的问题

世界上很多国家和地区都很重视保护个人隐私权，涉及个人隐私的问题，如个人的经济收入、家庭组成、婚姻状况、年龄等，都应避免提出，尤其是在国际商务谈判中。因为贸然提出这些问题反而会让对方觉得你唐突和冒失，引起其反感，导致谈判气氛紧张。但是，在国内商务谈判中却无此要求，因为中国人往往希望别人多关心自己的情况，如果能借机关注一下对方的生活和家庭情况，反而容易拉近彼此的距离。

2. 不应提出带有对抗性和敌意的问题

谈判最终的目的是达到双赢甚至多赢，因此应该抱着精诚合作的态度进行谈判，而不是抱着敌对的心理进行谈判。在提问时，要尽量避免提出那些可能会刺激对方产生敌意的问题，以防损害双方的关系，影响交易的成功。

3. 尤其是在货物买卖谈判中，不应提出直接指责对方的产品在质量和信誉方面的问题

在谈判开始前，谈判人员可以对对方产品的质量和信誉进行调查了解，必要时可以把取得的资料展示给对方看，但是语气要平和，不能直接指责对方存在的问题，这样做会引起对方心中的不快，甚至会破坏双方建立起来的真诚合作的关系。

4. 不应提出与谈判议题无关的问题

不要为了表现自己而故意发问，这样做的后果是会引起对方的反感，弄巧成拙。

6.3.4　提问与回答技巧

1. 事先准备好要问的问题

在谈判开始前，谈判人员应该按照谈判议题事先拟定好问题清单，最好准备一些对方不能迅速想出合适答案的问题，以便收到出其不意的效果，这样做的好处是有针对性，以免对方误解，同时又可以在赢得主动权的同时节省谈判的时间。有时可以提出一些看上去较容易回答但实质上与后面比较重要的某个问题密切相关的问题，等对方思想比较松懈时突然提出问题，往往会使对方措手不及，收到意想不到的效果。

（1）不要抢着提问。

在谈判中，要把握好提问的时机，不要抢着提问，不要在对方进行陈述时中途打断进行提问，应等对方陈述完毕后再行提问，这样做一方面可以体现对对方的尊重，另一方面也许对方接下来要陈述的正是自己想要提问的问题，就避免了浪费提问机会。

（2）不要强行追问。

如果对方的回答不够完整，甚至回避不答，这时不要强行追问，而是要有耐心和毅力等时机到来时再继续追问。强行追问只会引起对方的厌烦，以致对方即使回答也马马虎虎，甚至答非所问，这不仅不利于获取自己理想的答案，甚至可能导致谈判破裂。

（3）提出问题后闭口不言，等待对方回答。

在商务谈判中，己方提出问题后就应该闭口不言，专心、耐心地等待对方给予答复，这会给对方施加一种无形的压力，己方就占有了一定的主动权，要求对方必须通过回答问题来打破沉默，或者说打破沉默的责任将由对方承担。

2. 提问应该简明扼要、言简意赅

在商务谈判中，提出问题的句式越短越好，由提问所引出的答案则越长越好，这样己方就可以从对方的回答中获得更多有用的信息。相反，如果己方提出的问题比较长，会让对方感觉己方啰唆，甚至怀疑己方的专业性，在回答时也会敷衍了事，己方根本无从获取谈判信息，反而会陷入被动的境地。

3. 提问的语气要心平气和、语速要适宜

提问的语气要心平气和，而不应该像法官一样以审问的语气，问起问题来连续不断，这样做会造成对方的敌对和防范心理。此外，提问的语速也要适宜，太快的话容易使对方感觉你不耐烦，让其反感，而太慢的话又容易使对方感觉沉闷。

除此之外，也可以在适当的时候，把一个已经发生且己方知道答案的问题提出来，以此来验证一下对方的诚信度和处理事情的态度。

6.3.5 谈判回答技巧

商务谈判中的回答实质上就是一个针对对方的问题进行解释、反驳和提出己方观点的过程。由于谈判人员提出的问题五花八门、千奇百怪，有些问题甚至是处心积虑、居心叵测设计之后才提出的，所以对所有的问题都进行答复并不见得是最好的方式，这就要求谈判人员要冷静分析，摸清对方的真实意图后再给予选择性的回答。

1. 不急于回答

回答问题之前，己方必须充分考虑，缜密思考，即使是一些需要马上作答的问题，也要借机拖延时间，给自己留下一段合理的时间来考虑。例如，可以通过喝水、整理谈判桌上的资料等行为来拖延时间，在充分了解了对方的真实意图后再予以回答。

2. 不正面回答

这种方式是似答非答，含糊其词，改变问题的方向，有效地避开问题的实质，因此这种回答方式会使提问者无法获得准确的答复。例如，在谈判中，买方提问："新技术投入使用需要耗费多少资金？"卖方自己清楚如果引进这种新技术，前期费用肯定很高，但是如果据实回答，很可能使谈判难以继续下去。这时，卖方可以使用这样的话回答："请让我先介绍一下新技术的独特优势和它所能带来的远期收益，好吗？相信您听了之后，就会对它的性价比满意了。"卖方的这番话正是避开了正面作答的劣势，巧妙地把买方的注意力从价格上转移到未来收益上，同时也避免了双方可能发生的争执。

3. 留有余地的回答

这种方式下的语言是模棱两可的，是为了避免准确作答暴露己方的底线而陷入被动、不利的局面，使用弹性的留有余地的语言进行回答。例如，"关于这个问题，我要回去再研究一下再做决定。""这个问题，我要请示一下领导的意见，已经超出了我的授权

范围。"

4. 根据提问者的真实意图回答

这种方式要求谈判人员在回答问题前,弄清楚对方的意图,不能想当然地回答,否则会使己方陷入被动,让谈判气氛变得尴尬。例如,如果买方在谈判中提问:"关于产品的价格,你们是怎么考虑的?"针对这样的问题,卖方此时要先弄清楚买方是要了解哪一方面的问题(如是对方觉得价格高还是想询问其他不同规格的产品的价格等),然后再根据具体情况作出回答。卖方可以这样说:"我们的产品种类繁多,不同种类、不同规格的产品价格也有所区别,请问贵方想知道哪些产品的价格呢?我可以作出一个详细的报价解释。"

5. 顺水推舟回答

这种方式适用的情况是:己方作出回答时出现漏洞或暴露出薄弱环节,被对方紧抓不放。此时再进行强辩反而对己方不利,倒不如顺水推舟,对对方的攻击选择性地给予肯定和赞同,待时机成熟后再行反击。例如,"我们会认真考虑你们提出的要求的""是的,我们也在考虑如何解决这方面的问题。"

6. 以问代答

这种方式适用于在谈判中不宜回答或难以作答的情况,以提出反击式的问题的方式把问题抛给对方。例如,当买方提问:"你们的技术费是多少?"就可以这样回答:"在我回答您的问题之前,我有一个小小的问题想请教您。"

7. 委婉拒绝回答

在谈判过程中,如果据实回答对方提出的问题,可能会有损己方的企业形象或者涉及一些无聊的话题。例如,"关于这个问题,我们会在下次谈判的时候再详细陈述。""关于这个问题,只要您仔细推敲一下,就会自己找到答案的。"

8. 巧妙设计回答的语言

例如,可以使用幽默含蓄的语言、委婉的语言、模糊的语言等,这样既可以起到缓和谈判气氛,使谈判顺利进行的作用,同时又能保护己方的机密。

9. 反问

在倾听完对方的问题后,抓住关键问题向对方提出反问以掌握主动权。

10. 沉默不答

对于某些不值得回答或者无聊的问题可以不予理睬,如可以不说话,也可以顾左右而言他。

11. 不懂的问题不回答

在商务谈判中,谈判人员难免会遇到自己不懂的问题,此时不能为了维护自己的面子而勉强作答,不懂装懂很可能会损害己方的利益。对于不懂的问题,应该坦白地告诉对方自己不懂,以免弄巧成拙。例如,国内某公司与德国外商洽谈合资建厂的事情,外商提出减免税收的要求,该公司代表对此不是很清楚,但是为了取得谈判的胜利,盲目地答应了,结果反而使己方陷入被动的局面。

12. 灵活运用重申和打岔

重申是为了在对方再次阐明其所问问题的期间，为己方争取思考问题的时间。打岔也是为了给己方争取思考的时间，如借口有紧急的文件需要某位谈判人员出去签字、借口去洗手间或打电话拖延时间等。

 知识链接

谈判高手的巧答

有些擅长回答的谈判高手，其技巧往往在于给对方一些等于没有答复的答复。以下便是一些实例。

"在答复您的问题之前，我想先听听贵方的观点。"

"很抱歉，对您所提及的问题，我并无第一手资料可作答复，但我所了解的粗略印象是……"

"我不太清楚您所说的含义是什么，请您把这个问题再说一下。"

"价格是高了点儿，但是我们的产品在关键部位使用了优质进口零件，延长了产品的使用寿命。"

"贵公司的要求是可以理解的，但是我们公司对价格一向采取铁腕政策。因此，我实在无可奈何！"

第一句的应答技巧在于用对方再次叙述的时间来争取自己的思考时间；第二句一般属于模糊应答法，主要是为了避开实质性问题；第三句是针对一些不值得回答的问题，让对方重申他所提出的问题，或许当对方再说一次的时候，也就找到了答案；第四句和第五句，是用"是……但是……"的逆转式语句，让对方先觉得是尊重他的意见，然后话锋一转，提出自己的看法，这叫"退一步而进两步"。

6.4 谈判倾听技巧

在谈判过程中，听的作用非常重要。美国学者利曼·史泰尔在其对听的开拓性研究中发现，听是运用得最多的一种沟通能力，也是人们在听、说、读、写等各种沟通能力中最早学会的一种能力。

6.4.1 影响倾听的因素与倾听的作用

1. 影响倾听的因素

有关资料证明，人们用于听、说、读、写的时间比例大约为：54%、20%、16%、10%，听是说的2倍，是读的3倍，是写的5倍，人们互相交换信息的时间占全部时间的42%~66%。影响倾听的因素主要有以下几个。

（1）倾听者精神涣散、不集中。

众所周知，商务谈判是一场智慧、心态、体力等方面的综合较量，对谈判人员的体力和智力都提出了非常高的要求，因此它是一项劳神费力的活动，如果谈判日程安排得很紧凑，而谈判人员又没有得到充分的休息，特别是在谈判的中后期，因连续作战，精神和体力方面的消耗都很大，容易出现因精力不集中而少听或漏听的情况。

（2）倾听者带有偏见地听。

在商务谈判中，往往存在以下几种偏见影响倾听的效果：第一，以貌取人，因为讨厌对方的外表而拒绝听对方讲话的内容；第二，谈判人员先把别人要说的话定个标准或作出价值上的估计，然后再去听别人的话，他们常常根据自己过去的经验把别人的话限制在自己所设定的某些条件中，这样就不能真正理解对方所说的话；第三，谈判者假装自己很认真地在听，而心里却在想别的事情，根本就没有专心倾听。

（3）倾听者知识水平有限。

商务谈判会涉及一些专业知识，如果谈判者对专业知识掌握有限，在谈判中一旦涉及这方面的内容，就会难以理解。尤其是在国际商务谈判中，语言不通也是一个很大的障碍，更容易影响倾听的效果。

（4）倾听者思路较对方慢。

由于人与人之间客观上存在着思维方式的不同，如果谈判双方是属于两种不同思维类型的人，让收敛型思维的人（即思维速度较慢的人）去听发散型思维的（即思维速度较快）的人发言时，就会产生思路跟不上对方或因思路不同而产生少听、漏听的情况。

（5）外界环境的干扰。

由于外界环境的干扰，常常会导致人们的注意力和精力分散，影响倾听的效果。

谈判技巧案例

两架失事的飞机

1977 年，两架波音 747 飞机在特拉维夫机场地面相撞，两名飞行员其实都接收到了调度的指示。一架飞机飞行员接到的指令是："滑行至跑道末端，掉转机头，然后等待起飞准许命令。"但是飞行员并没把指令中"等待"当作必须执行的部分。另一架飞机的飞行员被命令转到第三交叉口暂避，但他将"第三交叉口"理解为"第三畅通交叉口"，因而没将第一个阻塞的交叉口计算在内，就在他将飞机停在主跑道上的时候，第一架飞机以186 英里的时速与之相撞。两架飞机爆炸，576 人遇难。

想一想：这起不幸的事故是由什么原因造成的？

资料来源：龚荒. 商务谈判与沟通 [M]. 北京：人民邮电出版社，2022.

2. 倾听的作用

（1）倾听是了解对方需要、发现事实真相的最简捷途径。倾听可以使己方了解对方的态度、观点和立场，对方的目的、意图、沟通方式，以及对方谈判团队成员之间的意见分歧，从而掌握谈判的主动权。

（2）倾听有助于给对方留下良好的印象。当谈判人员专注地倾听对方的讲话时，就表示他对对方的观点很感兴趣，能使对方产生信赖，从而有利于改善双方的关系。

（3）倾听能使人们掌握许多重要语言的习惯用法。

（4）倾听有助于了解对方的态度变化，这主要体现在对对方的称呼上。例如，当谈判双方的关系很融洽、友好，谈判气氛轻松和谐时，双方在称呼上可能会有所变化，以表示关系的亲密，例如，之前一直称呼为小王，然而突然又改为称呼王先生、王经理，这就是一个关系紧张的信号，接下来的谈判就有可能会有些艰难。

6.4.2　倾听的技巧

（1）了解自己的倾听习惯，如是否经常打断别人的讲话，是否对别人说的话仓促地作出判断。想要了解自己的倾听习惯，可以倾听自己的讲话，了解自己有哪些不好的习惯，以便在倾听别人说话时加以改正。养成良好的倾听习惯，才能获得最全面的谈判信息。

（2）专心致志、集中精力地倾听，避免"开小差"。

（3）不要因为轻视对方、抢话、急于反驳而放弃倾听。

（4）有鉴别地倾听，抓住重点，仔细倾听。

（5）倾听对方讲话时及时作出反应，如点头、摇头、微笑，或提出能够启发对方思路的问题，从而使对方有一种被重视的感觉，从而使谈判的气氛和谐、融洽。

（6）倾听时适当地做笔记。

（7）创造良好的谈判环境，避免外界的干扰。

6.5　谈判辩论与说服技巧

6.5.1　辩论的技巧

1. 立场要坚定，观点要明确

在商务谈判中，辩论的过程就是通过摆事实、讲道理来说明己方的观点和立场，反驳对方观点的过程。为了能更清晰地论证己方观点和立场的正确性及公正性，在辩论时，谈判人员必须对论证己方观点的材料进行选择、整理和加工，去粗取精，通过合理地运用客观材料以及所有能够支持己方观点的证据来增强己方的辩论效果，进而达到反驳对方的观点的目的。

2. 态度客观，措辞严密准确

在商务谈判中，无论辩论双方争论得如何激烈，都必须本着客观公正的原则和态度，措辞应准确严密，禁止用侮辱诽谤、尖酸刻薄的言语对对方进行人身攻击。如果在谈判中，因为固执地坚持己方的立场，不肯退让，很容易因为言辞的犀利和细小的失误导致对方产生敌对和反击的心理，这不但不会对谈判没有丝毫的帮助，反而会损害己方的形象。

3. 思维敏捷，逻辑性强

在商务谈判中，辩论的语言应力求逻辑严密，否则极易被对方抓住语言的漏洞进行反驳。一个优秀的谈判人员应该保持头脑冷静、思维敏捷，在辩论时语言严谨且富有逻辑。谈判的形势瞬息万变，可能会出现种种的难题，只有具有思路清晰、逻辑严密能力的人才能应付。因此，商务谈判人员平时要多培养自己的逻辑思维能力，以便在谈判中以不变应万变，立于不败之地。

4. 不纠缠细枝末节，坚持原则

在商务谈判中，谈判的议题多种多样，双方都不可能有精力在每一个议题上都花费气

力进行辩论,这就要求谈判人员要有战略眼光,分清主次缓急,将注意力集中于辩论的主要问题上,而不是在细枝末节处与对手纠缠不休。在论证己方的观点时要重点突出、条理清晰、简明扼要,切忌东拉西扯。而反驳对方的错误观点时,要抓住其要害,有的放矢,杜绝使用断章取义、强词夺理等不健康的辩论方法。

 **谈判技巧案例**

别只抓住细枝末节

A 国代表在某全球经济论坛上发表抨击关于西方国家消极的财政政策的演说。在他讲了一个小时后,B 国的一位经济领域的高官突然插话,指出这位代表讲话中的一个错误。这位代表听后很沉着冷静,并没有因为受到突如其来的干扰而失态,而且他并不否认自己的错误,反而非常有礼貌地向那位经济领域的高官表达了谢意,还机智地补充了一句:"既然您到现在才指出我的失误,这说明您认为我前面所讲的话并没有错误。"仅此一句,这位代表就摆脱了令人尴尬的困境,还令那位 B 国高官因抢话而遭受众人的白眼。

资料来源:马建春.商务沟通与谈判〔M〕.北京:人民邮电出版社,2023.

5. 处理好辩论中的优劣势

在商务谈判的辩论中,双方的优势和劣势的对比往往是不确定的,经常发生变化的。当己方处于优势状态时,谈判人员要注意凭借这些优势来压制对方,在辩论时可以滔滔雄辩,并注意借助语调和身体语言的密切配合,渲染己方的观点,维护己方的立场;当己方处于劣势状态时,谈判人员要记住这只是暂时的,应沉着冷静,从容不迫,既不可赌气,也不可沮丧、泄气、慌乱、不知所措,最起码要保持己方的阵脚不乱,才会对对方的优势构成潜在的威胁,这样对方才不敢贸然进犯,己方才有机会把劣势转化为优势。

6. 见好就收,切忌得理不饶人

谈判人员应该明确辩论的目的是要证明己方的观点,反驳对方的观点,进而争取到有利于己方的利益,而不是要打击甚至毁灭对方。因此,在谈判中,己方占据优势达到目的之后,别忘了适可而止,见好就收,切忌得理不饶人。因为如果对方被逼得走投无路,就会产生敌对心理,最终有可能导致谈判破裂。

7. 保持良好的仪容仪表和风度

谈判人员注意保持良好的仪表和举止,给对方留下深刻的、稳重的印象,这比任何华丽的语言都更具影响力和感召效果,因此,谈判人员在进行辩论时,除了要保证服饰要得体大方、整齐清洁外,还要注意自己的行为,要保持风度,切忌出现指手画脚、唾沫四溅的情况,让对方反感。

6.5.2　说服的技巧

美国语言学家、哈佛大学教授约克·金曾说过:"生存,就是与社会、自然进行的一场长期谈判,得到你应有的最大利益。这就看你怎么把它说出来,看你怎样说服对方了。"在商务谈判中,谈判双方存在各种各样的分歧很正常。要想消除分歧,谋求一致,主要办法之一就是设法说服对方改变初始想法,心甘情愿地接纳己方的意见或建议。因此,说服技巧常常贯穿于商务谈判的整个过程,它综合运用"听""问""答""叙""辩"等各种技巧，是谈判中最艰巨、最复杂，也是最富技巧性的工作。

谈判中的说服是指谈判的一方想方设法令对方改变初始想法，并开始接受己方的观点。说服具有三个方面的作用：第一，有助于提高谈判的效率；第二，有助于达成有利于己方的协议；第三，有助于己方建立良好的谈判形象。因此，谈判人员能否说服对方接受己方的观点在一定程度上决定着谈判能否取得成功。在谈判中，可以综合运用提问、倾听、回答、陈述和辩论等技巧，达到说服对方改变初始想法的目的。

1. 说服一般技巧

（1）以诚相待。

这是说服对方时最基本的要求，一定要让对方感到你的诚意，信任你。一方面，谈判人员要诚恳地向对方陈述为什么他们需要接受你的观点，以及接受你的观点后的利弊；另一方面，谈判人员要坦率地承认一旦对方接受你的观点和意见，你也能从中获得利益，对谈判双方来说都是有益的。

（2）让对方信任你，建立良好的人际关系。

只有对方信任你，才会理解你的说服动机。通常情况下，对方谈判人员考虑是否接受你的观点和意见时，总会先衡量一下相互之间的熟悉程度。只有相互熟悉、友好、信任，对方才会正确地理解你的观点和意见，否则，将会认为你心怀不轨。因此，在说服对方时首先要学会信任对方，与对方建立良好的人际关系，才有可能使谈判在和谐、友好、融洽的气氛中进行。

（3）及时留住说服获得的效果。

当对方开始接受你的观点和意见时，为了防止其中途变卦，谈判人员要设法及时留住这一效果。例如，对方同意了你的观点，但是需要签订书面协议，此时为了防止对方改变主意，谈判人员可以提前拟订一份协议草案，并告诉对方，只需先在这份草案上签字，待一周后再将正式的协议寄给对方确认，这样做就可以及时留住说服获得的效果。

（4）拉近与对方的心理距离，赢得认同。

认同就是要寻找双方的共同点，如工作上的共同点（如共同的职业、追求和目标）、生活上的共同点（如共同的生活经历）、兴趣爱好上的共同点（如喜欢同类型的电影、运动）等。这些共同点，都可以成为说服时的证据和理由。

（5）说服的语气要委婉平和。

在商务谈判中，说服对方时使用委婉平和的语气至关重要。这种语气有助于缓和紧张氛围，建立双方信任，并促进有效沟通。采用非攻击性的措辞，避免直接否定对方观点，更多地使用"我们"而非"你们"，展现出合作而非对抗的姿态。同时，通过倾听、肯定对方的合理点，再引导对方理解你的立场，可以更容易达成共识。

（6）说服时要保持足够的耐心。

保持耐心是成功实现说服的关键。耐心让你有更多时间理解对方的立场，避免冲动反应导致的错误。它帮助你冷静地评估谈判进程，适时调整策略。耐心等待恰当时机提出关键观点或反驳，可以提升说服的有效性。记住，谈判往往是一个步骤接一个步骤的过程，通过耐心和坚持，可以逐渐引导对方接受你的观点。

（7）说服时要懂得运用经验和事实。

有效的说服不仅依赖吸引人的语言表达，更要倚重确凿的数据、案例和经验。实际例证和数据支持的观点能够提供不容置疑的论证力，增强说服力。用事实说话可以突破情感的波动和主观偏见，让理性成为决策的基础。因此，准备充分案例研究和相关数据，以理性的论点来说服对方，往往比仅凭华丽的语言来说服对方更有效。

2. 说服不同类型谈判人员的技巧

不同性格的谈判人员在谈判时表现出来的谈判风格也不同，针对不同谈判风格的人，所采用的说服技巧也有区别。

（1）顽固型。

顽固型谈判人员往往性格倔强，在谈判中固执己见、不肯退让。说服这类型的谈判人员可以采用下台阶法、等待法、迂回法和沉默法。

①下台阶法：在说服没有任何进展的情况下，先给对方一个"台阶"下，多肯定对方正确的地方，让对方感觉没有失掉面子而欣慰。顽固型谈判人员往往性格倔强，自尊心比较强，不愿意承认自己的失误，这时，使用下台阶法正好给对方一些自我安慰的条件和机会，对方自然会容易接受你说服的动机。

②等待法：顽固型谈判人员坚持自己的观点是正确的，可能一时间难以说服他们接受己方的观点或意见。这时，不妨留给对方一些思考的时间，选择暂时等待。等待不是放弃，而是待对方考虑之后，时机成熟时再与其进行沟通，这样效果往往比较好。

③迂回法：这种方法适用于正面道理不足以说服对方的情况，对方对你方的观点已经听不进去了，再说下去只会浪费时间，甚至引起对方的反感。此时，可以采取迂回进攻的方法，设法找到对方的薄弱环节，暂时避开主题，转为谈论对方感兴趣的事情，从中发现对方的弱点，然后再慢慢转回正题，对方就比较容易接受了。

④沉默法：针对顽固型谈判人员，暂时沉默，使对方感觉受到冷遇，在心理上形成一定压力，进而削弱对方的谈判实力。

（2）不合作型。

对于不合作型的谈判人员，在说服时首先要用坦诚的态度和诚恳的言语打动他，其次要语气温和，不做无谓的争论，最后，在谈判过程中要出其不意，令对方惊讶。例如，可以中途提出令人惊奇的时间安排，如截止时间的改变；也可以做出令人吃惊的行为，如不停地打岔、故意提高声音等。

（3）合作型。

对待合作型的谈判人员，可以采用设立谈判期限、场外交易、开诚布公的方法来进行说服。

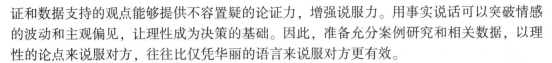
谈判技巧案例

张嘴就要15亿元，还拒绝讨价还价？中国：不要了，我们自己搞！

港珠澳大桥将香港、珠海、澳门连接起来，大大缩短了三地的交通运输时间，为港、珠、澳地区的经济发展提供了有效的支持，意义非凡！然而，港珠澳大桥的建设之路十分坎坷。6年的筹备，9年的建设，720亿的巨资，5万名工人历经艰辛和苦楚。"巨大的成就，源于每一次微小的努力"，港珠澳大桥是无数个小点组成的伟大工程，而这每一个小点，都铭刻着奋斗者们的艰辛和汗水。

港珠澳大桥的总工程师林鸣讲述了建造这座桥的艰辛历程，这个过程可以用一个字来概括："难"。港珠澳大桥跨度达55公里，必须在水面上建造人工岛履行支撑大桥的作用，这需要填海造岛，难度可想而知。

在这条长达55公里的跨海大桥中，除了桥面之外，还必须建造一条长6.7公里的海底隧道。这是因为大桥横跨大海航道，在这里每天有4000多艘大小船只通行，大桥必须高过船舶的高度，来确保船舶能安全通行。然而，这座桥的高度必须至少达到80米。而香港机场规定，在飞行航班的范围内，不允许出现高度超过88米的建筑物。这是一个十分尴尬的问题。既不能建造在水中，也不能建造在空中，那么在哪里建造这座桥呢？工程师们经过思考后，决定在海底修建一条连接两端的隧道，以实现这项壮举。

在海底修建一条长6.7公里的隧道，对当时的中国来说简直是天方夜谭！在那个时候，中国所有的海底隧道的施工里程加起来还不到4公里，而要一次性建造出一条贯通两岸的长6.7公里隧道，简直超出了当时建筑队的技术水平和能力范畴。

林鸣总工程师回忆称，早在2005年，他就已经参与了港珠澳大桥的前期规划工作。为了突破海底隧道施工难关，当时国家派遣工程师前往韩国学习韩国釜山巨加跨海大桥的隧道技术。然而，到达韩国后，工程师们却遭遇了困境。他们请求韩方带领他们参观釜山巨加跨海大桥的隧道设施，但遭到了拒绝。

尽管如此，这些中国工程师并没有放弃，他们在船上，距离釜山巨加跨海大桥还有数百米的位置处，拍下了一些照片作为参考。他们不甘屈辱，一直在探索和寻求突破的机会。他们决定向世界桥梁技术最先进的荷兰公司寻求帮助。然而，荷兰公司提出了一亿五千万欧元的天价咨询费用，这按当时汇率是15亿元人民币，简直是狮子大开口！

中方只能向对方压价，问荷兰公司能够提供什么服务，最后得到的回答是："我们为你们唱一首歌曲，祈望你们的成功。"这个充满调侃和戏谑的回答彻底打消了中国向外国寻求帮助的念头，也更加坚定了中国自主研发的决心。随后，中国工程师独自钻研，昼夜守护，历时四年多，终于攻克了港珠澳大桥沉管隧道的技术难题。

港珠澳大桥的设计寿命可达到120年，可承受16级台风、8级地震的打击，并成功通过了"山竹"17级台风的终极考验。这座桥一经通车，立即震惊全球，其超大规模的建筑、前所未有的施工难度和卓越的建造技术名声远扬。美国立即对港珠澳大桥发出高度赞扬，称其为"珠峰级"的桥梁工程，英国《卫报》甚至将其列为"世界七大新奇景之一"。据不完全统计，港珠澳大桥获得了八项"世界第一"的殊荣。经历了痛苦的转变之后，我们终于有了属于自己的精品工程。

如果当时选择花费15亿元请求荷兰帮助，中国工程师将无法掌握全套技术，也无法打破技术封锁。假如如此，最近开工的深中通道项目又该如何呢？难道我们还要再花费15亿元向外求助？没有实力和专利，就意味着没有话语权，面对西方的不断冲击和嘲笑，我们只有靠不屈的意志，一步一步开创技术进步，打破一道道技术壁垒，才能实现科技强国的目标。

事实上，中国人民正是在这种不屈的意志的推动下，一步步打破了一个又一个的技术壁垒。我们已有一项项行业的标杆，许多产品也已经实现了全球销售。在这样的背景下，我们更应该坚持这种不屈的精神，继续推动科技进步，成为真正的科技强国！

实践训练

同学们自由分组，两人一组，扮演商务活动中的买卖双方，就产品的价格展开谈判。双方在演练时要表现以下场景：买方的态度并不热情，总是转移视线，这时卖方通过一些肢体语言吸引买方的注意力，积极地进行价格沟通，成功说服买方购买产品。

巩固练习

一、单选题

1. 既能获得新的信息又能证实己方以往判断的谈判技巧是（　　）。

A. 多听少说　　　　B. 只听不说　　　　C. 有问必答　　　　D. 巧提问题

2. 通过己方的提问，使对方对问题作出证明或理解的提问方式是（　　）。

A. 封闭式提问　　　B. 证明式提问　　　C. 诱导式提问　　　D. 协商式提问

3. "你是否认为'上门服务'没有可能?"这一问句属于（　　）类型的提问。

A. 引导性提问　　　B. 坦诚性提问　　　C. 封闭性提问　　　D. 证实式提问

4. 为避免谈判陷入僵局，谈判者不应持有的态度是（　　）。

A. 把人与问题放到一起　　　　　　B. 平等地对待对方

C. 不要在立场问题上讨价还价　　　D. 提出互利的选择

二、简答题

1. 在商务谈判中有哪几种典型的语言表达形式?

2. 在商务谈判中应避免哪些言辞?

3. 在商务谈判中应把握哪些提问的时机?

4. 在商务谈判中辩论有哪些方法和技巧?

5. 在商务谈判中如何克服"听"的障碍?

学以致用

光伏谈判共赢局

背景简介：

福州市致力于发展绿色能源，促进可持续发展。为此，市政府计划吸引投资建立一个太阳能光伏发电园区。此时，一家专业从事太阳能光伏产品研发和生产的企业"绿动能源科技有限公司"（以下简称"绿动"）对该项目表现出浓厚兴趣。

谈判前的准备：

"绿动"对福州市的地理环境、气候特征、政府政策以及潜在市场进行了全面分析。同时，他们制订了详细的投资方案，包括资金投入规模、技术路线、预期回报以及对当地就业和经济的贡献预测。

谈判过程：

在与市政府的谈判中，"绿动"强调了其技术优势和先前在其他地方成功完成光伏项目的经验。他们提出了一个有利于双方的投资方案，包括为当地提供一定数量的就业岗位、使用本地供应链资源以及未来电力的优惠价格等条件。

与此同时，"绿动"也明确表示希望获得政府在土地使用、税收减免、项目审批流程上的优惠政策和支持。

经过几轮激烈的谈判，最终"绿动"和市政府达成了协议。"绿动"获得了所需的土地和政策支持，而福州市通过该项目的实施促进了当地经济的发展，增加了就业机会，并迈向了绿色能源使用的新时代。

问题分析：

1. "绿动"如何充分利用自身优势来说服市政府接受其投资方案？
2. 双方如何处理在谈判过程中出现的分歧，并找到双赢的解决方案？

解读事关民生福祉的医保谈判

2020 年医保药品目录调整尘埃落定，整个过程也成为当时的热点。根据《焦点访谈》栏目介绍，我们了解到，医保药品目录调整的流程分为三步。

第一步：确定价格主要参考基础信息。

第二步：专业价格测算。

第三步：药品准入谈判。

在整个过程中，国家医疗保障局负责制定规则，每个阶段的执行都由相应领域的专家完成。根据规则，每个专家与药品一一对应，三个阶段，专家无一人交叉，从制度设计实现了全流程的去中心化，同时，每个阶段还专门设置专人与医药企业沟通互动，以此来尽可能实现价格的客观性。

医保药品目录准入谈判和我们每个人都相关，因为它关系到究竟什么药可以进医保、药价是多少等。我们知道，看病贵和药价虚高有很大的关系，挤干药价的水分、让药品价格降下来才能够减轻病人的负担，同时，对医保基金这个大盘子来说，也需要通过谈判，用好有限的资金吸纳更多的好药、新药。

2020 年是国家医保药品目录实行企业申报制后的第一次全面调整，也是第四年进行医保目录谈判。和前几次相比，这次谈判涉及的药品更多，有 162 种，谈判的成功率更高，达到了 73.46%，谈判成功的 119 种药品平均降价 50.64%。谈判究竟是怎么进行的呢？

2020 年 12 月 16 日，国家医保药品目录调整谈判小组针对 PD-1 和 PD-L1 单抗类药物价格进行了一场谈判。作为抗肿瘤治疗的新药，PD-1 和 PD-L1 单抗类药物是此次价格谈判中最受关注的品种之一。北京协和医院呼吸与危重症医学科主任王孟昭说："PD-1 和 PD-L1 单抗是新兴免疫治疗，比既往的药物疗效持续的时间都要长，使病人的生存期能够明显延长，所以这种药物在治疗肿瘤方面起到非常重要的作用。"

对于很多肿瘤患者来说，PD-1 和 PD-L1 单抗类药物是新药，也是救命救急的好药。把临床急需、安全有效的好药纳入医保，是国家医疗保障局医保药品目录调整工作的主要原则，但是，要进医保还有一个重要的考量因素——价格。以卡瑞利珠单抗为例，其主要适应症范围涵盖了特定的霍奇金淋巴瘤、肝细胞癌、非小细胞肺癌、食管癌，此次谈判前，其单支价格为 19 800 元。国家医疗保障局医药服务管理司司长熊先军说："要考虑到老百姓对于价格的承受能力，以及纳入医保以后医保的承受能力，中国毕竟是发展中国家。"

药好，但是价格高是此次参与谈判的 162 种药品的共同特点。根据规则，企业的最终报价绝对不能超过医保方提前测算出的医保支付标准的底价。国家医疗保障局医疗保障事业管理中心副主任蒋成嘉说："就是专家谈判的时候，谈判组专家手上密封的信封，在最后的时候当着企业打开的那张纸。"

这个在谈判期间才能打开的底价，是医保方谈判的底线，也是企业报价的"靶心"，那么，决定谈判是否能成的关键价格是怎么得来的呢？确定拟谈判药品后，第一步就是确定价格主要参考基础信息。国家医疗保障局一方面是从临床治疗角度出发，请 122 名临床专家，对 162 种药品逐一进行评价和打分，并确定参照药品；另一方面，是从企业利益角度出发，召开企业见面会，请企业提交关于自己产品的临床证据、价格计算模型等相关数据和信息。

第二步是进入专业价格测算阶段，也是最终的医保基金支付底价形成最关键的阶段。国家医疗保障局党组书记局长胡静林说："谈判药品测算工作与医药目录准入直接挂钩，可以说涉及广大参保人的基本用药权益，也事关医保制度的长期稳定运行，还关系到药品生产企业的切身利益。"

事关百姓利益、基金安全、企业发展，合理的价格判定至关重要。国家医保局从专家库中随机抽取了 40 位药物经济学专家和 12 位基金测算的专家，进行长达十多天的专业测算。熊先军说："药物经济学组根据药品相应病人的获益程度来折算出它的价格，基金测算组根据药品纳入医保药品目录以后对基金的影响程度来测算价格。"

病人获益、基金安全，药物经济学和基金测算两组专家，分持两个角度，各自封闭，背对背平行测算、互不干扰。基金有限，但测算专家指出，整个测算追求的绝不是低价，而是突出药品的价值及性价比原则。

2020 年国家医保药品目录调整药物经济学测算专家组组长刘国恩说："它的疗效好、副作用低，这个价值能不能够换取更高的价格，这就是所谓的性价比，而这就需要药物经济学专家来计算。国家医疗保障局之所以让药物经济学专家扮演非常重要的角色，就是因为考虑到药物之间的比较不是简单的价格比较。"2020 年国家医保药品目录调整基金测算专家组组长郑杰说："咱们国家现在确实存在着药品价格虚高的现象，中国有一句老话叫'钱要花在刀刃上'，要能够保证基金的安全，所谓基金的安全，就是不穿底、不浪费。"

为保证客观公正和清正廉洁，测算专家严禁与药品企业直接接触，那么，在这个环节，企业的正当利益和诉求如何保障呢？经过一周左右的封闭工作，测算专家对所负责的药品价格形成测算要点和初步结论。此时，测算组组长与国家医保局工作人员分成三组，在三天的时间里，与 162 个拟谈判药品的企业一对一会面，就相关药品的价格测算进行细致沟通。根据企业反馈信息，测算专家对底价进一步纠偏调整。最终，药物经济学组和基金测算组，各自独立给出 162 种药品的最终测算价格。

第三步是进入药品准入谈判阶段。谈判专家从各地医保部门抽调，对于要负责谈判的药品，同样也是随机抽取，也只有在谈判桌上，才能打开此前测算出的底价。

总结一下确定拟谈判药品后的整个流程，第一步：确定价格主要参考基础信息；第二步：专业价格测算；第三步：药品准入谈判。在整个过程中，国家医疗保障局负责制定规则，每个阶段的执行都由相应领域的专家完成，可以说，专家的作用至关重要。那么，专家的权限如何制约呢？熊先军说："每个程序的专家都不会交叉，既参加评审组，又参加谈判组，这是不允许的，这样也是为了避免专家主导整个谈判内容。"

2020 年 12 月 16 日，作为抗肿瘤治疗的新药——PD-1 和 PD-L1 单抗类药物，共有七个品种参与谈判，竞争激烈。按照规则，企业只有两次报价机会，第二次报价距离医保局的底价不能超过 15%，超过，谈判就宣告失败。阿斯利康公司去年有多个产品经谈判纳入医保，此次谈判中，其也有数个产品中标，它面临着这次 PD-1 和 PD-L1 单抗类药物的第二次报价。与总部进行数次电话沟通后，这家公司终于慎重报出了关键的第二轮报价。虽然第二轮报价中靶，但在价格竞争激烈的情况下，又经过了一个小时艰辛的谈判，数次请示总部，这家企业的报价依然无法达到底价，谈判不得不终止。此次谈判中，PD-1 和 PD-L1 单抗类药物，包括卡瑞利珠单抗在内的 3 个药品最终入围，涉及病种包括肺癌、肝癌、黑色素瘤、淋巴瘤等多种恶性肿瘤，价格平均降幅达到 78% 左右。根据国家医疗保障局公布的数字，此次谈判共 162 个品种，谈成 119 个，涉及癌症、罕见病、肝炎、糖尿病、风湿免疫、心脑血管、消化等 31 个临床治疗领域，价格平均下降 50.64%。逢进必谈，是现在新药进入医保药品目录的原则，但新药要进来，医保基金总盘子有限，并且由于我国尚处于发展阶段，基金的总盘子并没有太多的增量，那么，如何给新药更多基金空间？就需要在存量上做文章。此次医保药品目录调整，直接调出了此前目录中临床价值不高以及药监局批准文号取消的 29 种药物，还对包括 2018 年专项肿瘤谈判到期要续约的 24 种已在目录的药品，再次谈判和降价。最近几年，国家医疗保障局每年都要对医保药品目录进行调整，把一些原来需要患者自费支付的新药、好药、特效药纳入医保报销。这次调整后，医保药品目录内的药品总数已经达到了 2 800 种。另外，除了节目中讲述的医保药品目录准入谈判，国家每年还会组织集中带量采购，采购的既有药品，也有像冠脉支架这样的耗材，既包括医保目录内的药品，也包括目录外的药品。这两种方式的目的，都是通过以量换价的市场机制，引导药品和耗材价格回归合理，提高医保基金使用效率，最终让患者看病用药变得更加经济实惠。

资料来源：洞见研报，2023 年 1 月 9 日，https://www.djyanbao.com/report/detail?id=3415536&from=search_list

第7章　商务谈判心理

🎯 学习目标

知识目标：

通过本章教学，使学生掌握商务谈判心理的概念与特点；理解商务谈判心理的意义；理解谈判的需要和动机；了解谈判人员性格、气质与谈判的关系；了解商务谈判中有关思维方式的要求；达到商务谈判中有关心理素质的要求。

能力目标：

通过本章的技能训练，使学生能够准确描述商务谈判中有关职业道德的要求，并且初步学会如何在商务谈判中运用辩证思维、策略变换来提高心理素质；学习在商务谈判中正确运用思维方法与心理战等技能。

素养目标：

通过理论与技能训练相结合，培养学生较强的谈判心理调控素质、顽强的意志、以礼待人的诚意和态度，以及良好的团队合作和沟通意识。

📌 导入案例

刘某要在出国定居前将私房出售，经过几次磋商，他终于同一个外地到本城经商的张某达成买卖意向：120万元，一次付清。后来，张某不小心看到了刘某从皮包中落出来的护照等文件，他突然改变了态度，一会儿说房子的结构不理想，一会儿说他的计划还没有最后确定，总之，他不太想买房了，除非刘某愿意在价格上给予大的让步。刘某不肯，双方相持不下。当时，刘某的行期日益逼近，另寻买主已不大可能，刘某不动声色。当对方再一次上门试探时，刘某说："现在没有心思跟你讨价还价。过半年再说吧，如果那时你还想要买我的房子，你再来找我。"说着还拿出了自己的飞机票让对方看。张某沉不住气了，当场拿出他准备好的120万元现金。其实，刘某也是最后一搏了，他准备不行就以100万元成交。

分析：（1）张某突然改变了态度是抓住刘某什么心理？（2）刘某取得谈判的胜利是抓住张某什么心理？他采用了什么策略？

7.1 商务谈判心理概述

党的二十大报告中强调："推进高水平对外开放，依托我国超大规模市场优势，以国内大循环吸引全球资源要素，增强国内国际两个市场两种资源联动效应，提升贸易投资合作质量和水平。"随着商务活动的日益频繁，商务谈判活动日益增加，有许多因素影响着谈判结果的分配。有些因素是确定的，如公司拥有的货币量、谈判双方知识深浅对比、各自发展的不同模式和产业格局等；而有些因素是不确定的，它们能够使最终结果发生潜移默化的转移，这就是谈判中的心理因素。心理因素包括：个人自我价值判断；自信心；理解和观察能力；对人格类型的把握和理解；个人需求标准和谈判风格等。谈判是智慧与心理素质的较量，是谋略与技巧的角逐，是心理与胆量的比拼，谈判人员的心理直接影响其谈判决策行为，对于谈判者来讲，掌握一定的心理分析技巧无疑有助于谈判成功。

商务谈判是一种在特定条件下人与人之间的交流行为。在整个谈判过程中，谈判对象的选择、谈判计划的制订、谈判策略和技巧的选择与谈判结果的认定，都伴随着谈判各方当事人各种各样的心理现象和心态反应。商务谈判者的心理直接影响着商务谈判行为，对商务谈判的成功与否起着举足轻重的作用。有效地掌握对方谈判人员的心理状况，准确地引导谈判，控制谈判节奏，把谈判者的心理活动控制在最佳状态，可以使谈判者在心理上处于优势地位，从而争取良好的谈判结果，实现谈判目标。

7.1.1 商务谈判心理的概念

1. 心理的含义

当一个人面对祖国壮丽的河山、秀美的景色，便会产生喜爱、愉悦的心理；而当看到被污染的环境、恶劣的天气，又会出现厌恶、逃避的心理。这些就是人的心理活动、心理现象，也就是人的心理。心理学认为，心理是人脑对客观现实的主观能动反映。它既包括人们的各种心理活动，如认知、情感、意志等，也包括人们的心理特征，如动机、需要、气质、性格、能力等。人的心理看不见摸不到，人的心理是复杂多样的，人们在不同的活动中，会产生各种与不同活动相联系的心理。

2. 商务谈判心理的含义

商务谈判心理是指在商务谈判活动中谈判者的各种心理活动，它是商务谈判者在谈判活动中对各种情况、条件等客观现实的主观能动反映。譬如，当谈判者在商务谈判中第一次与谈判对手会晤时，如果对方彬彬有礼、态度诚恳，就会对对方有好印象，对谈判取得成功也会抱有信心和希望；反之，如果谈判对手态度狂妄、盛气凌人，势必会对对方有不好的印象，从而对商务谈判的顺利开展存有忧虑。

通过对谈判者心理的研究，一方面，有利于谈判者了解己方谈判成员的心理活动和心理弱点，以便采取相应措施进行调整和控制，保证己方谈判者能以一个良好的心理状态投入到谈判中去；另一方面，有利于摸清谈判对手的心理活动和心理特征，以便对不同的谈判对手选择不同的战略和战术。

7.1.2　商务谈判心理的特点

与其他的心理活动一样，商务谈判心理也有其心理活动的特点和规律性。一般来说，商务谈判心理的具体特点归纳如下。

1. 商务谈判心理的内隐性

商务谈判心理的内隐性是指商务谈判心理是商务谈判者的内心活动，藏之于脑、存之于心，别人是无法直接观察到的。但人的心理和行为之间有密切的联系，人的心理会影响人的行为，人的行为是人的心理的外显表现，比如，高兴时手舞足蹈、悔恨时捶胸顿足、沉痛时低头不语等。因此，人的心理可以根据其外显行为加以推测，例如，在商务谈判中，如果对方作为购买方，对所购买的商品在价格、质量、运输等方面的谈判协议条件感到很满意，那么，在双方接触过程中，对方会表现出温和、友好、礼貌、赞赏等态度和举止；相反，如果对方很不满意，则会表现出冷漠、粗暴、不友好、怀疑甚至挑衅的态度和举止。由此可知，掌握这其中的一定规律，就能较为充分地了解对方的心理状态，更好地洞悉对方的所思所想，从而在商务谈判中占据主动权。

2. 商务谈判心理的个体差异性

商务谈判心理的个体差异性是指因谈判者个体的主客观情况不同，谈判者个体之间的心理状态存在着一定的差异。商务谈判心理的个体差异性，要求人们在研究商务谈判心理时，既要注重探索商务谈判心理的共同特点和规律，又要注意把握个体心理的独特之处，以便有效地为商务谈判的开展服务。

3. 商务谈判心理的相对稳定性

商务谈判心理的相对稳定性是指个体的某种商务谈判心理现象产生后往往具有一定的稳定性，在一段时间或一定时期内，不会发生大的变化。但这种稳定性不是绝对的，只能说是相对的，例如，商务谈判者的谈判能力会随着谈判者经验的增多而有所提高，其在一段时间内是相对稳定的。

正是由于商务谈判心理具有相对稳定性，我们才可以通过对谈判对手过去种种表现的观察，去了解谈判对手，进一步认识谈判对手。此外，我们也可以运用一定的心理方法和手段去改变或影响自己的谈判心理，使其有利于商务谈判的开展。

7.1.3　研究和掌握商务谈判心理的意义

1. 有助于培养谈判人员自身良好的心理素质

谈判人员良好的心理素质是谈判取得成功的重要基础条件。谈判人员相信谈判成功的坚定信心、对谈判的诚意、在谈判中的耐心等都是保证谈判成功不可或缺的心理素质。良好的心理素质，是谈判者抗御谈判心理挫折的条件和铺设谈判成功之路的基石。谈判人员加强自身心理素质的培养，可以增强谈判时的心理适应度。

谈判人员对商务谈判心理有正确的认识，就可以有意识地培养提高自身优良的心理素质，摒弃不良的心理行为习惯，从而把自己培养成从事商务谈判方面的人才。商务谈判人员应具备的基本心理素质主要有以下几种。

（1）自信心。

所谓自信心，就是相信自己的实力和能力。它是谈判者充分发挥自身潜能的前提条件。缺乏自信往往是商务谈判失败的原因。没有自信心，就难以勇敢地面对压力和挫折。面对艰辛曲折的谈判，只有具备必胜的信心才能促使谈判者在艰难的条件下通过坚持不懈的努力走向胜利的彼岸。

自信不是盲目自信和唯我独尊。自信是在充分准备、充分占有信息和对谈判双方实力科学分析的基础上对自己有信心，相信自己要求的合理性、所持立场的正确性及说服对手的可能性。自信才有惊人的胆魄，才能做到大方、潇洒、不畏艰难、百折不挠。

（2）耐心。

商务谈判的状况各种各样，有时是非常艰难曲折的，商务谈判人员必须有抗挫折和打持久战的心理准备，耐心及容忍力是其必不可少的心理素质。在一场旷日持久的谈判较量中，谁缺乏耐心和耐力，谁就将失去在商务谈判中的主动权。有了耐心可以调控自身的情绪，使自己不被对手的情绪牵制和影响，使自己能始终理智地把握正确的谈判方向。有了耐心可以使自己能有效地注意倾听对方的陈述，观察了解对方的举止行为和各种表现，从而获取更多的信息。有了耐心可以有利于提高自身参加艰辛谈判的韧性和毅力。耐心也是对付意气用事的谈判对手的策略武器，它能取得以柔克刚的良好效果。

此外，在谈判进入僵局时，也一定要有充分的耐心，等待转机。谁有耐心，沉得住气，就可能在打破僵局后获取更多的利益。

（3）诚心（诚意）。

一般来讲，商务谈判是一种建设性的谈判，这种谈判需要谈判双方都具有诚意。诚意，不但是商务谈判应有的出发点，也是谈判人员应具备的心理素质。诚意，是一种负责的精神、合作的意向、诚恳的态度，是谈判双方合作的基础，也是影响、打动对手心理的策略武器。有了诚意，双方的谈判才有坚实的基础；才能真心实意地理解和谅解对方，并取得对方的信赖；才能求大同存小异，取得和解和让步，促成合作。要做到有诚意，在具体的活动中就要做到：对于对方提出的问题，要及时答复；如果对方的做法有问题，要适时恰当指出；如果自己的做法不妥，要勇于承认和纠正；不轻易许诺，承诺后要认真践诺。诚心能使谈判双方进行良好的心理沟通，保证谈判气氛的融洽稳定，能排除一些细枝末节小事的干扰，能使双方谈判人员的心理活动保持在较佳状态，建立良好的互信关系，提高谈判效率，使谈判向顺利的方向发展。

2. 有助于揣摩谈判对手心理，实施心理诱导

谈判人员应对谈判心理有所认识，经过实践锻炼，可以通过观察分析谈判对手言谈举止，揣摩弄清谈判对手的心理活动状态，如其个性、心理追求、心理动机、情绪状态等。谈判人员在谈判过程中，要仔细倾听对方的发言，观察其神态表情，留心其举止包括细微的动作，以了解谈判对手心理，了解其深藏于背后的实质意图、想法，识别其计谋或心术，防止自己掉入对手设置的谈判陷阱并正确应用自己的谈判决策。

人的心理与行为是相联系的，心理引导行为。而心理是可诱导的，通过对人的心理诱导，可引导人的行为。

📖 **知识链接**

英国哲学家弗朗西斯·培根在他写的《谈判论》一书中指出："与人谋事，则需知其习性，以引导之；明其目的，以劝诱之；谙其弱点，以威吓之；察其优势，以钳制之。"培根此言对于从事商务谈判的人至今仍有裨益。

了解谈判对手心理，可以针对对手不同的心理状况采用不同的策略。了解对方谈判人员的谈判思维特点、对谈判问题的态度等，可以开展有针对性的谈判准备和采取相应的对策，把握谈判的主动权，使谈判向有利于我方的方向发展。比如，需要是人的兴趣产生和发展的基础，谈判人员可以观察对方在谈判中的兴趣表现，分析了解其需要所在；相反，也可以根据对手的需要进行心理的诱导，激发其对某一事物的兴趣，促成商务谈判的成功。

3. 有助于恰当地表达和掩饰我方心理

了解商务谈判心理，有助于表达我方需求，可以有效地促进沟通。如果对方不清楚我方的心理要求或态度，则必要时我方可以通过各种合适的途径和方式向对方表达，以有效地促使对方了解并重视我方的心理要求或态度。

作为谈判另一方，谈判对手也会分析研究我方的心理状态。我方的心理状态，往往蕴含着商务活动的重要信息，有的是不能轻易暴露给对方的。掩饰我方心理，就是要掩饰我方有必要掩饰的情绪、需要、动机、期望目标、行为倾向等。在很多时候，这些是我方在商务谈判中的核心机密，暴露了这些秘密也就失去了主动。商务谈判的研究表明，不管是红白脸的运用、撤出谈判的胁迫、最后期限的通牒，还是拖延战术的采用等，都是与一方了解了另一方的某种重要信息为前提，与一方对另一方的心理态度有充分的把握有关的，因而绝对不能掉以轻心。

为了不让谈判对手了解我方某些真实的心理状态、意图和想法，谈判人员可以根据自己对谈判心理的认识，在言谈举止、信息传播、谈判策略等方面施以调控，适当掩饰自己的心理动机（或意图）、情绪状态等。如果在谈判过程中被迫作出让步，不得不在某个已经决定的问题上撤回，为了掩饰在这个问题上让步的真实原因和心理意图，可以用类似"既然你在交货期方面有所宽限，我们可以在价格方面进行适当的调整"等言词加以掩饰；如果我方面临着时间压力，为了掩饰我方重视交货时间的这一心理状态，可借助多个成员提出不同的要求，以扰乱对方的视线，或在议程安排上有意加以掩饰。

4. 有助于营造谈判气氛

商务谈判心理还有助于谈判人员处理与对方的交际与谈判，形成一种良好的交际和谈判气氛。

为了使商务谈判能顺利地达到预期的目的，需要适当的谈判气氛的配合。适当的谈判气氛可以有效地影响谈判人员的情绪、态度，使谈判顺利推进。一个商务谈判的高手，也是营造谈判气氛的高手，会对不利的谈判气氛加以控制。对谈判气氛的调控往往根据双方谈判态度和采取的策略、方法的变化而变化。一般地，谈判者都应尽可能地营造出友好、和谐的谈判气氛以促成双方的谈判。但适当的谈判气氛，并不一味都是温馨、和谐的气氛。出于谈判利益和谈判情境的需要，必要时也需要有意地制造紧张甚至不和谐的气氛，以对抗对方的胁迫，给对方施加压力，迫使对方作出让步。

7.2 谈判的需要和动机

7.2.1 商务谈判的需要

1. 需要

需要是人类对客观事物的某种欲望，是人们最基本、最典型的心理现象。口渴的人需要喝水，饥饿的人渴望食物，疲惫的人盼望休息等，这些都是需要。可以说需要是无穷无尽的，这正是推动人类不断进化的根源。但满足需要的条件是有限的，这就必然会产生种种利益上的矛盾和冲突。争斗、械斗和战争是人们最容易选择的解决冲突和矛盾的手段，但是这种手段未必能彻底解决所有的问题，所以谈判就成为和平解决矛盾和冲突的手段之一。买卖双方的需要促使他们一起坐到谈判桌上进行讨价还价，以求最大限度地满足各自的需要。需要既包括人体的生理需求，也包括外部的、社会的需求。

商务活动，首先要从"需要"入手。贸易商为了满足自己的需要（如赚钱）而对别人的需要加以估算，从而提供能够满足别人需要的商品。从利己的角度出发，达到某种利他的结果。之所以有商务谈判的需要，是因为谈判的一方能够提供可以满足另一方需要的产品或服务。因此，谈判之前，作为一名谈判人员，应当知道什么商品或服务可以满足对方的需要。

2. 商务谈判的需要

商务谈判的需要是一种较为特殊的需要，它对商务谈判的进行有着重要的影响。因此，必须对它加以重视。

所谓商务谈判的需要，就是商务谈判者的谈判客观需要在其头脑中的反映，也可以理解为商务谈判者通过谈判希望获取的利益和需要。商务谈判的需要分为两大类：物质性需要和精神性需要。物质性需要是指资金、资产、物资资料等方面的有形的需要；精神性需要是指尊重、公正、成就感等方面的无形的需要。

3. 马斯洛需要理论

商务谈判由利益和需要引起，参与谈判的各方都希望各自的利益能通过谈判协商得以实现。如果谈判者要顺利地获得谈判的成功，并且要维系和发展同谈判对手之间的良好关系，那么就应该在谈判前，进行充分的调查和研究。在尽可能维护自己利益的基础上，还要顾及和满足谈判对方的直接和间接需要。在谈判中，运用需求理论分析、了解谈判对手的需要对谈判成功至关重要。

那么，人们会有哪些需要呢？我们首先来看一看美国心理学家马斯洛对需要层次的划分。

 知识链接

美国心理学家马斯洛认为，人类采取各种行动是为了满足自己各种不同的需要。他在1943年提出了"需要层次论"，将人类多种多样的需要归纳为五大类，并按照它们发生的先后顺序分为五个等级。

（1）生理需要。

这是人类最原始、最强烈、最明显的基本需要，包括食物、水、住所、睡眠、性、氧气等生理机能需要。这些需要是人类为维持和发展生命所必须的对外部物质条件的最基本需要。这些需要如果不能得到满足，人类的生存就成了问题。因此，从这个意义上说，生理需要是推动人们行动的最强大的动力。如果一个人所有的需要都不能得到满足，那么这个人就会被生理需要所支配，其他需要都要退到不重要的地位。

对于一个处于极端饥饿状态下的人来讲，食物需要将占据主导地位，除了食物，别的需要都退居其后，在这种极端情况下，写诗的愿望、获得一辆汽车的愿望、对权力的欲望、对科学的兴趣、对一件新衣服的需要，则统统被忘记忽视。这个人想到的、梦见的、看见的、渴望的只是食物，充饥成为这个人的首要目标。马斯洛认为，在人们的生理需要没有得到满足之前，不会去追求其他的社会需要。

（2）安全需要。

当一个人的生理需要得到满足后，人们接着就要考虑安全和稳定的机制，安全需要就会被提到一个较为重要的地位上来，他希望满足其安全的需要，诸如人身安全、工作的稳定，要求在将来年老或生病时有些保障，要求避免职业病的侵袭等。为此，人们努力寻求舒适和安全的环境。

（3）社交需要（归属和爱的需要）。

当人们的生理和安全需要在一定程度上得到满足之后，就表现出对情感需求的渴望。马斯洛的社交需要含有两方面的内容。

一方面为爱的需要。即人都希望伙伴之间、同事之间的关系融洽或保持友谊和忠诚，希望与他人有亲密的感情交往，希望得到爱情、亲情、友情等。人人都希望爱别人，也渴望接受别人的爱。

另一方面为归属的需要。即人有一种归属感，都有一种要求归属于一个集团或群体的感情，希望成为其中的一员，人们不仅希望得到群体成员的认可，也希望得到社会所接受，并得到相互关心和照顾。

（4）尊重需要。

马斯洛发现，人们对尊重的需要可分为两类：一类为自尊的需要，包括信心、能力、本领、成就、独立和自由等愿望；另一类为来自他人的尊重需要，如威望、承认、接受、关心、地位、名誉和赏识等。

马斯洛认为，当人们的尊重需要得到满足的时候，能使人对自己充满信心，对社会满腔热情，体会到自己生活在世界上的用处和价值，积极地参与社会生活。但是，当尊重需要没有得到满足时，就会使人产生自卑感、软弱感、无能感，甚至会使人失去生活的信心。

（5）自我实现的需要。

当人的生理需要、安全需要、社交需要、尊重需要得到满足之后，人最重要的需要就演变成自我实现的需要了。自我实现的需要是指实现个人的理想、抱负，发挥个人的能力极限的需要。希望从事与自己的能力相适应的工作，实现自身的价值。也就是说，人必须干称职的工作，是什么样的角色就应该干什么样的事，音乐家必须演奏音乐，画家必须绘画，这样才会使他们得到最大的满足。

在谈判前，应该尽可能了解和掌握谈判对手的性格、特点、爱好、兴趣、专长等，了解他们的职业、经历以及处理问题的风格、方式等。

谈判人员在谈判中需要注意力高度集中，以应付随时可能出现的变化，谈判是一项需要消耗大量的体力、脑力且工作强度很大的活动。人类的各种需要在谈判中都会得到体现。

4. 需要层次理论与商务谈判

需要层次理论不仅揭示了商务谈判对人类生存发展的必然性和必要性，同时也是人们在商务谈判中获胜的理论依据。

（1）商务谈判者的生理需要。

在商务谈判中，谈判者的生理需要表现在衣、食、住、行四个方面。这是谈判者的基本需要，只有基本的生理需要获得满足后，商务谈判者才能心情愉快地进行谈判。试想谈判者一边进行谈判一边还要考虑如何解决中午的吃饭问题、晚上睡觉的地方，那么，这样的谈判结果是可想而知的，甚至谈判根本无法进行下去。所以，在商务谈判中，谈判者必须吃得好、穿得整齐、住得舒服、外出行动方便。如果这些方面的需要得不到满足和保证，就会极大地影响谈判者的精力、情绪，影响其谈判技巧的发挥，甚至使谈判者举动失常，难以完成谈判任务。

（2）商务谈判者的安全需要。

商务谈判者具有较强的安全需要，在这里，安全既包括谈判者的人身、财产安全，更重要的是指谈判内容本身的风险情况。为此，凡是局势动荡或战乱等不能较好地保证人身、财产安全的地区，商务谈判往往无法顺利进行，这主要是因为谈判者在安全需要无法满足的情况下，对商务谈判的需要就不那么强烈了。对一般的商务谈判而言，除了要满足谈判者对人身和财产的安全需要外，更重要的是要在商务谈判的具体项目上给谈判者安全、稳定、可靠的感觉。谈判者通常乐意与老客户打交道，而在与新客户打交道时往往会心存戒备和疑虑，从而影响了谈判的进行，这就是谈判者对安全的需要。

（3）商务谈判者的社交需要。

商务谈判者并不是只讲物质利益的"经济人"，而是一群有感情的人。他们一样追求友情，希望在友好的气氛中合作共事。就商务谈判活动本身而言，它也是满足人们社交需要的一种典型活动，是为了满足人与人之间的交往、友情和归属问题的需要。经验告诉我们，无论是在双方谈判者之间，还是在一方谈判小组内部，都需要建立良好的人际关系，这就要求谈判者在谈判过程中应本着友好合作的态度，共同处理不可避免的分歧，为把冲突和对立转化为满意结果打下良好的基础。比如，为对方举行家宴，邀请对方进行联欢，赠送礼品给对方等。一旦谈判双方产生了友情，让步与达成协议就不是需要花费很大力气才能办到的事情。

（4）商务谈判者的尊重需要。

谈判者得不到应有的尊重往往是导致谈判破裂的原因。有着强烈尊重需要的人，当其自尊心受到伤害而感觉到没面子时，很可能会表现出攻击性的敌意行为，或者是不愿意继续合作，为谈判的顺利进行带来很大的障碍。一个优秀的谈判者应该知道，在商务谈判中，面子不值钱，但伤了面子是多少钱都难以弥补的。只要有可能，谈判者都应保全对方的面子。当然每个谈判者对自己面子的关心程度不一样，有的人在整个谈判过程中如坐针毡，担心自己的面子，而有的谈判者则并不那么在乎自己的面子，所以，谈判者很有必要评估对方对面子的关切程度，以及自身的关切会对对手或谈判产生多大影响。另外，谈判者还要有自尊心，维护民族尊严和人格尊严，面对强大的谈判对手不奴颜婢膝，更不能出卖尊严换取交易的成功。

（5）商务谈判者的自我实现的需要。

这是谈判者的最高要求，商务谈判者都希望自己的工作富有成果，能得到别人的承认，所以，在不影响满足己方利益的同时，也应尽可能地使对方利益得到满足。从谈判角度来看，要在商务谈判中满足对方的自我实现的需要是比较困难的，原因在于：对方是以其在谈判中取得的成就来评价其自我实现的需要是否得到满足，以及得到多大程度的满足，而谈判中的成就实际上主要是通过谈判而能获取的利益。成就大意味着所获取的利益多，成就小意味着所获取的利益少。在对方通过谈判可以取得较多的利益，或者实现了其既定的利益目标时，他的自我实现的需要就得到了满足。而当其通过谈判没有达到既定的利益目标时，其自我实现的需要就只得到部分的满足。这实际上从另一个角度说明，对方的自我实现的需要是与我方的利益相矛盾的。争取尽可能多的利益，是每一个谈判者所要追求的。而在一般情况下，除了策略上的需要以外，任何人都不会放弃自己的利益去满足对方自我实现的需要。

总之，在商务谈判的整个过程中，要注意到谈判者各个层次的需要，并尽可能地从低层次到高层次对这些需要给予满足，推动谈判顺利进行，为最终的成功谈判创造良好的环境和条件。

7.2.2　商务谈判的心理禁忌

谈判的禁忌是多方面的，下面将从两大方面分别阐述商务谈判的心理禁忌。

1. 一般谈判心理禁忌

（1）戒急。

在商务谈判中，有的谈判者急于表明自己的最低要求，急于显示自己的实力，急于展示自己对市场、对技术、对产品的熟悉程度，急于显示自己的口才等。这些行为很容易暴露己方底线，易使己方陷于被动地位。

（2）戒轻。

在商务谈判中，有的谈判者轻易暴露所卖产品的真实价格，轻信对方的强硬态度，没有得到对方切实的交换条件就轻易作出让步，遇到障碍轻易放弃谈判等。"轻"的弊病一是"授人以柄"，二是"示人以弱"，三是"假人以痴"，都是自置窘境的心理弊病。

（3）戒俗。

在商务谈判中，有的谈判者因对方有求于他就态度傲慢，有的谈判者因有求于对方就卑躬屈膝。这些行为可能会使谈判者既失去谈判的利益，又失去尊严。

（4）戒狭。

心理狭隘的人不适合介入谈判，因为心理狭隘则容不下这张谈判桌。在商务谈判中，有的谈判者把个人感情带入谈判中，或自己的喜怒哀乐受人感染，或脾气急躁、一触即跳，或太在乎对方的言语、态度。这种人不宜参与谈判。

（5）戒弱。

俗话说"未被打死先被吓死"，这就是弱。在商务谈判中，有的谈判者过高地估计对手的实力，不敢与对方正面交锋、据理力争，有的谈判者始终以低姿态面对对手，虚弱之态可掬，忠厚之状可欺。

2. 专业谈判心理禁忌

（1）忌缺乏信心。

在激烈的商务谈判中，特别是同强者的谈判中，如果缺乏求胜的信心，是很难取得谈判成功的。"高度重视——充分准备——方法得当——坚持到底"，这是取得谈判成功的普遍法则。在谈判中，谈判各方为了实现自己的目标，都试图调整自己的心理状态，从气势上压倒对手。所以，成功的信念是谈判者从事谈判活动必备的心理要素，谈判者要相信自己的实力和优势，相信集体的智慧和力量，相信谈判双方的合作意愿，具有说服对方的信心。自信心的获得是建立在充分调研的基础上，而不是盲目自信，更不是固执于自己错误的所谓自信。

（2）忌热情过度。

严格来讲，谈判是一件非常严肃的事情，它是企业实现经济利益的业务活动。在进行商务谈判时，适度的热心和关怀会使对方乐意和你交往，但过分热情就会暴露出你的缺点和愿望，给人以有求于他的感觉。这样就削弱了己方的谈判力量，提高了对方的地位，本来比较容易解决的问题可能就要付出更大的代价。因此，谈判者在商务谈判中对于热情的把握关键在于一个"度"的问题。如果己方实力较强，则对于对方的提案，不要过于热心，只要表示稍感兴趣，就会增加谈判力量。相反，如果己方实力较弱，则应先缓和一下双方之间的冷漠感，同时表现出热情但不过度、感兴趣却不强求的态度，不卑不亢，泰然处之，从而增加谈判力量。

（3）忌举措失度。

在商务谈判中，各种情形复杂多变，难以预料。当出现某些比较棘手的问题时，如果没有心理准备，不知所措，可能导致签订对己方利益损害太大的协议，或者处理不当，不利于谈判的顺利进行。有为一点小事纠缠不清的，有故意寻衅找事的，当这些事情发生时，谈判当事人应保持清醒头脑，沉着冷静、随机应变，分析其原因所在，找出问题的症结。如果是对方蛮不讲理，肆意制造事端，就毫不客气、以牙还牙，不让对方得逞，以免被对方的气势压倒。在不同的谈判场合会遇上各种对手，碰到不同的情况，不知所措只会乱了自己，所以，谈判者一定要学会"临危而不乱，遇挫而不惊"。

（4）忌失去耐心。

耐心是在心理上战胜谈判对手的一种战术，它在商务谈判中表现为不急于求得谈判的结果，而是通过自己有意识的言论和行动，使对方感受到合作的诚意与可能。谈判是一种耐心的竞赛和比拼，没有耐心的人不宜参与谈判。耐心是提高谈判效率、赢得谈判主动权的一种手段，可以让对方了解自己，又可以使自己详尽地了解对手。只有双方相互了解、彼此信任，谈判才能获得成功，所以，耐心是商务谈判过程中一个不可忽视的制胜因素。

（5）忌掉以轻心。

谈判永远不可以掉以轻心。谈判成功前不能掉以轻心，成功后更不能掉以轻心，否

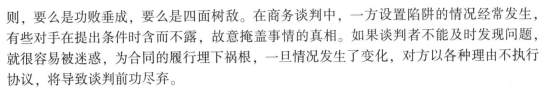

则，要么是功败垂成，要么是四面树敌。在商务谈判中，一方设置陷阱的情况经常发生，有些对手在提出条件时含而不露，故意掩盖事情的真相。如果谈判者不能及时发现问题，就很容易被迷惑，为合同的履行埋下祸根，一旦情况发生了变化，对方以各种理由不执行协议，将导致谈判前功尽弃。

（6）忌假设自缚。

主观臆断是一般人的通病，别让你的有限的经验成为永恒的事实。作为谈判者就是要冒风险，挣脱过去经历的先例，对臆测提出质疑，从你现有的经验之中进行新的尝试。尽量先去试验一下自己的猜测是否正确，使自己走出经验之外，别固守着落伍的方式做事情。

7.2.3　商务谈判的动机

需要通常是一种不满足感，以愿望的形式表现出来。商务谈判的动机由需要而引发。得不到满足的需要引发了心理上的不平衡状态。正是由于有了对某种商品或服务的需要，人们才产生谈判的动机，为自己提出商务活动目的，考虑行为方法，去获得所需要的东西，以得到需要的满足。

商务谈判动机是由于商务人员有意识或无意识地期望满足其需要而推动其采取行动的内驱动力。

人们的需要绝大部分是以得到一定的商品或服务来达到满足的。由于各个国家在历史、地理、文化、生活方式等方面存在很大的差异，形成了各民族、各地区独特的满足自身需要的方式，创造出用以满足不同需要的产品。需要激发了人的欲望，市场和商品又刺激了人的欲望，正是由于人类存在各种需求的欲望，使商品具有了价值。正是要满足各种各样的需求，激发了诸如商务谈判这类的寻求满足的行为的产生。

商务谈判的重要性和与对方长期合作的可能性通常影响谈判的动机和态度。谈判人员需要对对方谈判代表的动机进行揣摩，对持友好的、渴望成功的、追求合作态度的谈判者，与对持冷淡的、敷衍应付的、成交对自己意义不大的态度的谈判者，选用的谈判技巧应有所不同。对于参与商务谈判的人员来讲，在谈判前了解清楚对方的谈判动机是非常必要的。以下三种动机是在谈判中可能遇到的，谈判者要善于鉴别。

1. 为日后可能的谈判进行试探

对方很可能制造一种有诚意进行谈判的假象，以便收集一些资料，为日后可能的谈判奠定一定的基础。而当前，他们可能并没有合作的意向，谈判最终会由于某种原因而终止，但如果经过试探，认为未来有合作的可能，双方会继续保持一定的联系。

2. 为了获得所需的信息

日常选购商品需要货比三家，在国际上进行商务谈判同样需要对不同的商家提出的不同条件进行比较，以此判定应该跟哪一个商家合作。

3. 为别人的谈判探路

出于某种原因，一个商家可能出于为别人探路的目的发起谈判。然后，在谈判过程中，通过不断试探来了解信息。

7.3 性格、气质与谈判

谈判至少要由两方构成。谈判能否成功在很大程度上取决于坐在谈判桌对面的那一个人或那一群人。对于参与商务谈判的人员来讲，重要的是要辨别出对方谈判人员的个性类型和性格特点，并以此为依据来调整自己的态度和方法，为取得谈判的成功打下基础。

7.3.1 气质

1. 气质的定义

气质是指一个人的心理活动的动力特性，表现在心理过程的速度、强度、稳定性、灵活性等方面。

2. 气质的类型

气质一般可分为胆汁质、多血质、黏液质和抑郁质四种类型。气质类型没有好坏之分，每一类型都有较典型的、代表性的、突出的特点。

（1）胆汁质。

胆汁质具有强烈的兴奋过程、较弱的抑制过程，也称为兴奋型或不可遏止型。这类人具有明显的外倾特点，开朗、热情直爽、精力充沛、主动性强、善于交往、容易适应新的环境。但他们的情绪难以自制，易发怒、冲动莽撞、脾气暴躁，反应敏捷、行动果断、敢冒风险，但注意转变不太灵活，在社交方面表现为态度直率，具有热情、勇敢、急、直、粗等特点。

（2）多血质。

这种气质类型由于具有灵活性和较高的可塑性，又称为活泼型，属于敏捷好动的类型。这类人反应迅速、机智敏锐、转变灵活，但稳定性较差，很难做到耐心、细致。他们的情绪易于产生和改变，往往决策快，改变主意也快。这类人具有外倾性，热情、活跃、善于交际、积极乐观、容易适应变化的工作生活条件，可塑性强。具有活、直、快、虚等特点。

（3）黏液质。

较为平衡的兴奋和抑制过程使黏液质气质类型的人沉默而安静。他们反应速度较慢、注意力稳定、转变不灵活。能够克制冲动，有较强的稳定性和持续性，较为内倾。这类人沉着冷静、坚韧、老练稳重、交际适度、埋头苦干、忍耐力强，适合从事比较细致的原则性工作。具有稳、迟、实、内向等特点。

（4）抑郁质。

具有抑郁质气质类型的人具有较强的抑制过程、较弱的兴奋过程，属于呆板而羞涩的类型。他们反应缓慢迟钝，情绪体验深刻，感情细腻、多愁善感并且多疑，感情较脆弱，比较孤僻，严重内倾，刻板性强，注意转变不灵活，在困难局面下优柔寡断。但富有同情心，重视他人委托的工作。

知识链接

在文学作品中刻画了很多具有典型气质类型特征的代表，例如张飞这个人物是典型的胆汁质气质类型，而林黛玉则是典型的抑郁质气质类型。然而，生活中大多数人往往是几种气质类型的混合型。

不同气质类型的人对同一事物的反应差别很大。他们的心理活动、言语表现、行为方式也各不相同。谈判人员的气质类型也往往会在谈判行为中反映出来。例如，在谈判中如果遇到挫折和失败，胆汁质气质类型的人会暴躁易怒，面红耳赤地与谈判对手进行争辩；多血质气质类型的人会设法找出导致谈判出现问题的症结，在接受教训的同时，很快地把不愉快的事转移；黏液质气质类型的人即便对谈判对手不满，也不会轻易发表意见；而抑郁质气质类型的人如果在谈判过程中遇到挫折，行动失败，则可能经受不住打击，会怀疑别人，瞧不起自己，让自己承受很大的精神压力。

气质本身无好坏之分，每种气质类型既有积极方面，又有消极方面。现实生活中，气质的类型是很复杂的，只有少数人是某种气质的典型代表，大多数属于中间型或混合型。

3. 谈判人员不同的气质类型与谈判角色的选择

谈判人员的不同气质类型使他们即便是面临同样的谈判情境，反应也大相径庭。胆汁质气质类型的谈判人员能够在短时间内积聚力量，投入全部的精力，在针锋相对的谈判情境中反应迅速。而多血质气质类型的谈判人员的灵活性和较强的适应性则有助于他们在谈判中随机应变。黏液质或抑郁质气质类型的谈判人员思维谨慎，在完成搜集整理资料以及其他需要敏感性、持久性的细致工作甚至是单一的枯燥性的工作中具有优势。胆汁质气质类型的谈判人员对挫折、失败的承受力大；而抑郁质气质类型的谈判人员对挫折、失败的承受力则相对较小。

一般来说，气质是相对稳定，较难发生变化的，所谓的"江山易改，本性难移"就是此意，但这并不是说气质始终保持稳定，不会发生变化。环境教育可以在一定程度上影响气质的发展方向。随着年龄的变化，人的气质也会发生变化。青少年由于年轻气盛，气质类型呈现出显著的胆汁质和多血质特征。当人到中年时，由于生活阅历渐深，多血质、黏液质增加，到了老年，黏液质和抑郁质较为显著。

7.3.2 性格

1. 性格的定义

性格是对行为具有最重要的影响的心理品质之一。性格是指人对现实的稳定态度，以及与之相适应的习惯化的行为方式。性格在个性特征中占有核心地位，它是个性中最重要、最显著的心理特征。一个人的兴趣爱好、行为习惯、知识技能都以性格为核心而转化，所以性格可以从本质上反映一个人的个性特征。从某种角度讲，能力决定人的活动水平和效果；而当一个人面临选择时，性格则决定人的行为和选择的方向。

2. 影响性格的因素

（1）遗传。

遗传并不是直接影响人的性格，而是以间接的方式潜在地影响人的性格的形成。遗传奠定了性格赖以生存的物质基础，影响人的体格、体质、力量、耐力、速度、灵活性等气质性品质，正是这些品质影响了一个人对外界刺激的反应模式，而这些内容恰恰是构成性格的心理基础。

（2）环境。

环境是影响性格形成的重要因素。有许多环境因素对性格起着塑造作用。这些环境因素包括家庭教养方式、习惯、文化、教育背景、生活环境、社会经济基础、人际关系及群体规范以及个人体验等。

知识链接

　　在影响性格形成的诸多因素中，文化的作用尤其重要。不同的文化有不同的伦理道德、态度与价值观，在社会生活中确立了不同的行为规范，制约着人的态度体系和行为方式，不同民族在行事风格上存在很大的差异。

　　日本人重视人际协调和团体合作，在谈判中，日本人的默契配合在全世界是一流的。

　　德国人的性格特点同样与其文化背景有一定联系，德国社会规范十分严格，对社会秩序有着较高的要求，因此，德国人性格中表现出刚强、自信、自负、严谨、纪律严明、做事雷厉风行、讲求效率、追求完美、注重规律性和合理性、缺乏通融性的特点。德国人崇尚哲学，思维缜密，而行为理智又严谨，甚至刻板，德国历史上涌现了如马克思、黑格尔、尼采、康德等哲学家。德国商人的履约率是全世界最高的，在商务活动中享有较好的信誉。

　　美国文化强调独立和竞争，这使美国人性格表现出富有野心和攻击性。美国人性格的幽默也素有盛名。假如在餐厅盛满啤酒的杯中发现了苍蝇，英国人会以绅士风度吩咐侍者换一杯啤酒来；法国人会将杯中啤酒倾倒一空；日本人会令侍者去把餐厅经理找来，训斥一番；而美国人则可能对侍者说："以后请将啤酒和苍蝇分别放置，由喜欢苍蝇的客人自行将苍蝇放进啤酒，你觉得怎样？"在谈判中，美国商人也喜欢用轻松幽默的语言表达信息。

不仅社会的文化和传统影响人的性格形成，甚至出生排行对人的性格也会造成一定的影响。出生的排行次序，接受到不同的家庭及社会环境的待遇，会形成不同的性格特征。在家中排行老大的孩子往往依赖性较强，较容易感受到社会压力，比较在乎别人的接纳与排斥，比较循规蹈矩，遵从权威，较富于雄心，较善于合作，易于内疚与焦虑。而老二、老三往往有年长于自己的哥哥或姐姐作为自己行动的参照，可以通过观察间接学习到一些经验，往往动手能力和自己解决问题的能力较强。

（3）情境。

除了遗传和环境这两个在性格形成过程中起到重要作用的因素之外，情境也是一个不可忽视的影响性格因素。具体的态度和行为模式的表现往往是由具体环境所引发，在处理具体问题中得以体现。性格一旦形成，就具有稳固的特性。性格是相对稳定的，具有相对的恒定性，但这不是说它以刻板不变的方式保持唯一的形态，性格的稳定性，并不是狭义上的时间和空间（情境）上的一致性，而是指它在性质上不变。例如，雷锋同志对待同志像春天般温暖，对待敌人像秋风扫落叶般无情。在不同情境中随条件的改变采取不同的态度与行为反映方式，这种性质的不变性对不同情境有不同的反应，这就实现并维系性格的本质特征。然而，这种"事随境迁"的做法，并不是说一个人的性格在时刻变化着，一个人工作时很严肃、谨慎，而闲暇娱乐时，可能表现得非常活泼、随意。这仅仅是随情境的变化而呈现的不同反应而已。

3. 性格差异

（1）感觉—感情型。

具有这种性格特点的人相信眼见为实，不会轻易相信他人，行动出于个性喜好。关心人，友好而有同情心，喜欢大的交往范围以满足其情感需求，总是十分欢迎别人的帮助。

（2）直觉—感情型。

具有这种性格特点的人倾向于注意事物的变化即可能性，喜欢并善于根据掌握的线索推测事物的发展。善于交往，喜欢宽松的环境，关心事物，喜欢讨论诸如环保、世界和平这类问题。

（3）感觉—思考型。

具有这种性格特点的人以感觉为主，注重外部的细节，注重理性分析、逻辑判断，讲究实事求是，擅长与事物及数字打交道。在处理人际关系时，缺乏敏感性、和谐性。乐于处理比较有章可循的问题。市场调查、文件分析工作非常适合具有这类的性格特点的人。

（4）直觉—思考型。

具有这种性格特点的人注重事物的变化和新的可能性，关心将来，喜欢从理论角度分析，喜欢思考，缺点是较为书呆子气。

4. 谈判人员的性格构成

谈判往往不是仅在两个人之间进行。进行商务谈判的两个公司会各自组建一个较为合理而完整的谈判代表团或谈判小组。一个理想的谈判人员组合，谈判人员的性格应该是互补和协调的。通过"性格的补偿作用"，使每个人的才能得到充分发挥，不足得到弥补。

（1）独立型。

具有独立型性格的人乐于承担独立性强和充分发挥个性的工作，处事果断，有较强的责任心与上进心。他们的特点是性格外露，善于交际，善于洞察对方心理。

（2）顺应型。

具有顺应型性格的人独立性较差，但由于他们性格柔和，为人随和，具有较强的亲和力。如果安排他们从事按部就班的工作，他们往往可以完成得很好，但独当一面对他们来讲则具有一定的难度。

（3）活跃型。

交际性的工作对于具有活跃型性格的人来讲是一件轻而易举的事情。由于他们思维敏捷、情感丰富、性格外露，非常适合在谈判中活跃谈判气氛，他们在谈判陷入僵局的时候善于打破僵局，使谈判得以继续。

（4）沉稳型。

与具有活跃型性格的人相反，具有沉稳型性格的人性格内向、不善交际，但由于他们非常有耐心，做事沉着稳健，在谈判中善于观察和独立分析，所以他们在具有持久性的谈判中具有一定的优势。

（5）急性型。

具有急性型性格的人性情急躁、情绪波动性大、容易激动、待人热情，适合从事简单的、易于快速完成的工作，缺点是较为浮躁。

（6）精细型。

具有精细型性格的人做事有条不紊、沉着冷静，在谈判中能够捕捉细微变化并进行细致分析。

独立型、活跃型、急性型都属于外向型，而顺应型、精细型、沉稳型则属于内向型。不同性格特征的人可以在商务谈判中发挥各自不同的作用，安排适宜其性格积极方面发挥的工作使其各展所长。外向型的谈判人员具有侃侃而谈的性格特点，可以安排他们为主谈或给他们分派搜集信息等交际性强的工作；内向型的人则在从事内务性工作，如对资料、信息进行处理和加工时表现出色。

7.4　商务谈判思维

谈判被誉为"软脑力体操"，是一项充满着科学性和艺术性的复杂活动。商务谈判作为经济活动的重要手段，是现代生活中最普遍、最重要的谈判类型。人的思维活动贯穿其中，是整个谈判的灵魂。谈判思维的正确与否，关系着商务谈判的成败，因此，谈判者必须能够理解、掌握并灵活运用一些基本的思维知识和技巧。

7.4.1　商务谈判思维的概念

从思维形式来说，人的思维过程，就是运用概念进行判断、推理、论证的过程。在这个过程中，概念是思维的出发点，并由它组成判断，由判断组成推理，再由推理组成论证。这四个逻辑范畴既是谈判思维过程的四个环节，也是谈判思维的四个基本要素。商务谈判思维是商务谈判前的准备阶段的思维活动与谈判过程中的临场思维活动的总称。成功的商务谈判对谈判双方来说，就是正确的、合理的思维结果。

1. 概念

概念是反映事物的本质和内部联系的思维形式。在谈判中，概念是抓住论题本质及其内部联系的基础。如果概念混淆，则抓不住对方的实际弱点，还会使谈判失去方向。若在任一论题展开之前，先从概念入手，那么谈判双方则可在同一事物上寻找解决方案。

2. 判断

判断是对客观事物的矛盾本性有所断定的思维形式，其主要作用在于它的认识功能。这种动态断定的思维有四个对立统一的方面：同一与差异、肯定与否定、个别与一般、现象与本质。在商务谈判中，这四个对立统一的思维判断无处不在。

3. 推理

推理是在分析客观事物矛盾运动的基础上，从已有的知识中推出新知识的思维方式。推理的形式有类比、归纳和演绎。

推理的类比形式，最典型的运用是谈判准备工作中的"比价材料"的准备。出口商要研究国际市场同类商品的价位，进口商也要研究同类商品的市场价位，通过"类比"以便形成自己方案的判断。

推理的归纳形式，是谈判者在做某个议题或某个阶段的小结时最常用的手法。可以用它把谈判双方零散的观点理清，以对双方立场予以判断，也可以用它把自己的论述予以理清，以便断定自己的结论。

推理的演绎形式，是谈判思维中的解析式思维方式。

4. 论证

论证是根据事物的内部联系，应用辩证的矛盾分析方法，以一些已被证实为真的判断来确定某个判断的真实性或虚假性的思维过程，是认识矛盾、解决矛盾的过程。在商务谈判中，每一场论战即为一场论证。优秀的谈判者必须谙熟论证之道。

7.4.2　商务谈判中的思维类型

思维是人类的精神活动，是社会实践和文化濡染的产物。在谈判中，思维的表现形式是异彩纷呈的，下面重点介绍几种商务谈判中的思维类型。

1. 散射思维

散射思维是多个角度对谈判议题进行全方位的理性确认的思维方式。它的具体方法是对有关信息进行筛选、过滤、加工、整理和鉴别，筛除与谈判内容无关的信息，留下与谈判内容密切相关的可靠信息。散射思维在多角度出击，消除思维死角，使论题各部位暴露在谈判桌上，以便各个击破，促进谈判的进行并大幅度提高谈判成功的概率。例如，与某企业谈判钢材销售问题时，一上谈判桌，对方单枪匹马对你方几个人，而且让你方门外等候多时。此时你该采取什么对策呢？从散射思维角度看，思路的启动可能考虑该人在公司中的地位、权力的大小，该公司是否还有其他谈判、谈判态度是否认真，议程是否完整、是否表达全部核心观点等问题。这种散射思维的目的在于从表面现象入手尽快掌握商务谈判可能的趋势，同时，也利于采取相应的对策，使谈判有尽可能大的进展。

优秀的谈判者在运用散射思维方式时善于转移思路，犹如快捷变频的雷达，随心所欲地更换频率使路畅通。若做不到流畅的转移，思路就会呆滞，谈判桌上就会出现暂时的思维死角，从而让对手有喘息的机会，进而影响谈判效果。

2. 超常思维

超常思维是超越常规、打破思维定势，用不同于一般思维的方式进行思考的思维形式。在谈判中，人们常常有这样的感觉，困难不是来自对方实力的威胁，而是自己谈判思路的枯竭，或是感觉到谈判对方咄咄逼人的思维攻势。在对方快捷的思维攻击下，你如果顺其思路回答就会发现自己十分被动，处处受制于人。而此时，超常思维便是进攻和防卫的最有效的谈判方式。运用超常思维，可以超出对手的想象力，能有效地控制谈判局势，甚至能使对方立刻接受你的方案。

超常思维具有不同于一般性或逻辑性思维的特点，它的主要特征是机智、灵活、富于创造性。与超常思维相对的思维方式是常规思维，可以通过一个例子来体会它们之间的区别。譬如两个人过河，眼前有一条河，常规思维的人认为自然要有桥，无桥则无路，思考如何建桥，而超常思维的人一看建桥有难度，便考虑其他的办法，如乘船等。常规思维可能会使思维如水过鸭背，点滴不进，从而使谈判陷入僵局，而超常思维则会使思维相互摩擦而产生新的火花，推动谈判顺利进行。

3. 跳跃思维

跳跃思维指在谈判中把事物发展过程的某些内容跳跃过去，而迅速抓住自己想要说明的问题的思维方式。这种思维方式由于能在面对复杂的事物或大量的信息时迅速抓住问题的本质，因而，被谈判者普遍采用。

跳跃思维的心理基础是找到要害，一举成功，无论在说明问题还是反击对方时，运用这种思维方式均能取得有利的效果。

4. 逆向思维

逆向思维指从与对手立场及议题结果对立的角度思考、判断、推理的思维方式。逆向思维是一种违反常规思维的思维方式，是一种强迫性的思维方式，主要手段是反问、否定与反证，既可用于进攻，又可用于防守。在商务谈判中运用逆向思维方式容易发现一些运用正常思维方式不易发现的问题，利用这些问题可以作为与对方讨价还价的条件或筹码。

商务谈判心理案例

我国一公司在与外商谈判化工成套设备进口时，接连收到数家供应商的报盘价，但比事前的市调价都低。公司谈判人员感到事出有因，想暂停谈判查明原因，但又找不到合适的理由。这时谈判人员心生一计，让己方一位谈判人员私自放出风来，公司要求必须在十天后工程项目开工，设备必须尽快敲定。供应商都信以为真，立即摆出决不降价的态势，施压休会。该公司顺势而为，同意休会并迅速查明市场降价的原因，原来是该项化工成套设备有重大技术突破，使原有技术设备面临淘汰，许多公司急于出售现有设备以减少损失。重新开始谈判后，该公司指出对方弱点，并迫使其大幅降价，最后以较大的价格优势购得该套设备。该公司利用逆向思维策略出其不意，顺利达到自己的谈判目标。

资料来源：王军旗. 商务谈判：理论、技巧与案例［M］. 6版. 北京：中国人民大学出版社，2021.

5. 快速思维

快速思维指思维的速度快、结论快、反应快。商务谈判中的快速思维主要指针对论题快速应答或反击，其对象或为某一枝节，或为某一主体，其效力不在于说服对手，主要在于震吓动摇谈判对手的意志。与散射思维不同的是，快速思维可能体现在全方位，也可能仅体现于某一点或某一线。快速思维的特点是无论捕捉什么论题，均使思维的羽翼快速启动，迅速有效地攻击对手的某一论点，决不等铺天盖地的信息都收到后再还击。

7.5 谈判人员的心理素质

7.5.1 谈判人员所承受的压力

参与商务谈判的谈判人员会在不同程度上承受来自各方的压力。通常有两种压力，一种压力来自谈判人员自身，是自身性格的原因，另外一种压力则来自其所代表的组织。每一个谈判人员要实现组织的目标，完成组织的需求，同时也有其自身的需求，当谈判人员在进行谈判时，在努力争取完成诸如签订合同、节约资金、收购、买卖交易等组织目标的同时，也会在一定程度上争取实现其自身的需求，诸如取得成就、完成任务、获得地位等，对于绝大多数谈判人员来讲，都存在这两种需求混合的情况，然而，并非每个人都有固定的百分比。也就是说，有些人会比较容易受个人因素影响。例如，个人在多大程度上，能坚持"走自己的路，让别人去说"。而且，即便是同一个人，这种比例也不是总是一致的。在任何谈判人员的背后，都有上司、同事或下属，这些人多半是因为职业的因素，而对谈判的结果产生直接的关心。谈判人员的上司可能会根据谈判的结果来评估该谈判人员的能力来决定是否对其提升或调任，其下属也会根据结果判断自己的上司的发展潜力，其同事也会对谈判结果的成功与否有自己的判断，因而，谈判人员会面临一定的心理压力，需要有良好的心理素质。

7.5.2　谈判人员的心理素质要求

商务谈判人员的心理素质包括责任心、协调力、创造性、自制力、意志力、幽默感和良好的心态。

1. 责任心

对谈判人员的心理素质的最基本要求就是要有责任心。在谈判中认真负责、一丝不苟。谈判人员只有具有较强的责任心，才会在谈判中始终坚持自己的立场，发挥自己的聪明才智。

2. 协调力

协调力是指谈判人具有良好的性格，能够与他人相处融洽，建立良好的人际关系，在交流中形成良好的氛围，并能协调其他谈判人员统一行动。

3. 创造性

谈判是一项复杂的工作，具有创造性的谈判人员善于发现隐藏于表面竞争后面的谈判双方共同的利益，并提出创造性的解决方案，实现谈判双方的共赢。

4. 自制力

自制力是指谈判人员在环境发生激烈变化时需要有克服自身心理障碍的能力，不会在谈判顺利时被胜利冲昏头脑，不会由于谈判遇到挫折而萎靡不振。同时，能在谈判中保持良好的克制力，不受个人情感和情绪的支配，避免造成冲突。

5. 意志力

意志力是指谈判人员有坚强的意志品质。谈判有时会发生戏剧性的变化，这就使参与谈判的人员需要具有较强的意志力，要有勇气、有魄力，处事果断，敢担风险，能够在变化的情境中决策。

6. 幽默感

幽默有时可以化解谈判中的尴尬，使谈判者在对立的氛围当中进行和解，使谈判有一个良性的发展。

7. 良好的心态

谈判时策略的较量是实力的较量，同时也是心理的较量。急躁情绪会使谈判者在心态上失去平稳，而谈判者的心态关乎谈判的成败。谈判是一种斗智斗勇的竞赛，一名成功的谈判者，应该具有良好的心理调控能力。意志和耐心不仅是谈判者应该具有的心理素质，同时也是进行谈判的一种方法和技巧。

7.5.3 商务谈判心理挫折的预警机制

1. 心理挫折的含义

一个人在做任何事情时都不可能是一帆风顺的，总会遇到一些问题和困难，这就是挫折。而心理挫折不同于平常所说的挫折，心理挫折是人们的一种主观感受，它的存在并不能说明在客观上就一定存在挫折或失败。反过来，客观挫折也不一定会使每个人产生挫折感，因为每个人的心理素质、性格、知识结构、背景、成长环境等都不相同，因此，他们对同一事物的反应也就各不相同。例如，在商务谈判中，当谈判双方就某一问题争执不下时，形成了客观挫折，对此，人们的感受是不同的。有人感到了困难，反而激起他更大的决心，要全力以赴把这一问题处理好；有人则感到沮丧、失望乃至丧失信心。

所谓心理挫折，是指人在追求实现目标的过程中遇到自感无法克服的障碍、干扰而产生的一种焦虑、紧张、愤懑、沮丧或失意的情绪性心理状态。在商务谈判中，心理挫折会造成人的情绪上的沮丧、愤怒，会引发与谈判对手的对立和对谈判对手的敌意，容易导致谈判破裂。

2. 心理挫折对行为的影响

心理挫折虽然是人的内心活动，但它却对人的行为活动有着直接的、较大的影响，并且通过具体的行为反应表现出来。对于绝大多数人而言，在受到挫折时的行为反应主要有以下几种。

（1）攻击。

在人们受到挫折时，生气和愤怒是最常见的心理状态，这在行动上可能表现为攻击，诸如语言过火、情绪冲动、易发脾气、挑衅动作等。例如，一个人去一家不讲价的商店买东西，非让老板给他降价，老板不同意，他就不断挑出商品的瑕疵，老板被激怒，说了一些过激的话，例如"你买就买，不买就算了""我不卖了，你到别的地方买去"，甚至做了一些过激的动作，如推搡等。攻击行为可能直接指向阻碍人们达到目标的人或物，也可能指向其他的替代物。

（2）退化。

退化是人在遭受挫折时所表现出来的与自己年龄不相符的幼稚行为，如像孩子一样哭闹、耍脾气，目的是威胁对方或唤起别人的同情。

（3）畏缩。

畏缩是人受到挫折后失去自信、消极悲观、孤僻离群、易受暗示、盲目顺从的行为表现。在这时，人的敏感性、判断力都会下降，最终影响目标的实现。如一位刚毕业的律师与一位有名的律师打一场官司，那么这位刚毕业的律师很容易产生心理挫折，缺乏应有的自信，在对簿法庭时，无论是他的谈判力，还是思辨能力，甚至语言表达能力都会受到影响，这实际上就为对手的胜利提供了条件。

（4）固执。

固执是一个人明知从事某种行为不能取得预期的效果，但仍不断重复这种行为的行为表现。在人遭受挫折后，为了减轻心理上所承受的压力，或想证实自己行为的正确，以逃避指责，在逆反心理的作用下，其往往无视行为的结果，不断地重复某种无效的行为。这种行为会直接影响谈判者对具体事物的判断、分析，最终导致谈判失败。

3. 心理挫折对商务谈判的影响

在商务谈判中，无论是什么原因引起的谈判者的心理挫折，都会对谈判的成功产生不利的影响。任何形式的心理挫折、情绪激动都必然分散谈判者的注意力，造成其反应迟钝、判断能力下降等后果，而这一切都会使谈判者不能充分发挥个人潜能，从而无法取得令人满意的谈判结果。

4. 商务谈判心理挫折的预警机制

在商务谈判中，不管是我方谈判人员还是对方谈判人员产生心理挫折，都不利于谈判的顺利开展。因此，谈判者对商务谈判中的客观挫折要有心理准备，应做好对心理挫折的防范和预警，对我方谈判人员所出现的心理挫折应有有效的办法及时加以化解，并对谈判对手出现心理挫折而影响谈判顺利进行的情况有较好的应对办法。

（1）加强自身修养。

一个人在遭受挫折时能否有效摆脱挫折，与他自身的心理素质有很大关系。一般来说，心理素质好的人容易对抗、弱化或承受心理挫折，相反，当心理素质差的人遇到挫折时，则很容易受挫折的影响，产生心理的波动。因此，一个优秀的谈判者往往通过不断加强自身的修养，提高自身的应变能力。

（2）做好充分准备。

挫折可以吓倒人，但也可以磨炼人。正确对待心理挫折的关键在于提高自己的思想认识，在商务谈判开始之前，谈判者应做好各项准备工作，对商务谈判中可能出现的各种情况做到心中有数，这样就能及时有效地避免或克服客观挫折的产生，减少谈判者的心理挫折。

（3）勇于面对挫折。

常言道："人生不如意事常八九。"对于商务谈判来说也是一样，商务谈判往往要经过曲折的谈判过程，通过艰苦的努力才能到达成功的彼岸。商务谈判者对于谈判中所遇到的困难，甚至失败要有充分的心理准备，提高对挫折打击的承受力，并能在挫折打击下从容应对不断变化的环境和情况，为做好下一步工作打下基础。

商务谈判心理案例

美国某手机研发商 A 公司准备起诉某电脑软件研发商 B 公司，因为 A 公司认为 B 公司非法盗用了他们的专利技术。而 B 公司认为他们并非盗用 A 公司的专利技术。但是，从整体技术的相似程度上来看，情况对 B 公司非常不利。事实上 B 公司确实引用了 A 公司的一部分技术支持，但是在其基础上也进行了一些改造和创新。双方决定尝试进行庭外和解。

A 公司要求 B 公司支付 50 万美元的侵权费用，对于这笔高昂的费用 B 公司肯定不同意，双方几度交锋，A 公司都不肯松口，始终坚持这笔费用一分也不能少。B 公司并不想把这件事情闹上法庭，影响公司的形象。而且，法院判决也会对他们非常不利，因为一旦失败，不仅要支付侵权费用，还要承担高额的律师费用，于是他们决定向 A 公司支付 50

万美元。

这个时候，B公司的一名技术人员提出了一个建议，那就是依靠法院判决，从核心技术和创新技术两个角度入手，证明两种技术的不同之处。虽然胜算的概率很小，但B公司的领导还是同意了该技术员的建议。于是，双方走上了法庭。最终，法院判决B公司胜诉，他们仅仅支付了5 000美元的律师费用就解决了此事。

B公司放弃了"避战求和"的态度，选择承担打官司带来的各种风险，最终如愿以偿，B公司维护了自己的权利。

资料来源：张远. 北大谈判课［M］. 北京：台海出版社，2018.

其实在谈判桌上，要想成为最终的大赢家，就要勇于面对挫折，该冒险时就挺身而出。要冒险就可能会有失败，谈判失败是常有的事，但若你因为害怕失败而过于紧张，那就无法达成一场成功的谈判。所以，即便失败，也应该坦然接受，争取下次成功。

（4）摆脱挫折情境。

相对于勇敢地面对挫折而言，这是一种被动地应对挫折的办法。遭受心理挫折后，当商务谈判者无法再面对挫折情境时，可通过脱离挫折的环境情境、人际情境或转移注意力等方式，让情绪得到修补，使之能以新的精神状态迎接新的挑战。

（5）适当情绪宣泄。

情绪宣泄是用一种合适的途径、手段将挫折的消极情绪释放出去的办法，其目的是把因挫折引起的一系列生理变化产生的能量发泄出去，消除紧张状态。情绪宣泄有直接宣泄和间接宣泄两种形式，直接宣泄有大哭、大喊等形式；间接宣泄有活动释放、找朋友诉说等形式。情绪宣泄有助于维持人的身心健康，形成对挫折的积极适应，并获得应对挫折的适当办法和力量。

（6）学会换位思考。

换位也叫移情，就是站在别人的立场上，设身处地地为别人着想，用别人的眼睛来看这个世界，用别人的心来理解这个世界。积极地参与他人的思想感情，意识到自己也会有这样的时候，这样才能实现与别人的情感交流。"己所不欲，勿施于人"这是换位思考的最根本要求。

7.5.4　谈判中的印象处理

参与谈判的各方人员都会多多少少按照自己希望留给对方谈判人员的印象而对自己的穿着、举止进行某种程度上的修饰，以便达到影响他人对自己的印象的目的。例如，多数人会在意自己给他人留下的第一印象。初次见面时，人们就会对对方作出很多判断，如：对方的年龄大小、智力高低、种族、文化程度、职业、社会角色、是否诚实等。得出诸如"我们喜不喜欢这个人？""喜欢或不喜欢的程度有多深？"的判断。

1. 第一印象

第一印象之所以重要，是因为一旦在"评估"方面留下良好印象或不良印象，这种印象往往会延伸到其他情境以及其他许多无关特质上，会对双方以后的交往产生很大影响。第一印象一旦产生，往往不会轻易改变。第一印象有一半以上与外表有关。外表不仅包括脸部，还包括体态、气质、神情和衣着的细微差异。同时，音调、语气、语速、节奏都将影响第一印象的形成。

那么，人们喜欢什么样的人，又怎样才能给他人留下好的印象呢？

2. 人际吸引规律

（1）邻近律。

我们喜欢那些与我们空间距离近的人。首先，地理位置的邻近使人们易于频繁交往，其次，双方空间距离的接近会使人们产生"长期交往"的期待，从而就可能在人际互动中做到投其所好，建立良好的关系。

（2）相似律。

我们更喜欢那些与我们在个人特征、社会特征，尤其是价值观与态度方面相似的人。其中，价值观和态度的相似是决定人的相互吸引的最根本原因。一位贸易公司的职员，每次到各地长期出差时，必定学会该地的方言口音。在业务洽谈时，在可能的条件下，把对方家乡的口音夹杂在自己的口音里，这种相似的口音，给客户以亲切感，让客户愿意和他进行业务往来。

（3）互补律。

我们喜欢那些在需要与满足途径上和我们恰成补充的人。当交往的一方所具有的品质或能力恰好可以弥补另一方的心理需要时，前者就会对后者产生强烈的吸引力。因此，人与人之间不仅有"物以类聚"的特点，也常会表现出"异性相吸"的规律。

（4）对等律。

我们喜欢那些同样喜欢我们的人。一般说来，人际吸引的发生和维持要求双方在交往过程中付出的情感大抵相等。

商务谈判中，了解在人际交往过程中哪些因素有利于吸引对方，给对方留下好感，有利于谈判气氛的和谐，引导双方从共同的利益出发，达成双方共赢的结果。

3. 影响印象形成的因素

（1）个人特征。

决定个人吸引力大小的四项最重要的个人特征是人品、仪表、地位和才能。仪表好的人较相貌平平的人更具有吸引力，这种吸引力在交往初期表现得更为明显。谈判人员需要克服认知偏见，在谈判过程中进行客观判断。

（2）首因效应。

由美国心理学家洛钦斯提出的首因效应是指交往双方形成的第一印象对今后交往关系的影响，也即是"先入为主"带来的效果。虽然这些第一印象并非总是正确的，但却是最鲜明、最牢固的，并且决定着以后双方交往的进程。如果一个人在初次见面时给人留下良好的印象，那么人们就愿意和他接近，彼此也能较快地取得相互了解，并会影响人们对他以后一系列行为和表现的解释。反之，对于一个初次见面就引起人们反感的人，如果由于各种原因难以避免与他接触，人们也会对他很冷淡，在极端的情况下，甚至会在心理上和实际行为中与他产生对抗状态。

📝 商务谈判心理案例

曾经有一个研究第一印象的心理学家做了这样一个心理学实验。

心理学家设计了关于同一个男孩的两段文字，这两段文字分别描写了这个男孩一天的活动。第一段文字写道：这个男孩与朋友一起上学，与熟人聊天，与刚认识不久的女孩打招呼，对迎面走来的陌生人微笑。显然，这段文字把这个男孩描写成了一个活泼外向的人。

第二段文字则写道：这个男孩不与自己的同学说话，见了熟人也会故意躲开，还没有跟女生说话就开始脸红，见到陌生人朝他微笑总是假装没看见。显然，这段文字把这个男孩描写成了一个内向的人。

接下来，心理学家将接受实验的人分成两组，让第一组的人先阅读第一段文字，然后再阅读第二段文字，第二组的人所阅读的顺序则相反，在两组都阅读完成之后，请所有的实验者评价这个小男孩的性格特征。

结果，第一组的人普遍认为这个小男孩是个热情外向的人，而第二组的人普遍觉得这个男孩过于内向，不愿与人交往。

同样的两段文字，不同的阅读顺序，就把故事中的小男孩塑造成性格截然相反的人。这是因为人们在不知不觉中，倾向于根据最先接受到的信息来形成对别人的印象，也就是第一印象在人的脑海中形成之后，基本不会再有所变化。我们给人留下的第一印象，通常先入为主，日后很难改变。这个现象在心理学称为"首因效应"。

资料来源：张远. 北大谈判课［M］. 北京：台海出版社，2018.

可见，首因效应在第一印象形成过程中起到重要的影响作用。在商务谈判活动中，很多时候，谈判人员与谈判对手都是初次见面，要注意首因效应在第一印象形成过程中的作用，避免给对方留下一个不良印象，阻碍谈判的顺利进行。同时，对于自身来讲，也要克服首因效应造成的偏见，客观地认识谈判对手。

（3）一致性。

一个人有许多特性，当不同的人知觉同一个人时，往往会看到被认知者的不同方面。认知者通常将被认知者看成协调一致的对象。如果在知觉过程中，获得不同的信息使对他人的信息知觉有矛盾，便会在主观上对知觉对象进行组织协调，添补细节，甚至歪曲某些信息资料，综合为一致性的印象，这就导致印象的形成带有强烈的主观色彩。知觉的一致性使一个人不会被看成既是好的，又是坏的，既是诚实的，又是虚伪的。例如，秦桧在历史上是一个被人们所唾弃的人物，是一个民族败类，然而，如果秦桧不卖国，那么他很可能会成为历史上著名的书法家。

由于一致性的倾向，难以保证对他人的印象准确地反映他人的真实面目。因此，对人的认知应广泛获得客观资料，避免或减少主观臆断。

4. 克服认知偏见，得出客观判断

（1）刻板印象。

刻板印象是指人们对某一类人或事物产生的比较固定、概括而笼统的看法，是我们在认识他人时出现的一种普遍的现象。它是人们心理上的一种惯性，当知觉他人信息时，一旦发现对方所归属的群体类别，就将该类别群体的特征加在对方身上。它是个人在社会生活中积累的直接或间接的经验，它便于人们迅速识别信息并进行判断，但是某些固有的观念的泛化往往会造成错误的知觉。

📖 **知识链接**

人们往往认为英国人有绅士风度、保守；日本人勤劳、有进取心、狡猾；美国人天真、乐观、幽默；法国人浪漫、热情。这些就是刻板印象。

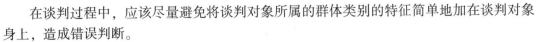

在谈判过程中，应该尽量避免将谈判对象所属的群体类别的特征简单地加在谈判对象身上，造成错误判断。

（2）晕轮效应。

人的社会知觉往往受到个人"内隐人格理论"的影响，他们常常从个人具有的一种品质去推断他的另一种品质。好恶评价是印象形成中最重要的方面，人们对人的认知和判断往往只从局部出发进行扩散而得出整体印象，也即常常以偏概全。所谓晕轮效应，就是在人际交往中，人身上表现出的某一方面的特征掩盖了其他特征，从而造成人际认知的障碍。如果一个人被标明是好的，他就被一种积极肯定的光环笼罩，并赋予他正面的有价值的特征，晕轮效应也称为光环效应。例如，漂亮的人被认为善良、聪明，做错事容易得到原谅。而丑陋的人被认为愚笨、能力低下，会对其过于求全责备，这是消极否定的光环效应，有人称它为"扫帚星作用"。

晕轮效应不但常表现在以貌取人上，而且还常表现在以服装定地位、性格，以初次言谈定人的才能与品德等方面。在对不太熟悉的人进行评价时，这种效应体现得尤其明显。

（3）投射作用。

在人的认知过程中，会假定对方与自己具有相同之处，从而把自己的特征归于他人身上，这种倾向被称为投射作用。以小人之心度君子之腹便是投射作用的反映。在谈判过程中，谈判人员应该尽可能避免用自己的思路揣测谈判对手的想法，以免得出错误的判断。

（4）思维定势。

思维定势是一种心理准备状态，它有影响后继心理的趋向。在商务谈判过程中，作为谈判人员，要注意避免可能的思维定势导致的判断失误。

7.5.5 推测对方心理

1. 观察谈判对象的行为选择，分析谈判人员的心理期望值

人的心理活动可以根据他的行为分析出来，如果我们知道一个人在面临选择时的行为，便可以了解到这个人的价值观、期望值等。

在商务谈判开始之前，每一个参与谈判的人都会根据自身的以往经验对即将进行的谈判可能达到的目标的可能性进行分析并加以判断，从而得出一个谈判的目标期望值。谈判期望是指谈判者在一定时间内希望通过谈判达到一定的目标。

2. 观察谈判对象的行为，分析谈判人员的态度

（1）观察谈判人员的握手方式。

商务谈判中，谈判人员相互握手是一种表示友好的方式。握手行为虽然简单，但每个人握手的方式都不尽相同。在谈判的特定环境中发生这一行为，往往能反映双方内心隐藏的许多秘密。每一种不同的握手方式，都反映这个人独特的个性。

握手时，力度较大的人往往精力充沛、自信心强、处事专断独裁；力度适中的人可能性格坚毅坦率、思维缜密；喜欢长握不放的人情感较为丰富；喜欢不断上下摇动的人生性乐观，对人生充满希望；只用手指抓握对方，而掌心不与对方接触的人个性平和而敏感、情绪易激动，但心地善良。双方谈判人员见面时，主动握手，出手快，表明握手出自真诚，往往表示友好与尊重，乐意并重视发展双方的关系；出手慢，被动应付地握手常表示缺乏诚意，信心不足，显示出勉强、冷淡和轻视，没有进一步深交的愿望。

（2）由身体语言了解谈判对象的内心世界。

身体语言包括整个人体或人体某一部分的每一个有意识或无意识的动作。身体语言往往隐藏着很多信息，可以影响面对面交流的过程和结果。例如，有的人在表示不信任的时候会挑眉毛；有的人在疑惑的时候会抓挠鼻子、头发；当无可奈何或无所谓的时候，很多人会一耸肩膀。在一个冗长的会议上，尽管有人看起来比较耐心地倾听或很感兴趣的样子，而脚尖却指向门口，说明他内心已经很不耐烦地等着会议结束了。

由于文化的不同，有些身体语言仅仅在某一文化中使用。越南人在表示尊重的时候会低下头，眼睛注视地面；保加利亚人脑袋抬起、低下，表示"不"，而不是"是"；日本人在表示"不"或表示很"困窘"时，会吸一口气，然后将气息在齿间嘘出，而不会直截了当地说"不"。

（3）通过观察谈判人员如何落座，推测谈判人员心态。

通过观察谈判人员如何落座，可以在一定程度上看出谈判者的地位和信心，或者一个谈判小组的团结力和控制力。谈判时，如果一个谈判小组的领导者坐在首位，其他队员围绕他坐，信息可以迅速传递，就能加强谈判小组团结的力量。落座后的物理距离通常反映了彼此的心理距离。谈判对方落座在与己方的近距离范围内，一般表示接受、亲近和肯定的心态，表示谈判双方的会谈气氛友好、融洽；而如果对方落座在己方的远距离范围内，一般表示拒绝、疏远和否定的心态，谈判进行得可能并不顺利。

（4）了解谈判对手成长的文化背景和个人情况，选择合适的沟通方式。

在谈判过程中，谈判人员之间在沟通中相互影响。由于不同的文化背景，往往造成人们不同的行动方式。这就需要谈判人员在谈判前了解谈判对手成长的文化背景，以避免可能造成的误会或尴尬。

📖 知识链接

商务谈判中，握手是双方见面时的一种友好的表示。心理学家认为握手是最强有力的触觉接触中的一种。不同国家的握手文化有差异，可能对商务谈判产生如下影响。

1. 中国

中国传统文化中重视身份和尊重，握手通常较柔和、持久，一般不会用力握手。在商务谈判中，如果对方来自中国，可能会呈现轻柔的握手方式，以示尊重和关注。过分强硬的握手可能被视为咄咄逼人，可能对谈判关系产生负面影响。

2. 美国

在美国文化中，握手通常较为坚定和直接，传达出自信和决心。如果对方来自美国，在商务谈判中可能期望坚定的握手，以示自信和主导力。过轻或过软的握手可能被视为缺乏自信。另外，美国人认为在握手时，应该看着对方的眼睛。

3. 日本

在日本文化中，握手通常会较为轻柔，持续时间也比较短，以示尊敬和礼貌。在商务谈判中，对方可能会采用轻柔的握手方式，以示尊重和合作的态度。日本商人往往希望谈判双方人员在地位上乃至年龄上的对等。由于日本公司的负责人大多是年龄较大、经验丰富的资深企业家。他们感到和年轻的"毛孩子"谈判有损于他们的尊严，是对他们的地位的贬低。

4. 阿拉伯国家

在阿拉伯国家文化中，握手可能时间较长且较温和，人们常会握手多次，以示热情和友好。在商务谈判中，对方会期望充满社交性和友好性的握手方式。如果握手时间太短或过于生硬，可能被视为冷淡或不重视对方。

5. 法国

在法国文化中，握手通常较短，法国人更注重言语交流和面部表情，在商务谈判中，对方可能更关注口头交流和肢体语言，而对握手方式并不过于敏感。

在商务谈判中，准确理解对方的文化差异和习俗对建立良好的商务关系至关重要。了解并尊重对方的文化，适应当地的握手方式和其他非言语表达，可以促进有效的沟通和相互理解，增加谈判成功的机会。

在社会生活当中，我们每个人都在各自的"个人空间领域"活动。不同地区的人在交谈的时候会保持不同的距离。个人空间的大小代表了个人的地盘或者"个人缓冲地带"的大小。如果被侵犯，就会明显地感到不安。人与人之间进行沟通的时候都会留有一定的空间距离，否则挨得过近，将会引起对方的不快或不满，每个人在想维护自己的身体空间的同时也注意不侵犯他人的空间。然而，不同文化中的人的空间感觉是不一样的。英国和德国人要求的个人空间较大，大约是 1 米左右，当他人走得太近时，会使他们感觉被侵犯；美国人的"领域"大约为一臂之遥；拉丁美洲人和中东人要近得多，在他们看来属于正常交往的距离在许多北美洲国家居民眼中被视为亲密交往的距离。

由于不同的国家和地区的人生活的文化背景不同，价值观念不同，行为方式和习惯不同，反映到谈判桌上，往往会表现为不同的谈判行为，对谈判对手的反应也会形成特定的预期。了解对手成长的背景和个人情况，有利于对其采取合适的沟通方式。

 知识链接

了解谈判对手的个人情况包括以下内容。

1. 年龄与经历

年纪较大的谈判者经验丰富但精力不足；年轻的谈判者精力有余但经验不足；中年谈判者则年富力强又有经验，相对来讲最不好对付。经历坎坷的人，意志顽强，能百折不挠地去实现目标；一帆风顺的人，遇到困难容易灰心丧气。如果了解对手的谈判经历，要分析他的哪些谈判是成功的，为什么能成功，运用了哪些谈判策略？又有哪些谈判是失败的，为什么会失败？

2. 个性与嗜好

从个人嗜好中很容易窥视出对手的心理特征。个性倔强的，有时会刚愎自用；个性软弱的，有时会委曲求全，容易让步；性格内向的，深藏不露，有时会有阴谋诡计；性格外向的，容易激动，也容易上当受骗。

了解谈判对手的个人情况有助于谈判人员更好地采取相应的对策，以适应对方的谈判风格、性格特点。

实践训练

商务谈判心理的模拟场景如下。

你是一家跨国公司的销售经理，与一位来自外国的潜在客户进行商务谈判，希望能够签署一份重要的合作协议。潜在客户对产品的质量和价格非常关注，同时也注重供货能力和售后服务。在这次谈判中，你需要应对客户可能提出的一些挑战和问题，并与对方达成一个双方都满意的合作协议。

模拟问题：

1. 在谈判过程中，对方提出了一些批评和质疑，对你的产品表示了一些担忧。你该如何应对这种情况，以减轻对方的不安和提升他们对产品的信任？

2. 在谈判过程中，对方提出了一个价格要求，这个价格低于你公司的底线价格。你打算如何处理这个情况，同时保持谈判的目标和利益？

3. 对方在谈判过程中使用了一些强势的谈判策略，试图占据主导地位。你该如何维护自己的利益并保持谈判的平衡？

4. 谈判进入到最后阶段，但对方对某个条款表示了不满，不愿意接受。你应该如何处理这个情况，以保证谈判不陷入僵局？

5. 在谈判过程中，你意识到自己开始感到紧张和焦虑，情绪逐渐失控。你应该如何管理自己的情绪，以保持谈判的有效进行？

请同学们分组，进行角色扮演，围绕以上的模拟问题进行商务谈判。

巩固练习

一、单选题

1. 下列不属于谈判中的心理因素的是（　　　）。

A. 个人自我价值判断   B. 自信心

C. 理解和观察能力   D. 外在气质

2. 下列属于谈判心理禁忌的是（　　　）。

A. 戒急   B. 戒轻   C. 戒俗   D. 禁忌缺乏信心

3. 气质类型为（　　　）的人，经常处于兴奋、紧张和压力之下，容易患心血管疾病等。

A. 多血质   B. 胆汁质   C. 黏液质   D. 抑郁质

4. （　　　）是多个角度对谈判议题进行全方位的理性确认的思维方式。

A. 散射思维   B. 超常思维   C. 跳跃思维   D. 逆向思维

二、简答题

1. 如何发现谈判对手的真实动机？

2. 针对不同气质类型的谈判对手，谈判者在商务谈判中应该如何应对？

3. 如何理解情绪和情感的概念，如何在商务谈判中把握自己的情绪？

4. 如何跟谈判对手建立感情，以促进谈判的顺利进行？

5. 商务谈判中的成功心理有哪些？

一个投机的商人发现，一种进口的女式皮手套在国内市场非常畅销，且价格昂贵，利润空间很大。于是，他从国外购进了 10 000 副这种手套。该国海关规定，如果货物到达之后，超过规定的提货期却无人提货，海关便会将该批货物作为无主货物进行拍卖。为了逃避关税，牟取暴利，他采取了与一般人不同的做法，他把每副手套一分为二，将 10 000 只左手手套捆成一捆捆地发回国。货到之后他却不去提货，直到过了规定的提货期，这批手套被进行拍卖处理。由于都是左手手套，根本无人竞拍。这时，商人象征性地交了一点钱便买下了这批手套。有经验的海关人员当然不会忽略这个情况，开始密切注意是否有一批右手手套到货。但是，狡猾的商人把剩下的 10 000 只右手手套分装成 5 000 盒，每盒装 2 只。他在规定期限内提取了货物并按照规定缴纳了税金，于是，第二批手套顺利通过了海关。这个商人仅为 10 000 副手套缴纳了 5 000 副手套的关税。人们往往有这样的思维定势，即如果左手手套是成捆来的，右手手套也会成捆来，而装在一只盒子里面的两只手套就是一副手套。

问题：分析商人能够钻空子的原因。

商务谈判的心理策略

张明是一家国际贸易公司的销售经理，他正在与一个重要客户进行商务谈判，希望能够达成一份合作协议。这次谈判对于张明和他的团队来说至关重要，因为这个客户在市场上有很大的影响力，与之合作将为公司带来巨大的商机。张明意识到，在商务谈判中，心理因素起着重要作用。他希望能够通过一些心理策略来增加自己在谈判中的优势和成功的机会。

1. 创造良好的第一印象

张明知道第一印象在商务谈判中非常重要。他在初次见面时，积极展示自己的专业知识和自信态度，以获得客户的认可和信任。

2. 倾听并理解对方的利益和需求

张明重视倾听和理解对方的利益和需求，以便更好地调整己方的策略，满足对方的期望，并提出更合理的解决方案。

3. 建立互信和合作的关系

张明努力与对方建立互信和合作的关系。他通过正向的语言和态度来展示自己的合作诚意，并提供可行的建议和解决方案，以促使对方更愿意与自己合作。

4. 运用积极心理暗示

张明在谈判过程中运用积极的心理暗示来增强自己的自信。他通过重复一些积极的口头表达方式，如"我们可以找到共同的解决方案"或"我们能够取得双方都满意的结果"，来激励自己并使自己充满自信。

5. 理智分析和决策

张明注重在谈判中保持理智和客观。他深入分析和评估不同方案的优劣，并根据实际情况进行理智的决策，以获取最佳的商务利益。

6. 控制情绪和应对压力

张明意识到在谈判过程中控制情绪和应对压力至关重要。他通过深呼吸和积极心理调适的技巧来保持冷静和专注，以便更好地应对谈判中的挑战和压力。

通过这些心理策略，张明取得了成功。他与客户建立了良好的合作关系，通过倾听和理解对方的需求，提供了符合对方利益的解决方案，最终达成了一份双方都满意的合作协议。

这个案例展示了商务谈判中心理策略的重要性。通过运用适当的心理策略，我们可以更好地应对谈判中的挑战和压力，增加自身在谈判中的优势，以实现更成功的商务谈判。

第8章 国际商务谈判

学习目标

知识目标：

通过学习本章内容，学生能够准确罗列出国际商务谈判人员应具备的基础素养；通过分析本章案例，学生能够清楚举例说明国际商务谈判中的文化差异；通过梳理总结，学生能够简述本章所列国家和地区的谈判风格。

能力目标：

通过习题训练和拓展阅读，学生能够自主学习并掌握本章所列国家和地区的文化差异；通过国际商务谈判模拟训练，学生能够根据相应国家和地区的谈判风格，制订得体的谈判方案。

素养目标：

通过本章的学习和模拟训练，学生能够理解、尊重和应用文化差异，持续拓展自身的国际视野；能够建立健全的法律意识，在利国利民的前提下追求合法合规的商业利益；能够辩证看待国际商务谈判中的文化差异，建立中国文化自信，增强中华文明传播力影响力，推动中华文化更好地走向世界。

导入案例

Sunny 是一位经验丰富的国际商务翻译工作者。在一次翻译服务工作中，中方代表（卖方）是来自中国玉林的一家企业，而美方代表（买方）是来自加利福尼亚的一家新创公司。第一天参观完工厂之后，买方对该企业的经营资质、产品质量和服务范围十分满意，约好第二天开展实质性商务洽谈。当天晚上，卖方为了尽地主之谊，精心准备了丰富的美味佳肴。用餐期间，买方一位女士指着其中一道菜品询问菜名，Sunny 和中方代表沟通后才发现，这道菜是当地有名的狗肉。略微迟疑后，她决定将狗肉翻译为牛肉。尽管这违背了翻译工作者"忠于原文"的翻译准则，但她确信，若如实翻译为狗肉，第二天的商务谈判极有可能化为泡影。

187

问题：

1. 为什么 Sunny 认为此处不宜如实翻译？
2. 中西方国家对于狗的文化认知，有何异同？

8.1　国际商务谈判概述

　　影响国际商务谈判成败的因素甚多。在谈判过程中，双方除了需要关注产品的质量、价格、交货期、付款方式、服务水平等核心因素外，还需关注谈判对象特有的独特文化认同和谈判风格。

　　由于所处的地理位置、历史文化、社会结构、政治经济、宗教信仰、民族心理及生活方式等方面存在差异，来自不同国家和地区的谈判对象往往有着不同的价值理念、思维逻辑、语言习惯和表达符号，从而形成与众不同的谈判风格。在国际商务谈判过程中，谈判双方要相互尊重、相互学习、相互包容，践行费孝通先生"各美其美，美人之美，美美与共，天下大同"的箴言，避免因文化差异处理不当和谈判风格误解错用导致谈判失败。

　　文化之花因土壤不同而开遍世界各地，生意之门因利益趋同而广纳四方宾客。但任何国际商贸往来行为，都必须依法合规。在国际商务谈判中，我们中方谈判人员理应具备以下基本素养。

　　1. 爱国爱民

　　祖国的利益高于一切，每位谈判者必须拥有坚定的政治立场和民族意识。在待人接物时，时刻彰显中华民族的优秀传统。在商务洽谈时，时刻凸显互惠互利的生意之道。但在面临国家主权和人民利益的原则问题时，绝不卖国求荣、谄媚求利。

　　2. 不卑不亢

　　"天下熙熙皆为利来，天下攘攘皆为利往。"在国际商务谈判中，谈判者应秉承互通有无、互惠互利的原则开展商贸活动，不必也不能一味迁就让利，给外国商人营造卑躬屈膝的形象。在合法、合规、合情、合理的情况下，不卑不亢地追求自身利益最大化。

　　3. 诚实守信

　　一诺重千金。"诚信"作为我们中国人核心价值观的重要一项，是人们安身立命之根本。尤其是在国际商贸往来中，诚信（西方人称之为"契约精神"）是生意长盛不衰的秘诀之一。因此，在谈判过程中，谈判者要谨言慎行，不轻易许诺。一旦诺言成为合同条款，无论是口头合同还是书面合同，都具有同等的法律效力。若在履行过程中，因不可抗力等因素需要变更或者终止合同条款，务必寻求积极有效的方式与对方协商解决方案，不可单方面毁约。

　　4. 入乡随俗

　　国际商务谈判的实质是商品或服务的交易以及国际文化的交流。常言道："十里不同

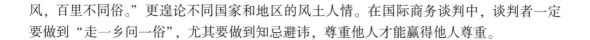

风，百里不同俗。"更遑论不同国家和地区的风土人情。在国际商务谈判中，谈判者一定要做到"走一乡问一俗"，尤其要做到知忌避讳，尊重他人才能赢得他人尊重。

8.2　国际商务谈判中的文化差异

国际商务谈判是一门艺术，更是一场文化的交流。谈判者要时刻注意文化差异带来的困难和挑战并做好充分的准备。俗话说："知己知彼，方能百战百胜。"国际商务谈判中涉及的文化差异可谓方方面面，但影响最直接的主要有以下三方面：符号语言文化差异、肢体语言文化差异、思想价值观念差异。

8.2.1　符号语言文化差异

每种语言文字有其独特的语音、语形、语义和语法，其背后所代表的文化往往带有浓厚的地域色彩和深远的历史渊源。在国际商务谈判中，谈判者不仅要得体使用相应的语言文字，更要深谙相关的符号语言文化差异，尤其是数字禁忌和颜色禁忌。

1. 数字禁忌

在不同国家和地区，人们所喜好或者忌用的数字不尽相同。

在中国，人们常喜数字"6""8""9"，多数忌讳数字"4"或者以"4"结尾的数字。

数字"13"在西方基督教盛行的国家里被视为凶险数字，源于传说中基督被其门徒犹大（名画《最后的晚餐》中出现的第 13 个人）出卖。

与中国相似，在日韩等国家，由于数字"4"往往与文字"死"谐音，故被视为不吉利数字。

在日本，数字"6"与文字"无赖"谐音，数字"9"与文字"苦"谐音，故也为人们所不喜。

新加坡人常常忌用数字"4""7""8""13""37"和"69"，将它们视为消极数字。

俄罗斯人忌讳数字"13"，却把数字"7"视为幸运数字。

泰国人不喜欢数字"6"，认为其代表"走下坡路"。

阿根廷、意大利等国家忌讳数字"17"，认为其代表不幸。

欧美国家把"666"视为恶魔数字。

印度人忌讳数字"8"和"6"，对他们而言，数字"6"代表疾病，数字"8"代表死亡。

阿富汗人最忌讳数字"39"，将其视为代表诅咒的数字。

津巴布韦人不喜数字"11"，根据当地的风俗，若在 11 月结婚，夫妻将会受到诅咒。

……

因此，在国际商务谈判前，谈判者应事先了解谈判对象所在国家或地区的数字禁忌，在商品报价单、包装率报表、谈判场地房号和座牌号等有关数字标示之处务必谨小慎微，避免因小失大。

 **文化差异案例**

19 好还是 20 好？

几年前，笔者作为福建泉州一家陶瓷企业的翻译顾问随同企业外贸人员前往广交会参展。在此期间，接待了一位来自瑞典企业的买方代表 Jenny。Jenny 拿着样品篮逛了一圈后，一共挑选了 19 件陶瓷艺术品。业务员小刘在电脑上录入品名并报价时，随口对 Jenny 说了一句："Why not twenty items（为什么不挑 20 件呢）？"她的本意是想劝对方多挑一件，刚好 20 凑个整数。没想到 Jenny 马上露出不悦的脸色。我见状，马上上前和 Jenny 解释道："Well, 20 is a full number in China, just like 19 in yours. She wishes you a wonderful business."（数字 20 在中国是一个满数，正如数字"19"在瑞典的寓意一样。她想借此祝您生意红火、财源滚滚）Jenny 听到后，立即微笑着对小刘表示感谢，但最终还是保留了所选的 19 件样品。

在瑞典等国家，往往将数字"0"或者以"0"结尾的数字视为"死亡"或者"结束"的代表，而在他们眼中，数字"9"或者以"9"结尾的数字代表"巅峰"或者"长盛不衰"之意。

2. 颜色禁忌

在不同国家和地区，人们所喜好或者忌讳的颜色不尽相同。

在中国，在节日婚嫁等喜庆场合选用红色，在葬礼祭奠等肃穆场合多选用白色和黑色。

日本人不喜绿色、紫色和黑白相间的颜色，认为绿色代表不吉利、紫色代表不靠谱。

泰国人忌讳褐色，尤其是红色，因为他们认为只有写死者名字时才用红色笔。

马来西亚人忌讳黄色、黑色和白色，因为黄色为贵族专用色，黑色为消极色，白色为丧事用色。

对菲律宾人而言，红色和茶色属于忌讳色。

新加坡人忌讳黄色、紫色、黑色和白色，喜欢绿色、蓝色和红色。

俄罗斯人将黑色视为不吉利颜色，将黄色视为背叛色。

德国人忌讳红色、黑色、茶色、深蓝色，尤其是墨绿色，因其曾是军装的颜色。

出于同样原因，法国人也忌讳墨绿色。法国人喜欢淡蓝色但还忌讳紫色，因在西方国家，紫色通常被视为同性恋专属色。

埃及人青睐白色和绿色，但不喜黑色和蓝色。在埃及，黑色服装多在丧事等庄严肃穆场合所穿。

因此，在国际商务谈判前，谈判者应事先了解谈判对象所在国家或地区的颜色禁忌，在商品包装、礼品包装、谈判场所装饰等有关颜色选用之处务必心对待，避免犯忌失利。

文化差异案例

2021 年 10 月，笔者朋友带领团队到新加坡推广新产品，产品的主打色是葡萄紫，当然还有其他色系。作为中国市场的畅销色，团队精心布置了展台和样品区，将主打产品陈列在最显眼之处。几天下来，朋友惊讶地发现葡萄紫系列的主打产品并没有如预期般畅

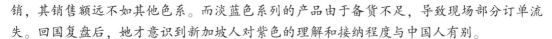

销，其销售额远不如其他色系。而淡蓝色系列的产品由于备货不足，导致现场部分订单流失。回国复盘后，她才意识到新加坡人对紫色的理解和接纳程度与中国人有别。

问题：中国人和新加坡人对紫色的文化认知存在哪些差异？

8.2.2　肢体语言文化差异

在国际社交场合中，人们见面时的肢体语言通常是以握手点头为主。需要注意的是，握手时通常是使用右手以示诚意。此礼源自古代，古代战争时，人们通常是右手持武器。言和结盟时，用右手和对方相握，表示放下武器诚意相交。但在不同的国家和地区，人们见面时的肢体语言亦不乏特色。与不同国家和地区的人交往时，需要遵循相应的礼仪礼节。

在韩国，女士一般很少握手，见到男士时通常只是鞠躬示礼。男士不能主动握女士的手，除非女士伸手示意。男士与男士握手前，一般先行鞠躬礼再握手。晚辈或者下级在和长辈或者上级握手时，应左手置于右手之上，躬身轻握以示敬意。

日本人见面时通常行鞠躬礼。按客人尊贵程度，鞠躬弯腰有 15 度、30 度和 45 度之别。鞠躬弯腰 45 度是最高礼节。只有非常熟悉或亲密的朋友，才会鞠躬握手。

在泰国，人们通常行合十礼。行礼时，双手合十，十指并拢，手掌尖对鼻尖，稍微低头示意。晚辈拜见长辈时，双手合十要高过前额。只有政府官员或知识分子见面时才用握手礼。需要注意的是，在泰国，严禁触摸他人头部，此举被视为侮辱之举或者疾病诅咒之举。

马来西亚人见面时通常是行鞠躬礼。女士行礼时，双膝要先微弯再鞠躬。在马来西亚与在泰国一样，触摸他人头部被视为禁忌之举。

阿拉伯人与普通朋友见面时通常是握手问好，同性亲朋好友行亲吻礼。特别熟悉的女性朋友之间，除了握手外，还往往亲脸颊（先左后右）以示亲密。

埃及人见到熟悉或者久未谋面的朋友时，一般会相互拥抱并行贴面礼。行贴面礼时，他们通常是用左手搂住对方的腰，右手扶住对方的左肩，再贴面（先左后右）。

尼日利亚人的等级观念根深蒂固，会见不同人时所行之礼不同。普通朋友见面时通常使用弹掌礼，亲朋好友间往往使用击掌礼。行弹掌礼时，一般用右手大拇指轻弹对方的手掌后再握手；行击掌礼时，见面双方通常用右手击掌。

需要注意的是，在伊朗、印度、加纳、阿联酋、埃塞俄比亚、尼日利亚等国家和地区，人们禁用左手握手和进食，因为他们将左手视为“不净之手”。

此外，在谈判过程中，谈判者还需注意其他的肢体语言文化差异。例如：中国人点头表示同意，摇头表示不同意，而希腊人则相反；中国人对人跷大拇指表示高度称赞，希腊人则用此动作则表示让人速速离开，而在英国、新西兰等国家，该动作为搭车之意；中国人、澳大利亚人对他人做出大拇指朝下的动作通常表示轻蔑嘲讽之意，而在英、美等国家，该动作往往表示不同意；在说话时，英国人抬下巴表示礼貌和自信，而美国人则将其视为傲慢自大的动作；美国人鼓掌时双手高过头顶表示战胜对手后的骄傲之情，而俄罗斯人则用此动作来表示友谊长存。

因此，在国际商务谈判前，谈判者应事先了解谈判对象所在国家或地区的肢体语言文化差异，避免因曲解或者误解而阻碍谈判顺利进行。

文化差异案例

王先生是国内一家大型外贸公司的总经理，为一批机械设备的出口事宜，携秘书韩小姐一同赴伊朗参加最后的商务洽谈。王先生一行人在抵达伊朗后就到交易方的公司进行拜访，然而正遇上祷告时间。主人示意他们稍作等候再进行会谈，以办事效率高而闻名的王先生对这样的安排表示出不满。

东道主为表示对王先生一行人的欢迎，特意举行了欢迎晚会。秘书韩小姐希望以自己简洁、脱俗的服饰展示中国女性的精明、能干、魅力、大方。于是她上穿白色无袖紧身上衣，下穿蓝色短裙，在众人略显异样的眼光中步入会场。为表示敬意，主人向每一位中国来宾递上饮料，当习惯使用左手的韩小姐很自然地伸出左手接饮料时，主人立即变了脸色，并很不礼貌地将饮料放在了餐桌上。令王先生一行人不解的是，在接下来的会谈中，一向很有合作诚意的东道主没有和他们进行任何实质性的会谈。

资料来源：袁涤非. 商务礼仪使用教程［M］. 北京：高等教育出版社，2022.

问题：

鉴于中伊文化的差异，韩小姐在整个国际商务洽谈过程中的哪些行为冒犯了伊朗合作方？

8.2.3 思想价值观念差异

不同国家和地区的人们，在思想价值观念方面存在异同。此处主要阐述中西方在国际商务谈判中存在思想价值观念差异的几个方面。

1. 集体意识 VS 个人意识

中国人的集体意识较强，在谈判中，谈判个人往往基于集体利益行事，谈判领导则一般是在征求团队成员意见的基础上进行最后决策；以美国为代表的西方国家，他们通常基于既定目标更加充分行使个人权力和职责，讲究工作效率，个人能动性强。

2. 整体意识 VS 局部意识

在国际商务谈判中，中国人讲究"大局观"，只要整体方案和预期目标得到保障，往往在细节洽谈过程中愿意多作让步，因此，中国人在谈判之初总是先从整体出发，所谓"成大事者，不拘小节"；西方人多持线性思维行事，注重细节，他们认为，只要每个细节都符合预期，整体目标就大多能实现，所谓"以小见大"。

3. 经验意识 VS 理据意识

中国人偏重感性思维，在国际商务谈判中往往基于经验和直觉进行判断或者决策，在语言表述方面，注重形象性和具体性；西方人偏重理性思维，在国际商务谈判中往往基于数据分析和事实依据进行判断或者决策，在语言表述方面，注重逻辑性和抽象性。

4. 利他意识 VS 利己意识

中国人深受传统儒家思想的影响，"仁义"意识根深蒂固，在商务往来中，秉承"顾客就是上帝"的服务思想，"利他"意识比较凸显，往往以"薄利多销"的方式与客户建立长久的贸易关系；西方国家个人主义盛行，往往将个人利益至上，在国际商务谈判中，他们通常把个人价值的实现视为成功的重要因素，处处彰显"利己"意识。

5. 人情意识 VS 法律意识

中国是礼仪之邦，中国人往往秉承"礼多人不怪"的思想行商，认为只要与他人建立良好的人情关系，生意就能长久不衰，在国际商务谈判过程中，中国人往往"让小利"以"博长情"，即使面临意见分歧甚至商务纠纷时，一般也不愿随意撕破脸皮，而是采用迂回的方式表达自身看法或者坚守利益底线；西方人法律意识较强，认为生意就是生意，与人情好坏关系不大，只要可以实现既定利益目标，任何人都可能成为合作对象，正所谓"不认人，只认利益。"在面临纠纷或者冲突协商不力时，他们往往将法律视为捍卫自身利益的武器，极少兼顾情面。

8.3　不同国家和地区的谈判风格

一方水土养一方人，不同国家和地区的文化差异也影响着谈判人员的谈判风格。在国际商务谈判中，谈判人员应注重拓展国际视野和提升文化素养，根据不同的谈判风格因地制宜、因人而异采取恰当的谈判方式。世界上的国家和地区何其多，在此简述几例以起抛砖引玉之用。

8.3.1　中国人的谈判风格

1. 讲究礼节

中国是礼仪之邦，人们一向热情好客。在国际商务谈判中，谈判者通常会根据不同谈判对象的风土人情灵活变通使用相关的礼仪礼节，将"主随客变"的服务态度展现得淋漓尽致。

2. 注重人情

中国人十分注重人情往来，将与客户培养良好的人际关系视为工作的重要部分。在国际商务谈判中，人们常常通过为对方精心准备见面礼、美味佳肴等方式来展现友好的形象。

3. 委婉含蓄

中国人说话含蓄，十分讲究谈判技巧。在国际商务谈判中，若面临意见不合或者观点分歧时，往往不会直截了当地拒绝或反击地方，而是通过迂回婉转的方式表达。

4. 灵活变通

中国人足智多谋、灵活变通。在国际商务谈判中，即使面临困局，也能因地制宜采取恰当的方式方法实现预期的目标。在履约过程中，也会适时应变，不会故步自封。

8.3.2　日本人的谈判风格

1. 集体决策

日本人的团队合作意识浓烈。在谈判过程中，他们会充分发挥团队群策群力的优势，力争达到预期目标，每个细节往往都是集体商定后的最终决策。

2. 注重礼仪

日本人的等级观念较浓，对不同地位的人所行之礼也不尽相同。每种礼仪礼节非常详尽严格。因此，在与日本人谈判时，务必深谙其道，除了要注意己方谈判者的身份地位外，还要根据对方谈判者的身份地位处处展现得体的礼仪礼节。

3. 聚焦品质

日本人十分追求细节。在谈判过程中，他们十分聚焦产品的质量和服务水平。因此，在与其谈判时，若是卖方，则务必保证样品的质量最佳，否则谈判成功的可能性为零。订单成交后交货前，他们会安排多次验货。此时，卖方务必保证产品的质量与谈判时所提供的样品质量一致，否则，他们随时可能要求返工甚至终止合同。

4. 耐心十足

日本人谈判之初，往往不会先表明己方的立场底线，而是耐心试探对方后再根据态势进行判断或者决策。与日本人谈判时，谈判者一般要做好打"持久战"的准备，谈判期可能长达半个月甚至数月。

8.3.3　英国人的谈判风格

1. 注重对手

英国人比较在意谈判对象的身份地位。在与英国人谈判时，谈判者的职务或者身份一般要与其相同或者相等。他们认为只有这样，谈判者的决策或者签订的合同条款才有效。

2. 按部就班

英国人做事比较刻板。在谈判中，他们往往按部就班，灵活性不强，也极少愿意花大量的时间讨价还价，更不愿意冒大风险。

3. 严谨守时

英国人时间观念十分强烈，喜欢一切在计划时间内发生。在与其进行商务谈判时，谈判者务必事先预约谈判时间并至少提前 5 分钟到达。

8.3.4　美国人的谈判风格

1. 直截了当

美国人往往热情洋溢、率性而为，举止投足间将情感表露无遗。在谈判中，他们通常开门见山、直截了当地表达自身想法或建议。因此，其立场态度在谈判之初便可窥探一二。

2. 追求效率

美国人喜欢速战速决。在谈判过程中，他们往往聚焦核心利益，直截了当地表明立场和态度，不喜欢把时间过多地浪费在社交和人情方面。因此，我们在与其谈判期间，不必每顿安排大餐宴请对方，尤其是午餐。否则，此举不但可能令对方疲于应付，而且还可能给对方留下铺张浪费的不良形象。

3. 精于计算

美国人崇尚个人主义，往往将谈判视为实现个人价值的重要平台。他们十分擅长讨价

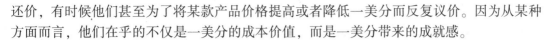

还价，有时候他们甚至为了将某款产品价格提高或者降低一美分而反复议价。因为从某种方面而言，他们在乎的不仅是一美分的成本价值，而是一美分带来的成就感。

4. 重视合同

美国人的法律意识十分强烈。在谈判中，他们会非常认真仔细地敲定商务合同上的文字条款，确保合同条款能够有效约束双方，保障贸易活动能顺利开展并能有效解决合同执行过程中可能出现的各种问题。

8.3.5　俄罗斯人的谈判风格

1. 传统保守

俄罗斯人善于按计划行事，在工作灵活性方面显得相对传统保守。在国际商务谈判中，他们很难脱离预期计划或者预设目标进行让步。

2. 注重交际

俄罗斯人讲究礼仪礼节，为人处事热情豪放。在国际商务谈判中，他们注重交际，尤其是口头交流，以建立良好的人际关系。

3. 擅长议价

俄罗斯人十分擅长讨价还价。在国际商贸往来中，为了达到预期的目标，他们时常通过竞标的方式确定理想的合作伙伴，以预期的价格完成交易。

8.3.6　德国人的谈判风格

1. 追求质量

德国人的质量意识十分强烈，他们常常以德国的质量标准体系衡量他国的产品质量。他们通常考虑问题比较系统全面，一旦确定合同，几乎没有再协商更改的余地。

2. 严谨用心

德国人做事十分严谨用心，追求工作效率。在国际商务谈判前，他们往往充分做好前期的资料准备，充分了解欲合作的企业状况、产品质量和服务水平等。在与其谈判时，务必做好十全的应对方案。

3. 守时守信

德国人的时间观念强，严格守时，工作效率非常高。与此同时，他们还具有强烈的契约精神，严格执行合同。

8.3.7　法国人的谈判风格

1. 个人主义

法国人崇尚个人主义。个人关系好坏往往影响谈判的成败。在与法国人谈判时，要与其公司负责人或者谈判团队领导建立良好的关系。

2. 公私分明

法国人"公私分明"，将工作时间和休息时间严格区分。在谈判中，谈判者一定要注意各项时间节点，尤其是交货期的确定，一般要避开他们的休假期。

3. 灵活签约

法国人谈判签署的往往是原则协议，但在执行过程中，若对其不利，他们可能随时要求改签甚至毁约。在与其谈判时，谈判者往往要考虑周全，规避改签或者毁约带来的系列问题。

8.3.8 意大利人的谈判风格

1. 自由散漫

意大利人时间观念相对淡薄，没有严格按时赴约赴宴的习惯。在与其谈判时，往往需要预留充足的时间，切忌将时间表安排很满，缺乏弹性。

2. 追求舒适

意大利人十分注重工作和生活的舒适度，讲究办公室环境和工作状态，再加上其时间观念相对淡薄，因此其整体工作效率比较缓慢。

3. 聚焦价格

意大利人讲究生活品质和工作舒适度，但他们比较节约，往往通过追求产品或者服务的高性价比来实现。在谈判中，他们十分聚焦产品的价格、质量、性能等。

8.3.9 犹太人的谈判风格

1. 精于计算

犹太人做生意的精明程度举世闻名。在国际商务谈判中，他们不仅会精心准备相关的谈判材料，还十分讲究谈判策略、精于讨价还价。

2. 追求效率

犹太人非常追求时间效率和经济效益。他们往往通过精心准备材料和慎选谈判策略来达到降低时间成本、减少工作失误的目标。

3. 理智重诺

犹太人在国际商务谈判中往往体现出温和友善的合作态度。一旦签订合同，他们就会严格按照合同上所签订的条款履行自身的责任和义务。

8.3.10 澳大利亚人的谈判风格

1. 礼貌待人

澳大利亚人讲究礼仪礼节、重视人人平等。在国际商务谈判中，他们总是轻声细语、礼貌有加，不喜大声喧哗和咄咄逼人。

2. 守时守信

澳大利亚人具有十分强烈的时间观念和契约精神。在国际商务谈判中，他们准时赴约、讲求工作效率。

3. 谨小慎微

澳大利亚人在采购数量、质量评估等方面十分谨小慎微。在初次合作洽谈时，他们往往报着"试探"的态度签订小额订单。

8.3.11　阿拉伯人的谈判风格

1. 重情重誉

阿拉伯人十分注重人情和建立人际关系。在国际商务谈判中，面临重大分歧时，他们往往不喜欢与对方产生语言冲撞或者激烈对抗，就算另选合作对象也不愿撕破脸面。一旦确立合作关系，他们通常会讲信誉、守承诺。

2. 分工明确

阿拉伯人在国际商务谈判中分工明确，行业专家或者技术人员起着资料论证、质量把关、风险评估等重要作用，而团队决策者起着把控宏观走向的作用。在与其谈判时，二者的作用皆不容忽视。

3. 擅长议价

阿拉伯人善于讨价还价。在与其谈判时，务必充分做好讨价还价的准备。讨价还价越激烈，成交的可能性就越高。

4. 节奏缓慢

阿拉伯人十分重视代理商的作用，绝大多数的商业活动都是通过代理商来开展。因此，买方、卖方和代理商之间的信息传递时间长、谈判节奏相对缓慢。

8.3.12　非洲人的谈判风格

1. 节奏缓慢

非洲人时间意识相对淡薄，因此工作效率相对缓慢。在与其谈判时，往往要预留充足的时间，避免行程过满导致谈判不细，从而对合作不利。

2. 看重实利

非洲人非常注重实际利益。在与其进行国际商务活动时，可以根据他们的喜好准备一些小礼物或者实际利益，以提升成交的可能性。

3. 注重关系

非洲人家族意识浓烈，重视朋友间的信任关系。在国际商务谈判等活动中，要积极主动与其建立良好的朋友关系。在合作洽谈时，对他们来说，良好的朋友关系往往更具吸引力。

实践训练

1. 归纳总结国际商务谈判人员的基本素养。
2. 以思维导图方式罗列出本章所列的数字文化差异。
3. 以列表的方式罗列出本章所列的颜色文化差异。
4. 以比较的方式简单罗列本章所列的肢体语言文化差异。
5. 模拟训练：3人为中方代表（卖方），3人为美方代表（买方），双方在商务谈判中对产品的包装率问题产生分歧。美方要求每箱 18 个，而中方的既有包装是每箱 20 个。若改变包装率，则必须定制包装箱，导致包装成本增加，但美方不愿承担此成本。请谈判小组围绕数字文化差异和成本包装问题展开谈判。

 巩固练习

一、单选题

1. 忌讳数字"6""8"的国家是（　　　　）。

A. 中国　　　　　　B. 美国　　　　　　C. 印度　　　　　　D. 日本

2. 哪个国家和地区的人时间意识淡薄？（　　　）

A. 英国　　　　　　B. 美国　　　　　　C. 伊朗　　　　　　D. 非洲

3. 哪个国家和地区的人初次见面时使用弹手礼？（　　　）

A. 尼日利亚　　　　B. 澳大利亚　　　　C. 新西兰　　　　　D. 加拿大

4. 在澳大利亚，大拇指朝下表示（　　　　）。

A. 称赞　　　　　　B. 嘲讽　　　　　　C. 恭维　　　　　　D. 批评

5.（　　　）人忌讳红色、黑色、茶色，尤其是墨绿色。

A. 德国　　　　　　B. 印度　　　　　　C. 阿拉伯　　　　　D. 泰国

二、简答题

1. 为什么不同国家和地区存在文化差异？

2. 如何理解数字文化差异对国际商务谈判的影响？

3. 如何理解颜色文化差异对国际商务谈判的影响？

4. 如何理解肢体语言文化差异对国际商务谈判的影响？

5. 中西方国家的思想价值观念差异主要体现在哪几个方面？

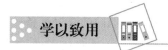 学以致用

报价之困

2023 年 10 月，泉州市一家五金模具有限公司的黄经理带领业务员们前往广州参加中国进出口商品交易会（简称广交会）。在确定每个展样的报价时，黄经理均按照成本价加60% 的利润标准计算出了底价。在参展期间，黄经理发现：不同买家在询价或议价时，关注点不尽相同。除了考虑成本和利润之外，他们有的很介意价格为含有"6"或者"8"的数字；有的很介意价格为含有"9"的数字；有的很介意价格为含有"7"的数字……更有甚者，有的一听到报价后就直接离开了。业务员们在报价议价阶段浪费了很多时间，导致服务范围和服务质量均受到影响。展会结束返回泉州后，黄经理梳理了相关的数据资料并进行了复盘。针对下次参展，她决定提前多做两项准备工作以便更加节省议价时间和精准定位潜在客户。

1. 根据不同国家和地区对数字的喜好程度，同一款样品准备多种报价。

2. 根据不同国家和地区的经济发展水平，同一款样品准备不同的议价幅度。

问题：

1. 在该案例中，业务员们为什么在报价议价阶段浪费了很多时间？
2. 在报价时，除了考虑成本和利润空间外，还需要考虑哪些因素？

资料来源：笔者根据受访企业口述整理编写（应其要求略去该企业实名）。

 拓展阅读

东方之饮，香飘世界（节选）

初冬时节，东方之饮，香飘世界。

近日，"中国传统制茶技艺及其相关习俗"在联合国教科文组织保护非物质文化遗产政府间委员会第 17 届常会上通过评审，列入联合国教科文组织人类非物质文化遗产代表作名录。至此，中国共有 43 个项目列入联合国教科文组织非物质文化遗产名录、名册，居世界第一。

专家表示，"中国传统制茶技艺及其相关习俗"是有关茶园管理、茶叶采摘、茶的手工制作，以及茶的饮用和分享的知识、技艺和实践。

文化和旅游部于 2020 年确定将"中国传统制茶技艺及其相关习俗"作为中国新一轮申遗项目，由浙江省牵头申报，共涉及 15 个省（区、市）的 44 个国家级非遗代表性项目。在历时两年的筹备和推进后，中国茶文化不负众望，为国人成功圆梦。

申遗成功背后，是中国茶十足的"底气"。

"中国是世界上最早种植茶树和制作茶叶的国家，茶文化深深融入中国人的生活，是传承中华历史文化的重要载体。"文化和旅游部非物质文化遗产司司长王晨阳说："如今，中国茶叶的种植面积、从业人群、茶产量及产值均居世界前列。"

"夫茶之为民用，等于米盐，不可一日以无。"人民日报客户端报道称，中国人自古就开始种茶、采茶、制茶和饮茶。制茶师根据当地风土，运用杀青、闷黄、渥堆、萎凋、做青、发酵等技艺，发展出绿茶、黄茶、黑茶、白茶、乌龙茶、红茶六大茶类及花茶等再加工茶，有 2 000 多种茶品供人饮用与分享，并由此形成了不同的习俗，至今贯穿于中国人的日常生活、仪式和节庆活动中。

通过丝绸之路、茶马古道、万里茶道等，茶穿越历史、跨越国界，深受世界各国人民喜爱，已经成为中国与世界人民相知相交、中华文明与世界其他文明交流互鉴的重要媒介，成为人类文明的共同财富。

申遗成功并非是终点，而是讲好中国茶的故事、向世界传播中国非物质文化遗产保护成就的新契机。

资料来源：刘乐艺. 东方之饮，香飘世界 [N]. 人民日报海外版，2022-12-23（005）.

第9章 商务谈判僵局的处理与风险规避

知识目标：

通过学习本章内容，学生能够在商务谈判中，理解与处理僵局和风险相关的知识；了解各种商务谈判中可能出现的僵局类型，并学习相应的解决方法；了解商务谈判中可能面临的风险，如市场风险、合同风险、法律风险等，并学习如何规避和化解这些风险。

能力目标：

通过习题训练和拓展阅读，学生能够更好地把握机遇和风险，作出更有利于谈判双方的决策。培养和发展学生一系列的谈判能力，如沟通技巧、问题解决能力、决策能力等。

素养目标：

通过本章的学习和模拟训练，学生能够在商务谈判中具备国际视野以及跨文化交流能力。培养对中国文化的理解和自豪感，同时尊重和欣赏其他文化，通过文化的力量增强谈判的亲和力和影响力。

📦 导入案例

小李是一位国际贸易公司的销售经理，负责与外国客户进行商务谈判。最近，小李与一位潜在客户进行了一轮商务谈判，希望能够成功签署一份合作协议。然而，在谈判的过程中，小李遭遇到了一些意想不到的挑战，商务谈判陷入了僵局。

首先，小李发现在谈判中存在信息不对称问题。由于对方使用了一些特殊术语以及行业内部的技术性语言，小李感到有些困惑，难以准确理解对方的意图和需求。这使小李很难作出恰当的回应，或者提出合适的解决方案。信息不对称问题的存在给谈判带来了困扰，因为双方对于各自的利益和期望有不同的理解。其次，小李发现谈判中出现了利益分歧。对方希望以更低的价格购买产品，而小李则希望以更高的价格进行销售。这种利益分歧使谈判陷入僵局，双方难以就价格问题达成一致。小李意识到，如果无法解决利益分歧，将会影响到双方长期的合作关系。最后，除了信息不对称和利益分歧，小李还发现文化差异也成了一大挑战。对方的文化背景与小李的文化背景存在较大差异，他们在理解和处理问题的方式上存在差异。小李发现，由于对方文化的影响，双方对时间、交流方式以及商务礼仪有不同的看法。这给谈判中的沟通带来了困难和不适应。面对这些挑战，小李意识到自己需要拥有处理商务谈判僵局和规避风险的能力。他明白自己需要深入了解各种商务谈判僵局的类型，学习解决僵局的方法，并能够识别和规避谈判中的风险。只有通过提升自己的谈判技巧和能力，小李才能更好地应对商务谈判中的挑战，实现谈判的成功和合作的持续发展。

案例问题：你认为学习处理商务谈判僵局和规避风险对于商务人员来说有何重要意义？

9.1　商务谈判僵局的分析

9.1.1　信息不对称引起的商务谈判僵局

信息不对称是指双方在商务谈判中所持有的信息数量、质量或者对信息价值的理解存在差异，从而导致一方在谈判过程中处于劣势地位，难以作出明智的决策，或者难以准确预测对方的行为意图。这种不对称信息会引起商务谈判陷入僵局，阻碍双方达成一致意见，影响谈判的进展和结果。信息不对称的原因可以有多种，如一方拥有更多的市场情报或技术专业知识、一方了解对方谈判策略或一方对于产品或服务有更高的了解等。信息不对称会使一方在论证时，对方缺乏相应的了解或者难以理解，容易产生误解，甚至出现信息上的误导。

例如，一方拥有更多的市场情报或技术专业知识，会导致信息不对称问题。在谈判中，持有更多市场情报或技术专业知识的一方，往往能更好地把握市场趋势和对方需求，从而更有把握在谈判中达到自己的目标。这将使另一方处于劣势地位，无法作出准确的决策，因为他们缺乏这些关键信息。显然信息完全对称是理想状态，但毫无疑问我们可以通过对信息渠道的建设和自身能力的培养来实现信息收集的全面化，保障自身权益。信息时代的到来，信息无论是在市场经济还是在公司决策中都发挥着突出的作用，并且起到不可估量的影响力。所以我们应该意识到从原有制度中去更加完善或者另外开拓新的收集渠道并且加强自身人员收集能力的提升，来规避信息不对称所带来的危害。

9.1.2　利益分歧导致的商务谈判僵局

利益分歧是由不同的利益主体之间的竞争、争议和矛盾所引起的。利益分歧可以因多种原因而产生，如合同中未约定的责任、合同细节问题、性价比问题等，这些因素均严重影响谈判的进展和结果。

利益分歧产生的原因之一是合同中未约定的责任。当一方认为另一方对某一问题有责任，但合同未明确规定这种责任，就会产生利益分歧。例如，当供应商仅按计划交付50%的材料时，客户可能认为供应商应承担责任，而供应商则认为，这是客户在订单中的错误信息导致的。另一种原因是合同中存在诸多细节问题。虽然双方在合同签订的过程中讨论过细节问题并达成一定协议，但有可能在后续的谈判中出现有争议的具体合同条款，致使双方互相矛盾，产生利益分歧。例如，供应商可能在订单提交时未注意缺货的可能性，当客户收到商品时发现无法满足其采购需求，就会产生利益分歧。还有一种原因是双方对于产品的性价比评估存在差异，这也容易导致产生利益分歧。例如，当生产商对于产品性能的投资和推广很高，但客户觉得这很低，花费过于高昂。由此引发的利益分歧很容易导致谈判的破裂。

商务谈判僵局案例

中海油某公司欲从澳大利亚某研发公司（以下简称C公司）引进地层测试仪，双方就该技术交易在20××至20××年期间举行了多次谈判。地层测试仪是石油勘探开发领域的一项核心技术，掌控在国外少数几个石油巨头公司手中，如斯伦贝谢、哈利伯顿等。他们对中国实行严格的技术封锁，不出售技术和设备，只提供服务，以此来占领中国广阔的市场，赚取高额垄断利润。澳大利亚C公司因缺乏后续研究和开发资金，曾在20××年之前主动带着他们独立开发的、处于国际领先水平的设备来中国寻求合作者，并先后在中国的渤海和南海进行现场作业，效果很好。

中方于20××年年初到澳大利亚C公司进行全面考察，对该公司的技术设备很满意，并就技术引进事宜进行正式谈判。考虑到这项技术的重要性以及公司未来发展的需要，中方谈判的目标是出高价买断该技术。但澳大利亚C公司坚持只给中方技术使用权，允许中方制造该设备，技术专利仍掌控在自己手中。他们不同意将公司赖以生存的核心技术卖掉，委身变成中方的海外子公司或研发机构。双方巨大的原则立场分歧使谈判在一开始就陷入僵局。

这种利益分歧所导致的商务谈判僵局在实际谈判中是常见的情况。当双方的利益目标存在差异、信息不对称以及合同细节问题时，往往会出现双方僵持不下的谈判立场、争议和争论的升级以及谈判的暂停或终止等表现形式的情况。为了解决这种僵局，双方需要通过重新平衡利益、加强沟通和协商来找到共同的解决方案。

9.1.3 文化差异带来的商务谈判僵局

商务谈判是在不同国家和不同文化背景下进行的，而文化差异是导致商务谈判陷入僵局的一个重要因素。文化差异带来的商务谈判僵局主要是由于成因和表现形式的多样性。以下将从成因和表现形式两个方面进行阐述。

一方面，文化差异成因多样，包括价值观差异、沟通方式差异、决策方式与权力结构差异等。不同文化背景下的人们对于"合作""信任"等概念的理解可能存在差异，这导致了在商务谈判中双方对于合作方式和信任建立的看法不一致。在沟通方式上，不同文化可能有不同的表达方式和语言习惯，这可能会造成交流误解和困惑。此外，决策方式和权力结构也可能因文化的不同而产生差异，例如集体决策和个人决策的偏好不同，或者在商务谈判中权力分配的差异。另一方面，文化差异所导致的商务谈判僵局会通过多种表现形式体现。首先，双方可能在谈判目标上存在分歧。由于不同文化，双方对于利益和目标的看法不同，双方在商务谈判中追求的利益可能存在冲突，无法达成一致。其次，沟通障碍是另一个常见的表现形式。由于语言、表达方式和非语言行为的差异，双方在沟通时可能会出现误解、理解错误或者信息不透明等问题。这些沟通障碍进一步加剧了商务谈判的僵局。此外，文化差异还可能导致谈判中的信任危机和团队合作问题。由于文化差异，双方难以建立起充分的信任，从而影响合作的积极性和效果。同时，由不同文化背景成员组成的团队在谈判中，可能由于文化差异导致的不同偏好和决策方式而难以达成共识，进而导致谈判陷入僵局。

9.1.4　商务谈判进程中可能出现的其他形式的僵局

首先，过度的竞争也会导致谈判陷入僵局。商务谈判旨在达成互利共赢的协议，但双方可能在谈判中过于追求自身利益，采取强硬的立场，导致谈判陷入僵局。其次，商务谈判中可能出现不同形式的僵局。其中一种表现形式是僵持不下的立场。双方在谈判中固执己见，无法妥协或接受对方的观点。这种僵持不下的立场使谈判陷入僵局，无法继续进行。另一种表现形式是博弈和对抗。在谈判过程中，双方可能为了争夺更多的利益而采取对抗性的策略。双方对具体的问题进行争论和争夺，陷入明争暗斗的状态，导致谈判陷入僵局。此外，谈判的暂停或中断也是一种表现形式。当双方无法在谈判中取得进展时，他们可能选择暂停或终止谈判，寻找其他解决方案。这种中断或暂停会导致长期的商业影响，如供应链中断或产品生产受阻等。

9.2　处理僵局的方法

9.2.1　信息不对称的解决方法

在商务谈判中，信息不对称是导致谈判陷入僵局的常见原因之一。信息不对称意味着谈判双方在信息获取和掌握方面存在差异，导致信息不对等。这种情况在跨国商务谈判中尤为常见。在这种情况下，为了避免谈判陷入僵局和对商务合作的影响，谈判代表需要采取不同的方法来解决信息不对称问题。

1. 主动收集信息

在商务谈判中，谈判代表需要主动收集信息，以获取与谈判相关的信息，掌握谈判双方的需求和利益，以及实时获得市场的动态变化信息。这样可以提高谈判代表的谈判技巧和能力，减少信息不对称的问题。主动收集信息有多种形式。首先，谈判代表可以在会议期间积极参与讨论和问答环节，了解对方的需求和利益，并尽可能地掌握与谈判相关的信息。例如，他们可以提出问题并与对方进行深入的对话，以获取更多的信息。其次，谈判代表可以通过商务平台、媒体、专业数据公司等渠道获得市场动态、行业趋势的最新信息，了解行业和市场的变化，帮助谈判代表更全面地取得谈判的胜利。最后，谈判代表还可以向专业律师、咨询公司和行业协会等专业机构请教，以获取专业领域的相关信息。通过主动收集信息，谈判代表可以极大增强对信息不对称问题的应对和解决能力，更好地为商务谈判做准备。主动收集信息方法与实施步骤如表9-1所示。

表9-1　主动收集信息方法与实施步骤

方法	实施步骤
参与讨论和问答环节	1. 在会议期间积极提问和参与讨论，尽可能获取与谈判相关的信息； 2. 通过提问和与对方的深入对话，了解对方的需求和利益，揭示隐藏的信息； 3. 积极倾听对方的观点和意见，从中获取更多有价值的信息
利用商务平台、媒体和专业数据公司	1. 在商务平台上关注行业和市场的动态变化，定期浏览相关行业的新闻和报道； 2. 利用商务平台的社交功能，与行业内的专业人士建立联系，获取更多的行业信息和资源； 3. 订阅和关注媒体的商业频道和专栏，获取最新的商业趋势和市场数据； 4. 利用专业数据公司提供的市场报告和数据分析，了解市场规模、竞争状况和消费者行为等信息
向专业机构请教	1. 寻求专业律师的意见和法律咨询，了解与谈判相关的法律风险和合规事项； 2. 咨询专业的咨询公司，获取行业分析、市场调研和商务策略等方面的专业意见； 3. 参加行业协会组织的研讨会和培训活动，与同行交流并汲取行业最佳实践和经验； 4. 寻求行业协会的建议和指导，了解行业标准、法规和商务合规等方面的信息

2. 通过公正第三方获取信息

除了主动收集信息外，谈判代表还可以通过公正第三方获取信息。这样可以使商务谈判更为公正和客观，减少信息不对称问题。公正第三方是充当信息中介的角色，为商务谈判双方提供第三方的意见或建议，使谈判双方的话语权相对均衡。例如，贷款谈判中的银行或信用评级机构可以向借款人提供资金使用的建议和意见，减少信息不对称的影响。在公司收购谈判中，律师和税务专业人员可以向谈判双方提供专业意见，评估交易价格和股票对价等问题，减少谈判双方之间的谈判不确定性和不确定性风险。通过公正第三方，解决信息不对称的问题，使谈判更为公正。

3. 利用信息沟通和交流平台

信息沟通和交流平台也是解决信息不对称问题的有效方法。信息沟通和交流平台提供了谈判代表之间信息获取和沟通的机会，可以加强谈判代表之间的沟通，解决"双方都不知道对方不知道"的问题。信息沟通和交流平台包括会议、讲座、论坛和社交媒体等。谈判代表可以利用这些平台，设计和组织有针对性的交流活动，分享信息和资源。通过交流和沟通，谈判代表可以建立信息共享和互信机制，解决信息不对称问题。

例如，在面对跨文化商务谈判时，谈判代表可以利用国际会议和论坛平台，与来自不同文化背景的专家和代表进行交流和沟通。这样可以帮助他们更好地了解对方文化的习俗和商务惯例，避免因文化差异而产生的信息不对称问题。此外，电子邮件、电话以及网络研讨会等也是有效的信息交流和沟通平台。越来越多的公共智库机构、谈判培训机构等利

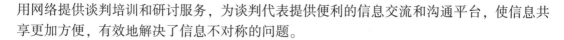

用网络提供谈判培训和研讨服务，为谈判代表提供便利的信息交流和沟通平台，使信息共享更加方便，有效地解决了信息不对称的问题。

9.2.2　利益分歧的解决方法

在谈判中，由于谈判双方的利益差异，可能会出现利益分歧的情况。为了找到解决方案并达成共识，可以采用以下几种方法。

1. 采用谈判技巧缩小双方差距

在商业和个人交往中，谈判是一种常见的策略，用于解决冲突、达成协议或减小双方之间的差距。谈判技巧是成功谈判的关键，可以帮助谈判人员有效地沟通、理解对方需求并找到共同的解决方案。首先，了解对方需求是成功谈判的基础。在谈判开始之前，尽可能多地了解对方的要求、利益和期望是至关重要的。通过提问和倾听，我们可以获得更多的信息，并将这些信息用于后续的谈判过程。了解对方需求的同时，也要清楚地表达己方的需求，以确保在谈判中双方的利益都能得到满足。其次，建立良好的沟通和信任是谈判成功的关键。通过积极的沟通，双方可以更好地理解彼此的观点和利益，并找到共同点。诚实、真实和透明是建立信任的基石。确保在谈判中保持冷静和理性，避免情绪化的反应，有助于维持积极的谈判氛围。再次，寻求共赢的解决方案是谈判的核心目标之一。在谈判中，要尽可能寻求双方共同接受的解决方案。通过探索各种可能性和选项，可以找到双方都能接受的妥协点，从而实现双方利益的最大化。灵活性和开放思维是实现共赢的关键，不要将自己局限于单一的解决方案中。最后，要注意时间和压力管理。有时候，谈判可能面临时间限制或其他外部压力。在这种情况下，对时间的合理利用和对压力的正确应对至关重要。设定清晰的目标和优先级，确保在受限的时间内取得最佳结果。同时，要学会控制情绪，以应对谈判中可能出现的紧张局势。

📖 知识链接

简单实用的商业谈判小技巧

1. 主动掌握话语权

在商务谈判中，话语权是非常重要的，谁掌握了话语权，谁就拥有了主动权。因此，在谈判中要尽量主动掌握话语权，可以通过提出问题、提供信息、引导对方等方式来实现。

2. 利用时间制造压力

在商务谈判中，时间是一种非常重要的资源，通过制造时间压力可以促使对方作出决策。可以通过提出时间限制、提前预约等方式来实现。

3. 把握信息优势

在商务谈判中，信息是非常重要的，谁掌握了更多的信息，谁就拥有了更大的优势。因此，在谈判中要尽量把握信息优势，可以通过提供信息、收集信息、分析信息等方式来实现。

2. 采用利益交换让谈判双方实现共赢

在商业谈判中，利益交换是一种常见的策略，旨在通过相互让步和协商，实现谈判双方共赢的目标。利益交换的核心理念是谈判双方都能从谈判中获得一些有价值的回报，而不是以零和游戏的方式进行竞争。

（1）确定双方利益。

在开始谈判之前，双方需要明确自己的利益和目标。这可以通过分析双方的需求、要求和优先级来实现。理解对方的利益是至关重要的，因为这样可以为双方创造更多共赢的机会。

（2）找出交换项。

交换项指的是双方可以交换的内容，这可以是资源、信息、权益或其他利益。在商业谈判中，双方需要识别出有价值的交换项，并寻求双方都能接受的平衡。通过开放性讨论和提问，确定对方关注的领域和他们期望得到的回报。

（3）评估利益价值。

在利益交换中，需要评估每个交换项的价值。这可以基于各方内部评估或市场价值等因素进行判断。重要的是要平衡双方的利益和协商结果，确保交换的价值对双方都是合理的。

（4）建立联动关系。

在利益交换中，交换项之间存在着一定的关联性。一方让步可能需要另一方同时进行让步。通过明确联动关系，可以更好地解释和展示为什么双方需要进行利益交换，并使其更具说服力。

（5）提出交换提案。

在商业谈判中，双方需要提出交换提案。这涉及明确表达己方的需求和提供相应的回报来满足对方的需求。提案需要具体、清晰和可操作，以便对方理解和接受。

（6）探索多个方案。

在利益交换的过程中，双方应该尝试探索多个可行的方案。这可以通过讨论和协商来实现。灵活性和创造性思维是寻求共赢解决方案的关键。双方可以考虑不同的选择和权衡，以找到最适合双方的交换方案。

（7）协商和调整。

在商业谈判中，交换方案往往需要进行进一步的协商和调整。双方需要讨论细节，并寻求双方都能接受的解决方案。这可能涉及迭代的过程，通过反复协商和调整来逐渐靠近最终的共识。

（8）关注关系维护。

在利益交换中，双方需要维护良好的关系。建立信任、尊重和合作是成功的商业谈判不可或缺的。双方应该注重沟通和理解，确保谈判的过程和结果都能满足双方的利益和关注点。

（9）寻找共赢结果。

利益交换的最终目标是找到双方都能接受的共赢结果。尽可能满足双方的关注点和需求，并在交换中获得合理的回报。共赢结果有助于双方建立长期的合作关系，并为未来的合作奠定基础。

在商业谈判中，利益交换是一种强大的工具，可以促进双方共赢和合作。它要求双方积极沟通、理解和信任。通过有效地应用利益交换的步骤和技巧，商业谈判的结果可以更加令人满意，同时维护良好的合作关系。

3. 通过仲裁或诉讼解决争议

在商务谈判中，当双方无法在谈判中达成对争议的解决方案时，仲裁或诉讼成为一种可能的解决争端的方式。

（1）了解法律和合同条款。

在考虑使用仲裁或诉讼解决争议之前，双方应该了解相关的法律和适用的合同条款。这包括确定争议的适用法律、管辖权和合同中的纠纷解决条款。这些信息对于制订解决方案和决策下一步的步骤至关重要。

（2）寻求协商和调解。

仲裁或诉讼应该被视为最后的手段。在考虑诉讼或仲裁之前，双方应尽力通过协商和调解来解决争议。这包括重新评估争议的根本原因、双方的权益和可能的解决方案。协商和调解有助于保持商业关系的稳定，减少诉讼或仲裁的成本和时间。

（3）选择适当的争议解决机制。

当协商和调解无法解决争议时，双方需要选择适当的争议解决机制，即仲裁或诉讼。仲裁是一种双方同意由第三方仲裁员解决争议的方式，而诉讼则通过法院解决争议。选择适当的机制取决于各种因素，包括法律管辖权、争议性质、时间和费用等。

（4）准备和提交仲裁或诉讼文件。

一旦决定使用仲裁或诉讼解决争议，双方就需要准备和提交相应的文件。这包括起诉状、答辩书、证据材料和其他相关文件。准备文件需要遵循适用的法律程序和规定，并确保文件能准确、清晰地陈述双方的主张和辩护。

（5）参与听证会和庭审。

仲裁或诉讼程序通常包括听证会和庭审，这是双方陈述他们的案件、呈现证据和进行辩论的机会。双方应准备充分，了解并遵守仲裁或诉讼程序的规则。在听证会或庭审中，双方应以专业和合法的方式呈现自己的观点和证据，以支持自己的主张。

（6）尊重仲裁或诉讼裁决。

一旦仲裁或诉讼裁决作出，双方应尊重该裁决，并根据裁决作出相应的行动。裁决的执行对于实现争议的最终解决非常重要。尽管一方可能不满意裁决结果，但尊重和遵守裁决对于保持商业道德和信誉至关重要。

（7）考虑后续措施。

解决争议后，双方可能需要考虑采取后续措施来实施裁决，例如支付赔偿、履行合同义务等。此外，双方还可以评估争议解决的效果，并考虑如何改进日后的商务合作和争议解决机制。

9.2.3　文化差异的解决方法

1. 建立相互尊重的文化氛围

当商务谈判陷入僵局，并且文化差异成为问题时，建立相互尊重的文化氛围有助于解决矛盾，促进合作。

第一，了解并尊重对方的文化是解决文化差异问题的基础。投入时间和精力来了解对方的价值观、信仰、行为习惯以及商务文化背景等，这将有助于增进理解和减少误解。第二，积极倾听对方的观点和意见，并尝试理解他们观点背后的文化背景和价值观。在沟通时，使用清晰明了的语言，避免使用模棱两可或易产生歧义的词汇。同时，也要留意非语言沟通，注意对方的肢体语言和表达方式。第三，认可和尊重多样性是建立相互尊重的文化氛围的关键。避免将自己的文化标准应用于他人，要以开放的心态接纳和展示对不同文化观念的尊重。第四，当文化差异导致谈判陷入僵局时，考虑引入一个中立的第三方中介人，此人可以是一个文化专家或翻译人员，来帮助沟通并促进理解。中介人的角色是促进双方之间的对话和协商，以找到双方都能接受的解决方案。第五，将重点放在共同的商业和经济目标上，而不是文化差异上。通过识别共同的利益和目标，双方可以建立一种更加合作的氛围，有助于寻求共赢的解决方案。第六，开展文化交流活动，例如共进晚餐、参观当地场所或参加共同的社会活动等，这可以进一步增进相互了解和文化交流。这样的活动鼓励双方成员更多地了解对方的文化和背景，并有助于缓解潜在的冲突和误解。第七，在解决文化差异问题时，双方需要展现灵活性和妥协的精神。意识到双方文化差异存在，并识别在互相迁就和调适中可能出现的折衷解决方案。

2. 准备充分了解对方文化习惯和礼节

第一，投入时间和精力来研究对方的文化背景，包括价值观、信仰、行为习惯、社交礼仪等方面。了解对方的文化背景将有助于增进理解和减少误解。第二，了解对方文化的基本礼节是至关重要的。这包括问候方式、身体语言、对权威的尊重等。学习并遵守对方文化的基本礼节将显示出你对对方文化的尊重，有助于建立良好的关系。第三，如果商务谈判涉及与特定文化差异较大的国家或地区，那么参加跨文化培训可能会很有帮助。跨文化培训可以帮助你深入了解关于目标文化的背景、行为准则和文化观念，并提供适应和沟通的策略。第四，在商务谈判之前，建议与当地人合作或寻求当地顾问的帮助。他们有着对目标文化的深入了解，可以为你提供有关文化差异的宝贵洞察，并提供适应当地文化的建议。第五，在商务谈判之前，与对方进行提前沟通非常重要。了解对方的期望、方式和文化习惯可以帮助你做好准备。通过邮件、电话或视频会议与对方交流，询问有关商务礼节和行为规范的问题，以确保你对对方文化的了解是准确的。第六，在商务谈判中，展示对对方文化的尊重和灵活性是至关重要的。尽可能避免对方可能视为冒犯的言辞或行为，并显示出你愿意适应对方的文化。当面对文化差异时，持开放的心态和灵活的姿态，寻找共通点和折衷解决方案。最后，文化差异是一个持续的学习过程。通过与不同文化背景的人交流，并不断反思和改进自己的行为，可以进一步提高与对方互动的效果。尽可能地展示对对方文化的兴趣和尊重，并表示愿意从他们那里学习。

3. 灵活切换文化角色并适时调整文化策略

（1）视角切换。

尝试从对方的文化角度来看待问题，理解他们的价值观、信仰和行为准则。这将有助于你更好地理解他们的思维方式和期望，从而找到解决问题的方法。

（2）适应性沟通。

不同文化的人有不同的沟通方式和习惯。在谈判中，尝试适应对方的沟通风格，使用他们熟悉和习惯的表达方式。这样可以有效地传达你的意图并降低误解的可能性。

（3）弹性文化策略。

根据谈判进展和对方的反应，灵活调整你的文化策略。例如，如果你意识到对方更注重社交礼节，则可以更加注重友好和尊重的表达方式。随着谈判的发展，你可以根据需要

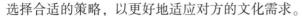

选择合适的策略，以更好地适应对方的文化需求。

（4）尊重妥协和折衷。

在文化差异问题上，寻求妥协和折衷是关键。在商务谈判中，尊重对方的文化差异，寻找双方都能接受的解决方案。尽量避免坚持自己的文化标准，而是以双赢的心态考虑问题。

（5）提前准备和预测。

在商务谈判之前，预测可能涉及的文化差异，并提前准备针对这些文化差异的策略。这可以包括提前了解对方文化的普遍行为准则，为可能出现的问题制订备选方案。

（6）寻求第三方的帮助。

如果文化差异问题变得棘手，你可以考虑寻求第三方的帮助。第三方包括文化顾问、翻译或在目标文化有经验的咨询人员。他们可以提供中立的观点和文化相关的建议，帮助你更好地解决文化差异的问题。

（7）持续学习和改进。

文化差异是一个不断学习和改进的过程。在商务谈判中，持续学习和了解对方文化的习惯和礼仪，不断改进自己的文化策略和沟通方式。主动寻求反馈，并在下一次的商务交流中应用所学到的知识和经验。

商务谈判案例

文化融合之路：张菲的跨文化商务谈判

张菲是一位中国企业的高级经理，他负责与一家美国公司进行商务谈判，双方希望达成一项合作协议。然而，由于文化差异，谈判很快陷入了僵局。张菲决定采取灵活的文化角色切换和调整策略的方式来解决问题。

在谈判初期，张菲意识到美国公司注重直接沟通和个人主义价值观，他了解到美国人喜欢直接表达自己的立场和期望，张菲开始采取更直接、坦率的表达方式。他注意到美国代表也开始更积极地参与谈判，因为他们感受到了张菲的开放和合作的态度。然而，在谈判过程中，出现了一个关键问题：合作协议的细节和时间表。双方在这个问题上存在明显的文化差异。美国公司希望尽快达成协议并开始合作，而张菲的公司更注重建立长期的合作关系并谨慎决策。

在面对这个问题时，张菲决定调整文化策略。他更加重视美国公司的紧迫感，并表示他理解合作迫切性的重要性。同时，他提出了一些灵活的解决方案，以在时间上进行妥协，同时确保双方的利益得到充分考虑。在整个谈判过程中，张菲始终尊重和欣赏美国公司的文化和观点。他积极倾听并主动寻求对方的反馈，以确保他的行为和决策与对方的期望保持一致。最终，通过张菲的努力，双方成功地达成了一项合作协议。

9.3 商务谈判的风险与控制

9.3.1 市场风险

市场风险是商务谈判中最常见的一种风险，主要体现在市场的不确定性和竞争的激烈性上。为了有效控制市场风险，以下几个方面是需要考虑的。

1. 市场研究和分析

在进行商务谈判之前，进行市场研究和分析是至关重要的。通过对市场的研究和分析，可以了解市场的概况、规模、潜力和趋势等信息，从而为商务谈判提供依据和指导。市场研究和分析的主要内容包括对市场需求的调查、对竞争对手的分析、对客户群体的研究以及对市场发展趋势的预测等。通过市场研究和分析，可以更好地了解市场的情况，从而在商务谈判中作出正确的决策。具体而言，市场研究和分析是通过采集和分析各种市场数据来获取对市场情况的深入了解。为了进行市场研究和分析，可以利用各种资源，如市场报告、行业研究、市场调查等。通过数据的收集和整理，可以了解市场的规模、增长趋势、消费者需求和竞争状况。另外，还可以通过对竞争对手的分析，了解他们的优势和劣势，从而找到自身在市场中的定位和竞争策略。

市场研究和分析的结果可以成为商务谈判重要的参考依据。通过对市场的了解，可以有针对性地确定商务谈判的目标和策略，从而提高谈判的成功率。此外，通过市场研究和分析，还可以及时捕捉市场变化和趋势，从而灵活调整商务谈判的策略和方向。

2. 发掘和培育新市场

在商务谈判中，发掘和培育新市场是降低市场风险的一种重要策略。通过寻找和进入新市场，企业可以分散市场风险，获得更多的机遇。发掘和培育新市场需要进行市场调研、产品定位和市场推广等工作。发掘和培育新市场的首要任务是进行市场调研，找到新的市场机会和潜在需求。市场调研可以通过各种方法进行，比如市场调查、问卷调查、深入访谈等。通过调研，可以了解新市场的需求、竞争情况、消费者行为等信息，为进入新市场提供依据。

3. 合理制订市场开发计划

与发掘和培育新市场相对应的是合理制订市场开发计划。市场开发计划是商务谈判中降低市场风险的重要手段之一。通过制订详细的市场开发计划，企业可以在市场上保持竞争优势。市场开发计划主要包括市场定位、市场推广、渠道建设、客户维护等方面的内容。在制订市场开发计划时，企业需要考虑市场的需求、竞争对手的情况、市场的规模和发展趋势等因素。

首先，市场定位是市场开发计划的关键。通过市场定位，企业可以确定自己在市场中的定位和竞争策略。在市场定位中，需要考虑产品的特色、目标客户群体、竞争优势等因素。通过合理的市场定位，企业可以在市场中建立自己的品牌形象，与竞争对手形成差异化竞争。其次，市场推广也是市场开发计划中的重要环节。通过市场推广，可以提高企业在市场中的知名度和美誉度，吸引更多的客户和合作伙伴。市场推广可以采用多种方法，包括广告、公关、促销等。在市场推广中，需要根据市场的特点和目标客户的需求，制定相应的市场推广策略。再次，渠道建设也是市场开发计划中不可忽视的一项工作。通过建立有效的渠道，企业可以更好地将产品推向市场，提高销售和市场份额。渠道建设可以包括与分销商的合作、建立门店或线上销售等。最后，客户维护也是市场开发计划中的重要一环。通过与客户的良好沟通和关系维护，企业可以保持客户的忠诚度，提高客户的满意度和重复购买率。客户维护可以通过定期的客户回访、售后服务等方式来实施。

市场风险案例

张明：跨境电商的市场风险与应对之策

在全球化的背景下，跨境电商市场具有广阔的发展前景，然而其中也伴随着一系列的市场风险。张明是一位雄心勃勃的年轻企业家，他决定进入跨境电商市场，经营一家专注于跨境运营的电商平台。这时，他不得不迎接一系列的挑战。

首先，张明进行了详细的市场研究和分析，他发现虽然跨境电商市场潜力巨大，但也存在着激烈的竞争和不确定性。为了降低市场风险，他的团队细致地分析了市场需求、竞争对手以及发展趋势，并根据分析结果确定了相应的目标和策略。其次，张明积极寻找和培育新市场，以分散市场风险。他与各国的供应商建立了长期合作关系，以确保产品的质量和稳定供应。同时，他重视对新市场的调研工作，了解潜在需求和市场规模，为开拓新市场提供了有力的依据。然而，对于张明来说，挑战并未就此结束。在进入新市场的过程中，他需要面对不同国家的法律、税收政策和文化差异等问题，这给他的商务谈判带来额外的困扰。因此，他精心制订了市场开发计划，包括市场定位、推广策略、渠道建设和客户维护等方面的内容。通过合理的市场开发计划，他希望能在新市场中取得竞争优势。在市场风险的挑战下，张明积极应对，不断调整自己的策略。他加大了市场推广的力度，通过广告宣传和社交媒体等渠道提高品牌知名度和美誉度。最后，他注重与客户的沟通和关系维护，提供优质的售后服务，以增加客户的忠诚度和满意度。在市场风险的持续挑战下，张明通过不断的努力和实践，逐渐取得了一定的市场份额和竞争优势。他的跨境电商平台成为用户心目中的可信赖品牌，也为企业带来了可观的经济效益。

通过这个案例，我们可以看到市场风险对企业发展的影响，以及合理的应对策略对于降低风险的重要性。张明作为一个跨境电商的创业者，凭借着他对市场的研究、新市场的发掘和培育以及合理的市场开发计划，成功地应对了市场风险，实现了自己的创业梦想。

9.3.2　合同风险

1. 监控合同的履行和质量

监控合同的履行过程，可以确保合同的各项条款得到准确执行，双方的权利和义务得到有效保障。同时，也可以及时发现合同履行中存在的问题和风险，为解决问题提供依据。在合同履行过程中，当事人应该积极参与并监督合同的执行情况。这可以通过明确合同履行进度和目标，以及灵活的履行监控机制来实现。例如，双方可以定期进行履行情况的检查和沟通，以确保合同的履行达到预期效果。此外，监控合同的质量也是非常重要的。双方当事人应该确保合同的内容准确、完整、符合法律规定，并能够实现合同的约定目标。为了保证合同的质量，当事人可以进行合同审查和评估，以发现和纠正合同中可能存在的错误和瑕疵。

2. 保持合同的合法性和有效性

当事人应该遵守法律法规和合同约定，确保合同的合法性和有效性。一方面，当事人应该仔细研究和了解相关的法律规定，确保合同的内容不违反法律法规，并符合公序良俗。此外，当事人应该关注特定行业和业务领域的专门法规和标准，以确保合同的合法性。另一方面，当事人应该注意合同的形式和设立过程。合同的签订和成立应该符合法律

规定，例如，应该满足书面形式、双方真实意愿和自愿性等要求。确保合同的合法性可以有效减少合同纠纷和争议。

3. 注重合同的条款和细节

首先，当事人应该确保合同的条款明确、具体，并符合当事人的实际需求。条款应该包括合同的基本信息、权利和义务、履行条件和期限、违约责任等内容，以确保合同的有效履行和相互权益的平衡。其次，当事人应该特别关注合同中涉及的关键性条款和风险条款。这些条款可能对当事人的权益和责任产生重要影响，因此，当事人应该结合实际情况，在合同签订之前进行充分的研究和评估，并在需要的情况下进行谈判和修改。最后，当事人还应该注重合同的细节。合同细节的监管和履行非常重要，可以避免合同履行过程中的误解、争议和纠纷。当事人应该确保合同履行过程的准确记录和书面沟通，及时解决履行中的问题和风险。

9.3.3 法律风险

1. 了解和遵守当地法律法规

了解和遵守当地法律法规对于行业管理来说至关重要，特别是在处理法律风险时，其更是不可或缺的一环。密切关注并遵守所从事行业当地法律法规可以降低企业面临的法律风险，保护企业的声誉和利益。首先，所从事行业的法律法规与其他行业的有所不同，因此，要对本行业的相关法律法规进行全面系统的研究和分析，以确保对法律条文和规定的准确理解。其次，根据所从事行业的需要制定一个完善的合规管理体系，明确制定企业合规的流程、标准和方法，并确保合规措施的全面实施。最后，为了建立一个有效的法律风险管理团队，企业也需要招聘或培训专业人才，负责监测和分析法律法规的变化，并及时调整企业的经营策略和合规措施。

2. 寻求合法的法律援助和意见

在处理法律风险时，本行业的企业应及时寻求合法的法律援助和意见，以帮助企业了解法律问题的本质，评估法律风险的大小，并制定相应的解决方案和应对策略。首先，可以聘请专业律师事务所提供法律咨询和援助服务，以处理较为复杂和疑难的法律问题。其次，与行业协会和商事律师组织建立合作关系，可以获取相关法律领域的专业知识和资源，进一步加强法律风险管理能力。最后，参加与法律风险相关的培训和学习活动，可以提高对法律风险的认识和理解，并与其他业界人士进行交流和学习。

📝 法律援助案例

王玲的烦恼

王玲是一家小型电子产品代理公司的创始人。她与一家国际知名品牌达成代理合作后，她的公司迅速发展壮大。然而，有一天她突然收到了一封来自该品牌的律师函，指控其代理销售的产品存在质量问题，要求她们赔偿一定金额的损失。王玲陷入了迷茫和困惑中。

面对这一法律纠纷，王玲果断决定寻求合法的法律援助和意见，以维护自己的权益。她首先联系当地的商业法律事务所，并与其中一位经验丰富的专业律师取得了联系。专业律师及时响应了王玲的请求，并安排了一次面对面的会议。在会议中，王玲向律师详细讲述了发生的事情，并递交了与代理合作相关的文件和合同。律师对其进行了仔细的分析，并给出了解决问题的建议。他指出，首先，要仔细研究合同的条款，以确定双方的权益和责任。其次，要评估产品质量问题的真实性和影响程度，并进一步展开调查。最后，律师建议王玲与该品牌展开协商和谈判，争取通过友好协商达成解决方案。在律师的帮助下，王玲采取了相应的行动。她首先与该品牌的负责人进行了面对面的会谈，并将产品质量问题的调查结果向对方展示。通过律师的精心准备和她的专业能力发挥，王玲成功地证明了其代理销售的产品不存在质量问题，并提出了合理和公正的赔偿方案。最终，在律师的协助下，王玲与该品牌达成了满意的解决方案。该品牌撤销了对王玲公司的指控，并同意向其赔偿一定金额的损失。同时，双方还继续保持了长期的合作关系，为双方带来了更多的商业机会。

这个案例展示了在商业纠纷中寻求合法的法律援助和意见的重要性。如果王玲没有及时寻求专业律师的帮助，仅凭自己的经验和判断处理这一问题，很可能会面临更大的经济损失和法律风险。在商业运营中，法律纠纷是难以避免的。因此，对于像王玲这样的创业者来说，及时寻求合法的法律援助和意见是至关重要的。通过与专业律师合作，他们可以更好地保护自己的合法权益，解决纠纷，促进商业发展。

3. 建立正面的商务信誉和形象

建立正面的商务信誉和形象对于降低法律风险的发生和影响非常重要。正面的商务信誉和形象可以提高企业在市场上的声誉和信任度，增加与合作伙伴和客户之间的互信，从而减少潜在的法律纠纷和风险。首先，企业应坚持诚信经营，遵守商业道德和规范，严格遵守合同约定和诚实守信的原则。其次，企业需要注重产品和服务的质量，提供符合法律法规和市场标准的产品和服务，以赢得客户的认可和满意度。最后，企业还应加强与利益相关者的沟通和合作，及时回应和解决相关问题和纠纷，提高企业在社会上的认可度和美誉度。

实践训练

1. 请描述商务谈判僵局的分析过程，并解释为什么分析僵局对解决商务谈判问题至关重要。

2. 列举并解释至少三种处理商务谈判僵局的方法，并分析每种方法的优缺点。

3. 在商务谈判中，常常存在各种风险。请列举并解释至少三种与商务谈判相关的风险，并提出相应的控制措施。

4. 请结合实际案例，描述一次商务谈判僵局的分析过程，并阐述你认为该案例中处理僵局的方法是否成功，为什么。

5. 商务谈判是一个复杂的过程，涉及多方利益的博弈。请以你所了解的行业为例，描述该行业中常见的商务谈判风险，并提出你认为的有效控制风险的策略。

巩固练习

一、单选题

1. 商务谈判僵局的分析是指（　　）。

　　A. 对对方立场的评估　　　　　　　　B. 对谈判过程的总体评估

　　C. 对谈判难点的分析　　　　　　　　D. 对双方利益的平衡评估

2. 以下哪种方法适用于处理商务谈判僵局（　　）。

　　A. 强硬立场　　　　　　　　　　　　B. 妥协

　　C. 创造性解决方案　　　　　　　　　D. 推迟决策

3. 商务谈判的风险主要包括（　　）。

　　A. 气候变化风险　　　　　　　　　　B. 经济不景气风险

　　C. 参与者之间的人际关系风险　　　　D. 经营战略调整风险

4. 以下属于控制商务谈判风险的方法是（　　）。

　　A. 确定清晰的谈判目标　　　　　　　B. 建立良好的沟通渠道

　　C. 采取适当的风险管理措施　　　　　D. 全面了解对手的底线

5. 以下不适用于处理商务谈判风险的方法是（　　）。

　　A. 分散风险　　　　　　　　　　　　B. 接受风险

　　C. 尽早解决风险问题　　　　　　　　D. 忽略风险

学以致用

1. 请简要描述商务谈判僵局的分析过程。

2. 请列举并解释至少两种处理商务谈判僵局的方法。

3. 商务谈判中常见的风险有哪些？请列举并解释至少三种。

4. 请结合实例，简述商务谈判僵局的处理方法及其结果。

5. 商务谈判中的风险控制措施应该包括哪些要点？

拓展阅读

商务谈判成功案例5则

商务谈判成功案例分析篇1：一致式开局策略

　　1972年2月，美国总统尼克松访华，中美双方将要展开一场具有重大历史意义的国际谈判。为了创造一种融洽、和谐的谈判环境和气氛，中方在周恩来总理的亲自领导下，对谈判过程中的各种环境都做了精心而又周密的准备和安排，甚至对宴会上要演奏的中美两国民间乐曲都进行了精心的挑选。在欢迎尼克松一行的国宴上，当军乐队熟练地演奏起由周总理亲自选定的《美丽的亚美利加》时，尼克松总统简直听呆了，他没有想到能在中国的北京听到他如此熟悉的乐曲，因为，这是他平生最喜爱的并且指定在他的就职典礼上演奏的家乡乐曲。敬酒时，他特地到乐队前表示感谢，此时，国宴达到了高潮，而融洽而热烈的气氛也同时感染了美国客人。一个小小的精心安排，赢得了和谐、融洽的谈判气氛，这不能不说是一种高超的谈判艺术。美国总统杰弗逊曾经针对谈判环境说过这样一句意味深长的话："在不舒适的环境下，人们可能会违背本意，言不由衷。"英国政界领袖欧内斯特·贝文则说，根据他平生参加的各种会谈的经验，他发现，在舒适明朗、色彩悦目的房间内举行的会谈，大多比较成功。

20 世纪 70 年代，日本首相田中角荣为恢复中日邦交正常化到达北京，他怀着等待中日间最高首脑会谈的紧张心情，在迎宾馆休息。迎宾馆内气温舒适，田中角荣的心情也十分舒畅，与陪同人员谈笑风生。他的秘书早坂茂三仔细看了一下房间的温度计，是"17.8度"。这一田中角荣习惯的"17.8度"使他心情舒畅，也为谈判的顺利进行创造了条件。

"美丽的亚美利加"乐曲、"17.8度"的房间温度，都是人们针对特定的谈判对手，为了更好地实现谈判的目标而进行的一致式开局策略的运用。

案例分析：一致式开局策略的目的在于创造取得谈判成功的条件。

运用一致式开局策略的方式还有很多，比如，在谈判开始时，以一种协商的口吻来征求谈判对手的意见，然后对其意见表示赞同和认可，并按照其意见开展工作。运用这种方式应该注意的是，用于征求对手意见的问题应该是无关紧要的问题，对手对该问题的意见不会影响我方的利益。另外在赞成对方意见时，态度不要过于献媚，要让对方感觉到自己是出于尊重，而不是奉承。

运用一致式开局策略还有一种重要途径，就是在谈判开始时以问询方式或者补充方式诱使对手走入你的既定安排，从而使双方达成一种一致和共识。所谓问询式，是指将答案设计成问题来询问对方，例如，"你看我们把价格和付款方式问题放到后面讨论怎么样？"所谓补充方式，是指借以对对方意见的补充，使自己的意见变成对方的意见。

商务谈判成功案例分析篇 2：保留式开局策略

江西省某工艺雕刻厂原是一家濒临倒闭的小厂，经过几年的努力，发展到产值 200 多万元的规模，其产品打入日本市场，战胜了其他国家在日本经营多年的厂家，被誉为"天下第一雕刻"。有一年，日本三家株式会社的老板同一天到该厂订货。其中一家资本雄厚的大商社，要求原价包销该厂的佛坛产品。这应该是好消息。但该厂想到，这几家原来都是经销韩国、中国台湾地区产品的商社，为什么争先恐后、不约而同到本厂来订货？他们查阅了日本市场的资料，得出的结论是本厂的木材质量上乘，技艺高超是吸引外商订货的主要原因。于是该厂采用了"待价而沽""欲擒故纵"的谈判策略。先不理那家大商社，而是积极抓住两家小商社求货心切的心理，把佛坛的梁、榴、柱，分别与其他国家的产品做比较。在此基础上，该厂将产品当金条一样争价钱、论成色，使其价格达到理想的高度。首先与小商社拍板成交，让那家大客商产生失落货源的危机感。那家大客商不但更急于定货，而且想垄断货源，于是大批定货，以致定货数量超过该厂现有生产能力的好几倍。

案例分析：保留式开局策略是指在谈判开始时，对对手提出的关键性问题不作彻底的、确切的回答，而是有所保留，从而给对手造成神秘感，以吸引对手步入谈判。

本案例中该厂谋略成功的关键在于其策略不是盲目的、消极的。首先，该厂产品确实好，而几家客商求货心切，在货比货后让客商折服；其次，该厂巧于审势布阵。先与小客商谈并非疏远大客商，而是牵制大客商，促其产生失去货源的危机感。这样订货数量和价格才有大幅增加。

注意在采取保留式开局策略时不要违反商务谈判的道德原则，即以诚信为本，向对方传递的信息可以是模糊信息，但不能是虚假信息。否则，会将自己陷于非常难堪的局面之中。

商务谈判成功案例分析篇3：挑剔式开局策略

巴西一家公司到美国去采购成套设备。巴西谈判小组成员因为上街购物耽误了时间。当他们到达谈判地点时，比预定时间晚了45分钟。美方代表对此极为不满，花了很长时间来指责巴西代表不遵守时间，没有信用，如果老这样下去的话，以后很多工作很难合作，浪费时间就是浪费资源、浪费金钱。对此巴西代表感到理亏，只好不停地向美方代表道歉。谈判开始以后美方代表似乎还对巴西代表来迟一事耿耿于怀，一时间弄得巴西代表手足无措，说话处处被动。无心与美方代表讨价还价，对美方提出的许多要求也没有静下心来认真考虑，匆匆忙忙就签订了合同。

等到合同签订以后，巴西代表平静下来，头脑不再发热时才发现自己吃了大亏，上了美方的当，但已经晚了。

案例分析：挑剔式开局策略是指开局时，对对手的某项错误或礼仪失误严加指责，使其感到内疚，从而达到营造低调气氛，迫使对方让步的目的。本案例中美国谈判代表成功地使用挑剔式开局策略，迫使巴西谈判代表自觉理亏在来不及认真思考的情况而匆忙签下对美方有利的合同。

商务谈判成功案例分析篇4：坦诚式开局策略

北京某区一位党委书记在同外商谈判时，发现对方对自己的身份持有强烈的戒备心理。这种状态妨碍了谈判的进行。于是，这位党委书记当机立断，站起来对对方说道："我是党委书记，但也懂经济、搞经济，并且拥有决策权。我们摊子小，并且实力不大，但人实在，愿意真诚与贵方合作。咱们谈得成也好，谈不成也好，至少你这个外来的'洋'先生可以交一个我这样的'土'朋友。"

寥寥几句肺腑之言，打消了对方的疑惑，使谈判顺利地向纵深发展。

案例分析：坦诚式开局策略是指以开诚布公的方式向谈判对手陈述自己的观点或想法，从而为谈判打开局面。坦诚式开局策略比较适合有长期的合作关系的双方，以往的合作双方都比较满意，双方彼此比较了解，不用太多的客套，减少了很多外交辞令，节省时间，直接坦率地提出自己的观点、要求，反而更能使对方对己方产生信任感。采用这种策略时，要综合考虑多种因素，例如，自己的身份、与对方的关系、当时的谈判形势等。

坦诚式开局策略有时也可用于谈判力弱的一方。当我方的谈判力明显不如对方，并为双方所共知时，坦率地表明己方的弱点，让对方加以考虑，更表明己方对谈判的真诚，同时也表明对谈判的信心和能力。

商务谈判成功案例分析篇5：进攻式开局策略

日本一家著名的汽车公司在美国刚刚"登陆"时，急需找一家美国代理商来为其销售产品，以弥补他们不了解美国市场的缺陷。当日本汽车公司准备与美国的一家公司就此问题进行谈判时，日本公司的谈判代表路上塞车迟到了。美国公司的代表抓住这件事紧紧不放，想要以此为手段获取更多的优惠条件。日本公司的代表发现无路可退，于是站起来说："我们十分抱歉耽误了你的时间，但是这绝非我们的本意，我们对美国的交通状况了解不足，所以导致了这个不愉快的结果，我希望我们不要再为这个无所谓的问题耽误宝贵的时间了，如果因为这件事怀疑到我们合作的诚意，那么，我们只好结束这次谈判。我认

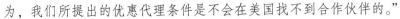

为，我们所提出的优惠代理条件是不会在美国找不到合作伙伴的。"

日本代表的一席话说得美国代理商哑口无言，美国人也不想失去这次赚钱的机会，于是谈判顺利地进行下去。

案例分析：进攻式开局策略是指通过语言或行为来表达己方强硬的姿态，从而获得对方必要的尊重，并借以制造心理优势，使得谈判顺利地进行下去。采用进攻式开局策略一定要谨慎，因为，在谈判开局阶段就设法显示自己的实力，使谈判开局就处于剑拔弩张的气氛中，对谈判进一步发展极为不利。

进攻式开局策略通常只在这种情况下使用：发现谈判对手在刻意制造低调气氛，这种气氛对己方的讨价还价十分不利，如果不把这种气氛扭转过来，将损害己方的切身利益。

本案例中，日本谈判代表采取进攻式的开局策略，阻止了美方谋求营造低调气氛的企图。

进攻式开局策略可以扭转不利于己方的低调气氛，使之走向自然气氛或高调气氛。但是，进攻式开局策略也可能使谈判一开始就陷入僵局。

资料来源：散文网，2022年10月25日，https://u.sanwenwang.com

参 考 文 献

[1] 王倩，杨晓敏. 现代商务谈判 ［M］. 2 版. 江苏：苏州大学出版社，2024.

[2] 潘肖珏. 商务谈判与沟通技巧——人际交往知道丛书 ［M］. 上海：复旦大学出版社，2024.

[3] 鸿雁. 商用心理学 ［M］. 吉林：吉林文史出版社，2024.

[4] 李俭. 成为商务谈判高手 ［M］. 北京：法律出版社，2024.

[5] 黄嘉敏. 商务谈判实践教程 ［M］. 北京：中国轻工业出版社，2023.

[6] 刘园. 国际商务谈判 ［M］. 5 版. 北京：中国人民大学出版社，2022.

[7] 王军旗. 商务谈判：利润、技巧与案例 ［M］. 6 版. 北京：中国人民大学出版社，2021.

[8] 李世化. 商务宴请礼仪规范 ［M］. 北京：企业管理出版社，2021.

[9] 王丽霞. 现代商务礼仪之美与商务谈判 ［M］. 西安：西北工业大学出版社，2020

[10] 程相宾. 国际商务谈判理论与案例 ［M］. 北京：中国金融出版社，2019.

[11] 陈鹏. 商务谈判与沟通实战指南 ［M］. 北京：化学工业出版社，2019.

[12] 饶雪玲. 商务谈判与操作 ［M］. 2 版. 北京：北京交通大学出版社，2018.

[13] 彭庆武. 商务谈判——理论与实务 ［M］. 北京：北京交通大学出版社，2014.

[14] 易天刚. 现代商务谈判 ［M］. 3 版. 上海：上海财经大学出版社有限公司，2013.

[15] 樊建廷. 商务谈判 ［M］. 3 版. 大连：东北财经大学出版社有限责任公司，2011.

[16] 方其. 商务谈判——理论、技巧、案例 ［M］. 3 版. 北京：中国人民大学出版社，2011.

[17] 张守刚. 商务沟通与谈判 ［M］. 北京：人民邮电出版社，2011.

[18] 王建明. 商务谈判实战经验和技巧——对五十位商务谈判人员的深度访谈 ［M］. 北京：机械工业出版社，2011.

[19] 李雪梅. 国际商务谈判教学案例 ［M］. 北京：中国经济出版社，2010.

[20] 张强. 商务谈判学——理论与实务 ［M］. 北京：中国人民大学出版社，2010.